아름다운 고향만들기 가이드라인

아름다운 농산어촌을 향하여

美の里づくりガイドライン
by
Copyright ⓒ 2004 by 美の里づくりガイドライン 編集委員會
All rights reserved.
Original Japanese edition published by 農林水産省農村振興局, Tokyo.
Korean translation rights ⓒ 2010 MISEWOOM Publishing

아름다운 고향만들기 가이드라인

2010년 12월 1일 1판 1쇄 발행
2010년 12월 5일 1판 1쇄 발행

지은이 美の里づくりガイドライン 編集委員會
옮긴이 김 응 주
감 수 김 성 균
펴낸이 강 찬 석
펴낸곳 도서출판 미세움
주 소 121-856 서울시 영등포구 신길동 194-70
전 화 02)844-0855 팩 스 02)703-7508
등 록 제313-2007-000133호

ISBN 978-89-85493-41-3   93540

정가 24,800원
잘못된 책은 바꾸어 드립니다.

아 름 다 운
고향만들기
가이드라인

美の里づくリガイドライン 편집위원회 지음
김 응 주 옮김 | 김 성 균 감수

美세움

현재, 농산어촌에서는 과소화過疎化나 고령화, 혼주화混住化로 여러 가지 문제가 일어나고 있는 가운데, 종래의 아름다운 농산어촌 풍경이 손상되고 있는 사례가 여기저기에서 불거지고 있다. 한편, 국민, 특히 도시 주민이 건강의 지향이나 환경 의식의 고양, '여유' 나 '안락함' 을 추구하게 되면서, 풍부한 자연이나 아름다운 경관이라는 농산어촌의 매력이 재인식되고 있다.

이러한 상황 속에서, 농산어촌에서는 그곳에서 생활하고 있는 지역 주민이 주체가 되어 NPO 등과도 폭넓게 제휴하면서, 풍부한 지역 자원을 효과적으로 활용하는 아름다운 농산어촌을 만들기 위한 움직임이 싹트고 있다. 국민의 공동 재산인 아름다운 농산어촌을 지키고 길러내어 다음 세대에 계승해 나가기 위해서는, 이러한 지역의 창의 넘치는 활동을 추진 · 지원하고, 다른 지역에도 그 활동의 고리를 넓혀 나가는 것이 매우 중요하다고 할 수 있다.

『아름다운 고향만들기 가이드라인』은 2003년 9월에 농림수산성이 책정 · 공표한 『물과 초록의 「美의 고향」 플랜 21』을 근거로 하여, 주민의 자발적인 아름다운 농산어촌 만들기의 실천 활동을 지원하기 위해서, 그 기본적인 생각과 진행 방식에 관해, 전문적인 지견을 해설한 것이다. 이 책을 참고로, 농산어촌에 사는 주민을 비롯해, 관계자들이 일본만이 지닌 아이덴티티의 근원이라고도 해야 할 농산어촌에서 살고 있는 것에 대한 자긍심을 가지고, 아름다운 농산어촌 만들기에 임하기를 기대한다.

덧붙여, 이 책에 서술한 내용은 어디까지나 활동에 임하는 방법에 대한 소개이며, 설계나 정비에 있어서의 기준을 나타내는 것이 아니다. 지역에는 각각의 개성이 있고, 또한 조건에도 차이가 있기 때문에, 그러한 지역성에 근거하여, 이 가이드라인에서 제시하고 있는 사고나 진행 방식을 응용해 주길 기대한다.

이 가이드라인은 7개 장으로 구성되어 있다. 제 I 장은 아름다운 농산어촌의 존재 방식에 대한 기본적인 사고를 서술한 서론적인 내용이다. 제 II 장부터 제 V 장까지는 아름다운 농산어촌을 성립시키는 제조건으로서, '활력 있는 농림어업이 지지하는 아름다운 농산어촌제II장', '건전하고 풍부한 자연 환경의 보전제III장', '전통 문화가 숨쉬는 지역 사회의 유지 · 계승제IV장', '농산어촌의 매력을 활용한 도시와의 교류제V장' 에 대해서 해설하였다. 제VI장과 제VII장은 아름다운 고향 만들기를 실천하기 위한 수법으로서, '농산어촌의 공간적인 조화를 향하여제VI장', '주민이 참가하는 아름다운 농산어촌 만들기의 실천제VII장' 을 위한 기술론적인 내용이다. 각 문장의 연결은,

제Ⅱ장부터 제Ⅴ장까지 서술한 성립 조건을 지지하고, 촉진하기 위한 기술적 수법을 소개한 것이 제Ⅵ장, 범운동론적 수법을 전개한 것이 제Ⅶ장이다.

이 가이드라인은 농림수산성이 '(사)농촌환경정비센터'에 위탁하여 작성한 것이다. 작성에 있어서는 '농촌계획학회'의 협력을 얻어, '美의 고향만들기 가이드라인 편집 위원회'를 설치하였고, 위원들이 집필·편집하였다. 미츠하시 노부오三橋伸夫 위원장과 위원 여러분에게 지면을 통해 감사의 말씀을 올린다.

2004년 8월
농림수산성 농촌진흥국 농촌정책과
농촌정비종합조정실

  최근 '지속 가능한 쾌적한 공간만들기'에서는, 그 지역의 주민이 얼마만큼 자각하여 주체가 되고 합의를 형성하느냐는 것이 중요한 조건으로 자리매김해 오고 있습니다. 각 마을마다 놓여 있는 입장이나 상황을 그 지역의 주민이 가장 상세하게 파악할 수 있으며, 이에 기초한 합의 형성이 실정에 맞는 계획으로 연결되기 때문입니다. 또한, 그동안 한계로 지적되어 왔던 제도적인 장치의 획일성도 극복할 수 있습니다. 그러나, 이러한 시도는 도시와 비교하여 인구 감소와 고령화의 진전에 의해 커뮤니티 기능이 저하되고 있는 농산어촌에서 더욱더 곤란해집니다.

  저는 행자부에서 전국 30개 지역에서 실시한, 지역 주민이 주도하여 일궈내는 '살기 좋은 지역만들기' 사업의 실사를 다녀온 적이 있습니다. 참가 위원들은 "주민들이 공간 및 삶의 질을 끌어올리기 위해 자발적으로 참여하면서 힘을 합치는 계기를 마련했고, 지역의 잠재력을 새로이 발굴하여 차별화와 소득 증대, 자긍심을 안겨 주었다"고 평가하였습니다. 하지만, 중앙이나 지방 정부의 단발적인 재정 지원과 행정 진행이나 민간 용역 업체나 주민의 이해와 역량의 부족, 전문가의 부재 등이 문제점으로 지적되기도 했습니다.

  이러한 과도기적 상황 속에서, 일본 농림수산성이 상재한 <아름다운 마을만들기 가이드라인>을 접하고, 번역·출판의 기획에 참가하게 되었습니다. 이 책은 '아름다운 농산어촌 만들기'라는 주민의 지속적인 실천 활동을 지원하기 위해 전문적인 지견을 망라한 일본의 경험을 기록한 것입니다. 일본은 우리와 사뭇 다른 환경과 조건을 지녔습니다만, 그 기본적인 생각과 진행 방식을 강독하는 과정에서, 우리는 금후의 효과적인 전개 방법에 대해 빗대어 파악하고 고민하게 될 것입니다.

  지역 주민이나 농촌의 미래를 걱정하시는 많은 관계자분들께 가끔은 참고할 수 있는 또 하나의 기록으로 남겨지길 기대합니다.

2010년 11월
감수 김 성 균

소개는 번역본의 서문에 기술되어 있으므로 생략합니다만, 이 책을 통해 농산어촌 정책에 임하는 일본 정부의 몇 가지 분명한 자세와 지견을 읽을 수 있습니다. 그것은 먼저 아름다운 농산어촌을 보전하고 지속 가능한 것으로 만들어가는 주역이 '주민' 자신임을 강조하고 있다는 점입니다. 외부의 관심이나 제도적인 지원이 있어도 이를 받아들이고 운영하는 '사람'이 없으면 별반 의미가 없다는 것입니다. 또한, 과소화나 고령화의 진전으로 지역 공동체가 붕괴되어 가는 실정을 언급하면서, 무엇보다 주민이 자발적으로 지역 고유의 개성을 찾아내고 합의를 형성하는 과정 등을 통해 지역 커뮤니티를 강화할 것을 강조합니다. 그것이 아름다운 농산어촌 만들기를 추진하기 위한 전제 조건이며, 한결같은 공간 만들기를 견제하기 위한 방책이라는 것입니다.

전체적인 내용은 이에 기초하여 구성됩니다. 따라서, 소개되는 모든 방법론이나 사례는 전술한 주민의 창의적인 활동을 이끌어내고 지원하기 위한 '장 만들기'로 표현될 수 있을 것입니다. 그 외, 주민의 생각을 현상화하는 전문가나 어드바이저의 역할 및 수법, '고향의 풍경'에 대한 문화론적인 접근에도 많은 지면을 할애하고 있는 점도 특징입니다.

이러한 점에 착안한다면 더욱 효과적으로 내용을 파악해 갈 수 있을 것입니다. 아울러 역자는 별도로 주석과 해설을 달아 번역서에서 느끼는 내용의 얽힘을 해소하고자 노력하였고, 최근에는 국내에서도 주지되는 움직임인 만큼 이러한 시도가 금후의 구체적이고 실제적인 활동의 전개에 연결되어 갔으면 하는 작은 바람을 가집니다.

끝으로 이 책이 의미를 가질 수 있도록 배려해 주신 김성균 교수님과 미세움 출판사, 일본 농림수산성의 관계자분들께 지면을 통해 감사의 말씀을 올립니다.

2010년 11월
옮긴이 김 응 주

I
아름다운 농산어촌 만들기의 기본이념

1. 농산어촌의 아름다움

농산어촌의 아름다움

농산어촌의 아름다움은, 그 경관뿐만이 아니고, 흙, 물의 냄새나 감촉, 작은 시냇물 소리나 밀물 소리 등 오감으로 느끼는 요소와, 지역의 전통 문화 등 지역 고유의 요소가 일체가 되어 양성된다. 농산어촌의 아름다움은 여러 가지 요소가 종합적으로 짜맞추어져 창출되고 있으므로, 다양한 시점에서 파악할 수 있다.

오감으로 느끼는 아름다움

농산어촌은 인간이 자연에 접하면서 긴 세월에 걸쳐 만들어진 것이다. 그것은 농촌 경관이라는 시각적인 면에 그치지 않고, 청각, 후각, 촉각, 그리고 미각 등 오감을 총동원하는 것으로, 참된 아름다움을 실감할 수 있다. 농산어촌에서 생활하는 사람에게는 흔한 일상의 풍경일지도 모르지만, 때로는 예를 들어, 신록이나 단풍 등 계절이 변화할 때, 혹은 아침 안개에 쌓이거나 석양에 물들거나 할 때, 깜짝 놀랄 정도로 아름답다고 느낀 적이 있을 것이다. 그때마다, 사람은 자연에 의해 살아가게 되는 존재인 것을 실감한다. 특히, 도시의 인공적인 환경에서 일상 생활을 하는 사람들에게, 이렇게 오감으로 접하는 농산어촌의 환경은 다른 어떤 것과도 바꿀 수 없는 중요한 것으로 느껴진다.

지역 고유의 아름다움

한결같은 자연의 영위, 자연의 조형을 배경으로 하고, 그 토지마다의 기후ㆍ기상, 토양, 식생, 수질 등의 이른바 풍토에 적응한 생활이나 농산어업의 생업, 또는 그 안에서 생겨나 전승되어 온 여러 가지 지혜나 기술, 그리고 문화가 농산어촌에는 넘치고 있다. 때문에, 전통 행사라고 불리는 것의 대부분은 농산어촌에 존재한다. 그러한 문화를 배경으로, 지역 사회를 형성하고, 풍부하

경관은 외형만이 아니고, 물이나 바람 소리, 바다나 초록의 향기, 나무의 따스함이나 흙의 부드러움 등의 청각ㆍ후각ㆍ촉각, 그리고 그곳에서 생산된 것을 먹을 때의 미각 등 오감 전체로 느끼는 것이다. 생산의 영위와 일상 생활이 농산어촌의 아름다운 경관이 된다.

고 안정된 생활을 염원하여, 자연과의 계속적인 관계 속에서 오늘에 이르고 있는 농산어촌은, 지역마다 고유의 아름다움을 간직하고 있다. 도시에서 온 방문객도 그러한 농산어촌 사람들의 바람이나 숨결, 그리고 지역 사회로서의 영위를 감지할 수 있다.

다양한 시점에서 파악하는 아름다움

생산 활동에 관계된 농지, 삼림 등의 토지 이용, 어항·어장의 이용, 그리고 사람들의 생활 공간인 마을의 분위기 등, 하루 하루의 생활의 질서를 반영한 꾸밈이 없는 아름다움과 자연의 영위가 가져온 다양한 아름다움, 자역 사회의 문화나 행사 등이 자아내는 전통적인 아름다움 등, 농산어촌의 아름다움은 다양한 시점에서 파악된다. 이러한 아름다움은, 농산어촌 사람들에게 평온함이나 충족감을 가져오고, 생활에 계절감이나 윤택함을 주고 있으며, 도시에서 생활하는 사람들에게도 그 아름다움은 무엇과도 바꿀 수 없는 원풍경原風景적인 그리움, 매력으로 인식되고 있다.

완만하게 널따란 밭농사 경관〈홋카이도 비에이초〉

수확 감사제〈구마모토켄 사카모토무라〉

계단식 논에서의 교류 활동 〈미에켄 기와초〉

※이 책에서 다룰 일본의 사례 지역 및 행정구역의 명칭에 관하여

일본의 행정구역 및 지자체는, 기본적으로 '토·도·후·켄(都·道·府·縣)으로 구성되며, 전국에 1토[東京都(도쿄토)], 1도[北海道(홋카이도)], 2후[京都府(교토후), 大阪府(오사카후)], 43켄[青森縣(아오모리켄), 鹿兒島縣(카고시마켄)] 등을 가진다. 또한, 토·도·후·켄은 '시·초·손(市·町·村)과 '토구베츠쿠(特別區)로 구성되는데, 전자는 우리나라의 '시·읍·면(市·色·面)의 위계에 해당하는 지자체의 단위이고, 후자는 구의회(區議會)를 두고 시에 준하는 대접을 받는 곳으로, 도쿄도 안의 '도쿄 23쿠(東京 23區)'를 가리킨다. 행정 상으로는, 시 밑에 '쿠(區)'를 두고, 쿠 밑에 '초(町)'을 운영하므로, 따라서, '시·쿠·초·손(市·區·町·村)'이라 칭하기도 한다.

이 책에서는, 이러한 행정구역 및 지방자치제의 명칭으로 표시한 사례가 많이 소개되는데, 양국의 한자 사용에는 차이가 있으므로, 번거로운 설명을 최소화하기 위해, 원어(原語) 발음의 기입을 원칙으로 한다[秋田縣(아키타켄), 北海道(홋카이도), 京都府(교토후), 天龍市(덴류시) 등]. 단, 초(町)와 손(村)이 붙을 경우, 전자는 '마치'로, 후자는 '무라'로 발음되는 때가 있다[초: 美瑛町(비에이초), 足尾町(아시오마치) 등 /손: 布野村(후노손), 坂本村(사카모토무라) 등].

경작을 포기한 농지

방치된 비닐하우스

농산어촌에서는, 과소화(過疎化)나 저출산·고령화로 인해, 경제적인 정체와 사회 자본 정비의 낙후 현상이 나타나면서, 지역 사회가 가지고 있던 운영 기능이 떨어지고 있다. 또한, 과소화·고령화에 더하여 혼주화(混住化)가 일어나면서 지역 사회의 연대성이 약해지고, 농지나 삼림, 어항, 그리고 수자원 등의 지역 환경 관리에 지장을 초래하고 있다. 나아가 자연 환경이 나빠지고 지역의 전통 문화를 계승하기 어려워지는 등의 사태도 생기고 있다. 이러한 것들은 어느 것도 더할 나위 없이 소중한 농산어촌의 매력을 상실하게 한다. 지금까지 농산어촌의 진흥 대책도 각 지역이 지닌 매력이나 개성을 충분히 배려하여 활동했다고는 할 수 없다.

지역 환경 관리 능력의 취약화

과소화, 저출산·고령화, 혹은 혼주화 등의 진전은, 커뮤니티로서의 연대·통합을 약하게 하고, 지역 사회가 가지고 있던 운영 기능을 저하시키고 있다. 그에 따라, 일본의 원풍경이라고도 할 수 있는 농산어촌의 매력이 손실되고 있다. 경작 포기나 방치된 삼림의 증가, 어항 관리나 수질 관리의 저하 등이, 농산어업의 생산 활동을 더욱 곤란하게 하는 악순환을 부르고 있다. 이러한 농산어촌의 지역 사회가 지닌 환경을 관리하는 기능이 약해진 것은, 먹을거리의 공급은 물론, 환경에 대한 공헌이나 지역 문화 형성에 이바지하는 이른바, 농산어업이 지닌 다면적 기능을 저해할 뿐만 아니라, 인간의 생활 공간으로서의 농산어촌이 지닌 매력을 망가뜨리고 있다.

지역으로의 자긍심·애착의 상실

지역의 운영 기능의 저하는, 한편으로, 농지나 삼림에 폐기물을 불법으로 투기하거나, 농지·삼림을 비계획적으로 전용轉用하고, 무질서하게 연안을 개발하며, 농업 용수나 어항 해역의 수질 악화 등, 생산 활동에서뿐만 아니라 생활 환경에 대해서도 큰 장해를 초래하고 있다.

경제 성장의 과정에서, 도시와 동일한 생활을 추구한 결과, 농산어촌의 생활은 경제면에서 현격히 풍부해졌지만, 지역 사회가 가꾸어 온 자연, 전통 문화 등은 업신 여기게 되었다. 지역 사회에 대한 자긍심이나 애착을 잃어가고 있다는 측면에서 보면, 정신적으로 빈약해졌다고 할 수 있을지도 모른다. 농산어촌에 사는 사람들이 자신의 지역에 대한 자긍심과 애착을 잃는다는 것은, 선인들에 의해 구축되고, 세대를 넘어 생활의 기술이나 지혜를 계승해 온, 더할 나위 없이 소중한 지역의 미래에 있어서는 헤아릴 수 없는 큰 상처다.

또한, 지금까지 농산어촌의 진흥 대책으로, 도로나 생활배수 처리시설 등 생활 환경 기반의 정비, 농지·삼림이나 농로農道·임도林道, 농업용 배수로, 어항 등 생산 기반의 정비가 행해져 왔다. 그러나, 이러한 정비에 의해, 개구리, 붕어, 반디, 잠자리 등의 다채로운 생물들이 논에서 모습을 감추고, 벼 수확 후 논에 볏단을 말리던 풍경은 자취를 감추었다. 도로나 수로 등이 직선으로 정비되어, 고령자의 신앙을 모아 놓은 사당이나 돌부처가 제거되거나 옮겨졌으며, 고목이 베어져 나갔다. 생산 활동의 효율성, 생활의 편리성을 추구한 나머지, 각종 사업에 있어서 각 지역이 지닌 아름다움이나 개성을 충분히 활용하여 정비했다고는 말하기 힘든 상황이다.

쓰레기가 투기된 수로

폐차의 방치

도시 주민에 의한 식림(植林) 〈도치기켄 아시오마치〉

농촌의 전통 문화인 볏짚 쌓기 체험 〈오이타켄 아지무마치〉

매력 있는 농산어촌 만들기를 향한 새로운 움직임

매력 있는 농산어촌 만들기에 대처하는 기운이 농산어촌 안팎에서 발생하고 있다. 첫째, 지구 환경 문제를 불러일으킨 환경 중시에 대한 사회적 기운이 높아지고 있다는 점, 둘째, 도시에는 없는 풍부한 자연이나 평온함, 아름다운 경관 등, 농산어촌 고유의 매력이 도시 사람들에게 인식되어, 그린 투어리즘[1]이나 U.J.I턴[2]과 같은 움직임이 나타나고 있다는 점, 그리고, 셋째, 농산어촌에 살고 있는 사람들이 스스로 지역의 가치를 재인식하고 활성화를 도모하려고 하는 움직임이 일고 있다는 점이다.

자원 순환형 사회를 향한 움직임

1992년 지구 환경 서미트에서의 어젠더 21[3] 이후, 일본에서도 환경 보전에 대한 의식이 서서히 높아져, 각 지자체에서의 환경 관리 계획의 책정, NPO나 지역 사회에 의한 자원 순환형 사회를 향한 활동, 기업에서의 환경 매니지먼트에 관한 ISO 인증의 취득 등이 전개되고 있다. 이러한 경향 속에서 농림어업이 지닌 다면적 기능에 유래한 환경적 가치에 대한 인식이 높아지고 있음과 동시에, 자원 순환형 사회의 구축을 향해 농산어촌의 생활이 양성해 온 지혜나 기술을 계승하는 것에 대한 관심도 생겨나고 있다.

도시 주민에 의한 농산어촌 매력의 재평가

이러한 환경적 가치에 더하여, 도시에는 없는 여유나 평온함, 풍부한 자연이나 아름다운 경관 등, 농산어촌의 매력이 도시 주민에게 재인식되고 있다. 도시 주민이 농촌이 지닌 풍부한 자연이나 농업, 전통적인 음식 문화, 아름다운 경관 등을 체험하려고 하는 그린 투어리즘에

---

1 도시와 시골의 교류를 의미하는 말. 농산어촌에 장기간 머물면서, 농림어업의 체험이나 그 지역의 자연이나 문화를 느끼고, 지역 사람들과의 교류를 즐기는 일. 유럽이 발상지로, 이탈리아에서는 '어그릿 투리즈모', 영국에서는 '루럴 투어리즘'이라고도 함. 일본에서는 '그린 투어리즘(green tourism)'이라고 칭하나, 어촌과 교류를 표현할 경우는, '블루 투어리즘(blue tourism)'이라고도 한다. 단체로 명소나 유적지를 방문하는 지금까지의 관광 여행과는 달리, 가족 혹은 혼자 농어촌에 머물면서, 유유자적한 시골 생활을 체험하거나, 자연이 넘치는 농어촌의 매력을 만끽하는 것에 의미가 있다. 농촌·농가 등의 입장에서도 새로운 소득원이 될 뿐만 아니라, 농산어촌 지역의 활력 유지나 향상에도 큰 역할을 담당한다. 상세 내용은 112쪽 참조.

2 시골에 살기를 희망하는 사람을 지원하기 위한 운동의 표어. 출신지에서 진학이나 취직을 위해 다른 지역으로 전출한 후, 출신지로 돌아오는 것(U턴), 진학이나 취직을 위해 다른 지역으로 전출한 후, 출신지의 주변 지역으로 돌아오는 것(J턴), 출신지에 관계없이 살고 싶은 지역에 사는 것(I턴).

3 1992년 6월에 열린 환경과 개발에 관한 유엔 회의(UNCED, 지구 서미트)에서 채택된 '21세기를 향한 환경 보전 행동계획'. 개발과 환경 보호를 양립시키기 위해, 각국이 이루어야 할 일을 정리한 것으로, 인구 문제, 대기 오염, 사막화의 방지 조치 등 폭넓은 테마가 40장 115항목에 걸쳐서 제시되었다. 그러나, 그것을 구체적으로 실시하기 위한 자금의 확보나 운용 방법, 관련 조약과의 제휴 등은 과제로 남겨졌다.

대한 관심이 높아지고, 또한, 도시 주민이 농산어촌에 옮겨 사는, 이른바 전원 생활을 꿈꾸던 것도 서서히 표면화되고 있다. 또한, 초가 민가의 지붕 갈아 잇기, 계단식 논의 보전, 수원림水源林의 식림植林이나 간벌間伐 등, 농산어촌의 환경 보전 활동에 많은 도시 주민, NPO 등이 관여하게 되었다. 이러한 활동을 지원하고, 도시와 농산어촌 쌍방의 생활 및 문화를 누릴 수 있는 새로운 라이프 스타일의 실현을 향해 도시와 농산어촌의 공생·대류 추진 회의통칭, 오라이! 닛폰 회의4가 설립되는 등, 도시와 농산어촌의 교류를 한층 더 심화하기 위한 활동이 전개되고 있다.

정비된 수로에서의 지역 주민의 교류 〈도치기켄 가와우치초〉

주민, 행정에 의한 지역 매력의 재확인

이러한 움직임에 전후하여, 농산어촌에서도, 자신의 지역 매력이나 고유의 가치를 깨닫고, 재인식하려는 사람들이 생기고 있다. 지역 사회가 지닌 운영기능을 다시 한번 활성화시키고, 자신들이 할 수 있는 것을 찾아, 가까운 곳에서부터 매력 있는 농산어촌 만들기를 실현하려고 하는 움직임이다. 또한, 자치체에서는 자연환경의 보전뿐만 아니라, 지역의 경관, 역사적인 시가지 풍경, 건축물 등과 지역경관의 조화에 관한 절차 등을 정한 경관 조례를 제정하려는 움직임이 활발해지고 있다.

여성들이 창업한 직매장·레스토랑 〈시즈오카켄 덴류시〉

이러한 자주적인 활동이 지역의 매력을 높이고, 도시에 사는 사람들을 끌어당겨 연대의 고리를 넓히는, 바람직한 순환이 발생하고 있는 지역도 있다. 2007년에는 일본 전체가 인구 감소 사회로 이행한다고 예측되는 가운데, 지역 사회의 운영 기능을 재구축하고, 공동으로 매력 있는 지역 만들기에 대처하는 것은, 타지역 과의 차별화를 도모하여, 장래에도 지역 사회를 유지하게 하는 지역 경쟁력의 원천이 된다고 할 수 있겠다.

---

4 도시와 농산어촌을 쌍방으로 오가는 라이프 스타일의 보급·계발 활동을 범국민적 운동으로 추진하기 위한 모임. 2003년 6월 23일 발족. 상기 취지에 찬동하는 기업, NPO, 지자체, 각종 민간 단체 및 개인으로 구성된다. 캠페인 명으로는 '오라이! 닛폰 회의'를 사용하고 있는데, 이것은 도시와 농산어촌의 사람이 서로 활발하게 '오라이(왕복)' 하면서 쌍방의 생활과 문화를 즐기는 것을 통해, '닛폰(일본)' 이 '올라잇(all right, 건전) 하게 되는 것을 표현한 것이다.

2. 농산어촌의 아름다움과 매력만들기

농산어촌의 아름다움은 환경을 구성하는 요소의 질, 또는 그 전체로서의 조화, 밸런스가 필요하다. 이러한 관점에서, 그것들을 성립하게 하는 농산어촌의 개성이나 매력을 풀어내는 시점으로서는, ① 활력 있는 농림어업의 전개, ② 다양하고 풍부한 자연 환경의 보전, ③ 전통적인 농산어촌 문화의 계승과 지역 사회의 운영, ④ 도시와의 파트너 십 구축, ⑤ 공간적인 질서와 조화의 디자인을 들 수 있다. 이것들을 각각 독립하여 생각하는 것이 아니고, 서로 관련시켜 파악하는 것이 중요하다. 또한, 이러한 활동은 지역 주민의 참가가 기본이 된다.

활력 있는 농림어업의 전개

지역의 자연인 기후 · 기상, 토양 · 식생, 물 등 풍토에 적응한 농림어업 활동은, 농산어촌을 공간적 · 문화적으로 특징짓고 있다. 각각의 풍토에 따라 전개된 지속적인 생산 활동이 농산어촌의 환경을 보전하고 형성하는 원동력이 되고 있다. 경쟁력을 가진 활력 넘치는 농림어업의 영위는, 지역마다의 고유한 경관의 틀을 창출하고, 사람들의 자긍심이나 자신감에 연결된다. 활력 있는 농림어업을 기초로 하여, 생산 활동을 지탱하는 풍부한 자연 환경의 보전, 지속적인 지역 사회의 운영, 농산어촌의 전통 문화의 계승과 창조, 도시와의 교류 등이 전개되었을 때, 개성적이고 매력 있는 지역 만들기나 지역 사회의 활성화가 기대된다.

다양하고 풍부한 자연 환경의 보전

생산 활동으로서의 농림어업은 자연 환경을 기반으로 성립되어 있고, 생활 공간인 농산어촌의 매력 또한 풍부한 자연 환경에 의해 유지되고 있다. 특히, 농업 생산 활동은 비옥한 흙과 청정한 물이, 어업 생산 활동은 풍부한 바다가 필요하지만, 그것들은 자연의 풍성함이 가져오는 산물이다. 다채롭고 풍족한 자연은, 농림어업의 생산 활동에 반드시 필요할 뿐만 아니라, 농산어촌의 생활에 계절적인 흥취를 더하고 마음의 윤택함, 평온함을 가져다준다. 도시의 인공적인 환경에 사는 사람들에게도 큰 정신적인 충족감을 주므로, 마음의 고향으로서 농산어촌을 인식하는 데 있어서 빠뜨릴 수 없는 요소가 된다.

전통적인 농산어촌 문화를 보유한 지역 사회의 운영

활력 있는 농림어업과 풍부한 자연 환경에 의해 빚어지는 농산어촌의 매력을 더욱 심화시키는 요소가 전통 문화와 그것을 담당하는 지역 사회의 존재다. 농산어촌에서 건전한 지역 사회가 유지되고 있는 것은 개성적이고 매력 있는 지역 만들기에 필요한 조건이다. 활력 있는 농림어업 활동을 전개하고, 지역의 전통 문화도 존중하며 생활하기 위한 규칙을 만들고, 운용하는 것으로 비로소, 질서 있는 토지 이용과 지역 공간의 조화 있는 디자인을 실현할 수 있다. 지역 속에서 생산 활동의 기반을 보전하고, 후계자를 기르며, 지역에 사는 자긍심과 전통 있는 농산어촌 문화를 재창조해 나가는 원동력은, 개인의 자유를 인정하면서도 지역 사회의 합의에도 근거한 규칙 만들기를 실시하여, 그것을 준수해 나가는 주민들의 연대 의식에 달려 있다. 도시와의 교류를 통해 파트너 십을 구축하는 주체도, 이러한 지역 사회에 요구되는 것이다.

도시와의 파트너십 구축

개성 있고 매력 있는 농산어촌 만들기의 주체는, 물론 각각의 지역에 사는 사람들이지만, 농산어촌을 응원하는 도시에 사는 사람들의 존재도 고려해야 한다. 도시 주민은 농림어업이 지닌 다면적인 기능의 은혜를 받는 입장에 있을 뿐만 아니라, 교류 활동이나 생산물의 소비를 통해 농림어업을 간접적으로 떠받치고, 때로는, 계단식 논의 보전 활동이나 식목·육림 활동 등, 농산어촌의 환경 보전을 담당하기도 하는 존재다. 또한, 도시에 사는 사람들은 농산어촌 사람들이 눈치채지 못한 지역의 개성, 매력이나 가치를 발견하는 경우도 적지 않다. 이렇게 지역 만들기의 파트너를 찾아내고, 그 관계를 길러가는 것은, 과소화되고 고령화되어 가는 농산어촌의 지속적인 지역 만들기에 있어서 매우 중요하다.

공간적인 질서와 조화의 디자인

농산어촌에 있어서 생산 활동에 종사하는 사람 및 그곳에 거주하는 지역 주민은, 아름다운 농산어촌을 창조하는 역할을 담당하고 있다. 그러나, 그러한 각각의 행위가 저절로 공간적인 질서나 조화의 디자인을 만들어내는 것은 아니다. 지역이 지닌 매력을 확인하고, 지역에서 공유할 수 있는 가치나 장래상을 분명하게 인식하여, 그것을 보전하고 형성하는 규칙에까지 구체화할 필요가 있다. 그것에는 농지나 삼림 등 토지 이용의 규칙, 해역 이용에 대한 규칙, 경작 포기지를 활용할 아이디어의 실현, 건축물의 가치나 재료·색채 등에 관한 협정, 지역의 개성을 나타내는 식재의 결정 등이 포함될 것이다. 그것들은 자유로운 활동을 규제하는 족쇄가 아니라, 지역에서 쾌적하게 살기 위한 지혜라고도 말해야 할 것이다. 공통의 의사에 의해 형성된 생활, 서로의 입장을 존중하는 생활 속에서, 지역의 매력이 양성되는 것이다.

마을의 교차로에는 뜻밖의 역사가 새겨져 있는 경우도
있다.

'볏단 말리기'도 농작업으로부터 떨어져 보면, 귀중한
경관 자원이 된다.

생활 속에서 당연하게 존재하는 담이나 벽도 잘 살피
면, 지역의 표정을 만들어내고 있다.

주민 자신이 관련하는 농산어촌의 매력만들기

농산어촌 만들기의 주역은 그 지역에 사는 사람들이다. 개성적
이고 매력 있는 지역 만들기는 주민 스스로 주역이 되어, 가까
운 환경을 대상으로 하는 활동, 그들 자신의 창의와 궁리를 활
용한 활동, 일시적이 아닌 일상적이고, 지속적인 활동의 축적에
의해서만 달성될 수 있다. 행정에 의존하지 않고, 지역에 사는
사람들의 의욕을 끌어내기 위한 활동이 중요하다.

가까운 환경을 대상으로 한다

농산어촌의 매력 만들기는 가까운 환경을 대상으로
한 활동부터 시작하는 것이 중요하다. 가까운 지역 환경
을 걸어서 점검한다, 역사의 매듭을 풀어 지역의 매력을
재발견한다, 혹은 지역이 개선해야 할 문제를 찾아낸다
등, 여러 가지 방법이 있다. 일상 생활 속에서는 보이지
않는 것, 눈치채지 못한 것도, 다른 시점에서, 다른 견해
와 감상을 갖는 것으로 분명하게 할 수 있다. 아무 것도
아니라고 생각하기 쉬운 가까운 환경 속에도 의외로 많
은 매력 만들기의 소재가 잠재되어 있다. 스스로 학습하
고, 행정의 지원을 받아, 경우에 따라서는, 전문가나 도
시에 사는 사람들의 힘을 빌리는 등, 다양하게 노력하는
것으로, 가까운 환경이 지닌 가능성을 새롭게 인식할 수
있다.

사람들이 자주적으로 활동한다

개성 있고 매력 있는 농산어촌 만들기는 그곳을 생활
공간으로 여기는 지역 주민이 자긍심을 가지고 쾌적한
삶을 영위하기 위한 것이기 때문에, 강요되어 행하는 것
이 아니고, 어디까지나 그곳에 사는 사람들이 자주적으
로 활동하는 것이 기본이다. 또한, 하루 아침에 이루어
지는 것이 아니므로, 지역에서 차분하게 합의를 형성하
면서, 할 수 있는 것부터 진행하는 자세가 중요하다. 고
령자가 지닌 경험이나 기능, 여성이 지닌 감성이나 지속
력, 젊은이가 지닌 활기를 살릴 수 있도록, 그리고, 다양
한 사람들의 전문적 지식, 활력, 창의와 고안 등을 살릴
수 있도록, 지역에 열린 활동으로 하는 것이 중요하다.
많은 사람들이 관련한 곳에는 지역의 매력에 대한 광범

위한 의론이 생겨나고, 그것이 활동의 질을 한층 더 높이는 것으로 연결된다.

지속적으로 활동한다

주민 스스로 주체가 되어 행하는 농산어촌의 매력 만들기는 긴 시간이 필요한 활동이다. 그렇기 때문에, 무언가 특별한 일로 여기어 활동에 임하면, 금방 지치게 된다. 따라서, 일상적으로 임할 수 있고, 즐겁게 할 수 있으며, 많은 사람들이 관련되어 있는 등의 요소가 필요하다. 활동이 어떤 성과를 낳으면 모두가 기쁨을 나누고, 그 경험을 다른 지역에 파급시켜 가는 것도 중요하다. 사람들이 왕성한 지역에는 자연과 외부로부터 사람, 물건, 정보 등이 모이게 된다. 그로 인해 사람들의 의욕 이나 관심이 한층 더 높아지고, 그것은 다음 활동을 향한 새로운 활력이 되어, 활동의 좋은 순환 구조가 형성된다. 이렇게 지역 사회의 사람들이 즐거움을 공유하면서 참가하고, 그 활동의 성과를 함께 기뻐할 수 있는 활동은 저절로 지속해 갈 것이다.

워크숍
주민이 지식 · 경험을 교환하여, 창의력 넘치는 지역 계획 만들기를 행하는 곳이 점차 늘어나고 있다.

농산어촌의 개성만들기 – '지역 아이덴티티' 찾기

인간 한 사람 한 사람에게 개성이 있듯이, 다양한 자연을 기반으로, 오랜 세월에 걸쳐 많은 사람들의 생업에 의해 성립된 농산어촌에는 지역마다의 개성이 있다. 또한, 그 개성은 여러 가지 요소에 의해 양성된 것이다. 농산어촌의 매력 만들기는, 이러한 개성을 성립시키고 있는 주요한 요소를 발견해내고, 그것을 연마하는 일이라고 할 수 있다.

자연과 역사에서 배우는 개성

농산어촌의 마을은 다양한 장소에 입지해 있다. 예를 들어, 동일한 평지 농촌이라 하더라도, 그것이 입지한 지형이 충적 평야인가, 선상지인가, 혹은 홍적 대지인가에 따라 자연 조건이 크게 달라지기 때문에, 제각각 특징 있는 자연 경관을 보여주고 있다. 그 자연 조건에 따라서, 예를 들면, 물을 얻을 수 있는 정도에 따라 마을 개발의 역사는 달라져 있다. 자연·역사 조건의 차이는, 농업 생산의 존재 방식, 그리고 농촌 문화, 지역 사회, 혹은 도시와의 교류 방법 등에서 지역의 개성으로 나타난다. 아름다운 농산어촌 만들기를 위해서는, 이러한 자연 조건에 입각한 커다란 흐름을 이해하는 것이 중요하다.

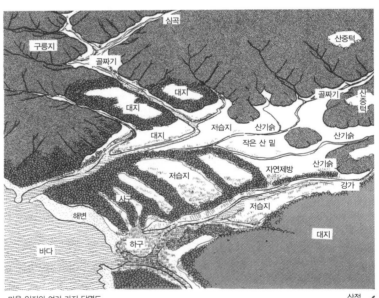

마을 입지의 여러 가지 단면도

일본은 극히 변화무쌍한 자연 조건을 가지고 있다. 농산어촌 마을의 다양성은, 마을의 입지 조건에 유래한다. 〈농촌개발기획위원회 농업공학연구35〉

또한, 지역을 알기 위해서는, 지역의 역사에도 새롭게 접근하는 자세가 필요하다. 지역사 혹은 지역에 대한 기록을 풀어내는 일, 지역 고령자의 이야기를 모으는 일, 그리고 지역에 사는 사람들 스스로가 지역을 점검하여 모은 정보를 실제로 확인함과 동시에 현실의 모습을 파악하는 일 등, 다양한 방법이 있다. 매력 만들기를 위해서는 아름다움뿐만 아니라, 예를 들어, 지역의 과거의 재해를 조사하는 등, 안전한 지역 만들기로서의 시점도 놓칠 수 없다.

지역 주체성을 찾는 방법

지역에 사는 사람들이 자신들의 지역의 가치를 어떻게 인식하고 있는지, 장래에 어떠한 지역이 되기를 원하는지 라는 의식도 매력 만들기의 중요한 전제 조건이다. 이것을 지역 아이덴티티라고 표현할 수 있다. 지역 아이덴티티가 사람마다 다르다면, 협력하여 지역 만들기를 전개할 수 없다. 자신들이 사는 지역에서 어떠한 매력을 발견할까, 지역의 개성을 무엇에게 요구할까, 지역 아이덴티티 찾기가 매력 만들기의 첫걸음이 된다고 할 수 있다. 그것은 지역 주민이 스스로 찾아가야 할 작업이다. 행정, 혹은 전문가, 그리고 도시 사람들은 다양한 정보나 힌트를 가져다주지만, 결정하는 것은 자신들이다.

지역 아이덴티티 찾기에는 여러 가지 방법이 있다. 설문 조사, 심포지엄·포럼, 간담회·워크숍, 표어·사진·회화·하이쿠(俳句)5·작문 등의 콘테스트, 포스터 작성 등이다. 소재가 되는 것은, 풍경·경관, 행사, 민속·관습, 의식주, 기술·공예, 인재, 역사, 동식물 등이다. 요는 지역에 사는 다양한 사람들의 의견을 집약하고, 그 지역을 지지하고 있는 공통된 가치관을 찾아내어, 이것을 지역 주체성으로서 보전, 형성하는 규칙에 관해 합의를 이끌어내는 것이다. 이것을 즐기면서 행하는 것으로, 평소에 얻기 힘든 지역 내·세대 간의 커뮤니케이션도 도모하게 된다.

후나야(舟屋)*의 어촌 〈교토후 이네초〉
바다와 함께 있는 생활이 만들어낸 거주 형식이 지역의 독특한 모습을 창출하고 있다.
*: 바다를 향해 세워진 건물로, 1층이 배의 격납고, 2층이 거주 공간으로 구성된다.

석축으로 둘러싼 마을 〈에히메켄 사이카이초〉
경사지에서의 거주 방식인 석축은 지역 주체성의 근거다.

마을 축제 〈도야마켄 다이라무라〉
마을 축제는 지역의 민속 문화가 구현된 것이므로, 개성 있는 경관을 연출한다.

---

5 5의 3구 17음절로 된 일본 고유의 단시(短詩)

3. 농산어촌 전통의 미래로의 계승

논 안에 서 있는 축조한 지 150년된 관음당(觀音堂) 〈니가타켄 오구니마치〉
한때는 건물 주변에서 경마도 열린 것 같다. 계절별 전원 풍경에서 빠뜨릴 수 없는 존재로서 가치가 재인식되어 초가 지붕의 보수가 이루어졌다.

경제 성장이나 도시화 속에서 농산어촌이 지닌 매력의 많은 부분이 없어졌다. 그러나, 농산어촌에는 여전히 자원 순환형 사회를 앞서가는 활동 외에, 사람들에게 정신적으로 의지할 곳이 되는 매력, 지역 공통의 기억으로서 후세에 계승해야 할 많은 자산이 남겨져 있다. 변해야 할 것, 변해서는 안되는 것을 가려내는 주체성이 중요하다.

자원 순환 기술의 재평가

경제 사회의 근대화, 글로벌화가 진행됨에 따라, 긴 역사를 거쳐 형성된 농산어촌의 생활도 커다란 영향을 받고 있다. 특히, 무엇과도 바꿀 수 없는 수많은 전통이나 기술이 상실되어 가고 있다. 예전의 전통적인 농산어촌 사회가 지니고 있던 특질에서, 21세기의 새로운 사회에 계승되어야 할 것에는, 지역의 풍토에 적응한 자원 절약 · 에너지 절약의 기술, 자원 순환 기술 등이 있다. 물론, 인력이나 축력의 시대로 돌아가라는 의미가 아니다. 가치 있는 자원을 재활용하고 자연 에너지를 활용하는 기술이나 지혜를 재검토하여, 계승할 가치가 있는 것을 말하는 것이다. 농산어촌에 사는 사람들의 거주 모양을 결정짓는 기술이나 지혜도 마찬가지다. 근대화 속에서 잃어 버린 것을 재검토하고, 그 지방의 전통 기술을 재점검하는 가운데, 자원 순환형 사회를 앞서가는 지역의 개성이나 매력이 발견될 것이다.

계승되어야만 하는 환경 자산

농산어촌에는 사람들의 정신적인 의지처가 되고, 지역 공통의 기억으로서 후세에 계승해야 할 환경 자산이 많이 남아 있다. 특히, 농산어촌 공간의 골격을 구성하는 산이나 강, 바다는, 변하지 않는 상징적인 존재로서 사람들의 마음 속에 있다. 고향의 산이나 강, 바다가 변함 없는 모습을 보이는 장소, 바꾸어 말하면, 그러한 조망을 얻을 수 있는 장소는 무엇과도 바꿀 수 없는 소중한 곳이다. 그것은 농산어촌에 사는 사람에게 있어서뿐만 아니라, 도시에 사는 사람들에게 있어서도 동일하다. 되풀이되어 시가로 읊어지고, 회화에 그려지며, 나아가 사진에 기록되는 풍경은 그러한 존재라고 할 수 있다.

장소의 기억과 정신성

아무렇지도 않게 농산어촌의 풍경을 구성하는 비석이나 돌부처, 고목·명목, 신사나 고장의 수호신을 모신 경내의 숲, 사당 등은, 그 장소의 기억, 장소성topos을 체현하는 정신성을 띤 존재다. 그 지역의 사람들이 만들어 내고 전해 온 유산인 민가, 창고 혹은 작업동·저장고예를 들어, 담배 건조 오두막, 굴 오두막, 그곳에 계속해서 거주할 것이라는 의사를 내비친 돌담, 계단식 논, 혹은 풍작이나 풍어를 비는 축제 등 지역의 전통 문화 또한, 환경 자산으로서의 가치를 지닌 것이다. 나아가, 맑게 솟아나는 용수湧水, 흔하지 않은 동식물, 특이한 지형·지물 등도 그 지역에서는 무엇과도 바꿀 수 없는 자연 환경의 상징적인 존재다. 경제 사회의 근대화, 글로벌화 속에서, 이러한 예전 생활의 증거들은 머지 않아 사라지고 말겠지만, 새로운 시대에 남겨 활용해야 하는 것도 틀림없이 존재한다.

초가 민가가 정연하게 늘어선 '하코네(箱根)' 관문 부근 〈1877년경의 사진, 모스 사진집〉

관광객으로 성황을 이룬 초가 민가의 마을〈후쿠시마켄 시모고마치에 있는 역참 마을 '오우치주쿠(大內宿)'〉

메이지 초년(1868년), 방일 외국인이 본 농산어촌의 매력

Isabella L. Bird〈다카나시 겐키치(高梨 健吉) 역〉, 『일본 오지 기행』(平凡社東洋文庫, pp. 152~153)

'요네자와(米澤)' 평야는 남쪽에 번영한 '요네자와'의 마을이 있고, 북쪽으로는 요양객이 붐비는 온천장인 '아카유(赤湯)'*가 있어, 실로 에덴 동산이다. '가래로 경작했다고 하기보다는 연필로 그린 것같이' 아름답다. 쌀, 목화, 옥수수, 연초, 마, 쪽, 대두, 가지, 호두, 수박, 오이, 감, 살구, 석류나무를 풍부하게 재배하고 있다. 아시아의 아르카디아〈도원향(桃源鄉)〉이다. … [중략] … 아름다움, 근면, 안락함으로 가득 찬 매혹적인 지역이다. 산으로 둘러싸이고, 밝게 빛나는 '마츠(松) 강'에서 관개(灌漑)하고 있다. 어디를 돌아봐도 풍부하고 아름다운 농촌이다. 조각을 가한 들보와 장중한 기와로 인 지붕이 있는 커다란 집이 각각 자신의 가옥 대지 안에 서 있고, 감이나 석류나무 사이로 보였다 숨었다 한다. 덩굴풀을 뻗게 한 격자세공(格子細工)의 시렁 밑에는 화원이 있다. 석류나무나 삼나무는 예쁘게 다듬어지고 높은 생울타리가 되어, 사생활을 지키고 있다.

*: 적색을 띠는 온천물. 철분 성분이 많이 함유되어 있다.

아이들은 신변의 환경을 어른 이상으로 잘 살피고 있다. 신변의 풍경은 아이들의 인간 형성에 큰 영향을 준다. 〈니가타켄 오구니마치의 초등학교 2학년생 · 6학년생의 작품〉

어린이의 이성 · 감성을 기른다

도시화나 농림어업의 근대화, 효율화로 인해, 지역의 장래를 짊어지게 될 어린이들이, 자연, 농림어업, 지역 행사 등에 참여할 기회가 감소하였다. 학교 교육이 지역과의 연계를 요구하고 있는 오늘날, 개성 있고 매력 넘치는 농산어촌 만들기에 지역의 아이들을 참가시키는 것은, 아이들뿐만이 아니라 지역에 있어서도 매우 큰 의의를 가진다고 할 수 있다.

자연 · 생산 활동 · 지역 사회로부터의 유리(遊離)

예전의 농산어촌에서는, 아이들이 풍부한 자연 속에서 시간을 잊은 채 놀러다녔고, 또한, 생산 활동이 바쁠 때에는 집의 일을 돕는 것으로, 무의식 중에 지역의 자연을 체험하고, 농림어업과 가까이 지내며 성장했습니다. 지역의 여러 가지 행사에 있어서는, 연령에 따라 역할이 주어져, 지역 사회의 일원으로서의 입장을 몸소 이해하고, 교제하는 방법을 자연스럽게 터득하며 성인이 되었다. 현재, 교육 현장에서 논의되고 있는 생존하는 힘이라는 것은 학교에서의 학습 안에서가 아니라, 오히려 지역의 생활 속에서 습득할 수 있었다고 할 수 있다. 그러나, 농산어촌의 생활의 도시화, 생산 활동의 근대화, 효율화 등이 진행하는 가운데, 아이들이 자연과 친하게 지낼 수 있는 기회, 농림어업이나 지역 행사에 참여할 수 있는 기회가 감소하고 있다는 것이 현실이다.

학교와 지역의 연계에 의한 지역 학습

농산어촌의 미래의 역군은, 지역에서 생활하는 아이들이다. 그들 중 일부는 지금까지와 같이, 언젠가는 자립하여 지역 밖으로 떠나버릴지도 모른다. 그러나, 지역에서 생활하는 동안에, 가능한 한 지역의 여러 가지 것들을 체험하게 하는 일, 그것들을 통해 지역을 바로 이해하는 일은, 아이들의 장래에 있어서 매우 중요하다. 지역의 자연을 접하고, 지역의 농림어업이나 지역 사회의 생활을 피부로 느끼며, 나아가 자연과 농림어업, 지역 사회의 상호 관계와 그 역사를 체험하며 이해하는 것은, 학교만으로는 한계가 있다. 아이들의 이러한 지역 학습을 학교에만 맡길 것이 아니라, 가능한 한 지역의 입장에서 관여하는 것이 중요하다. 사실, 학교와 지역과의 연계는 학교 측도 요구하고 있는 것이다. 생활과 생산 현장이 가까이 있는 농산어촌은 자연이나 지역 사회의 학습에 적합한 곳이라고 할 수 있다.

어린이의 참가에 의한 농산어촌의 매력만들기

개성 있고 매력 넘치는 농산어촌 만들기에 지역의 어린이들이 참가하는 것은, 지역의 입장에서도 어린이들의 입장에서도 뜻있는 활동이다. 지역 만들기 현장이 학습에 걸맞는 공간이 된다. 이 활동을 통해, ① 어린이들이 지역의 자연, 역사, 산업, 문화 등을 교과서에서가 아니고, 살아 있는 교재로서 지역 어른들에게 종합적으로 배울 수 있고, ② 어린이를 가르치는 것으로 어른들 자신도 보다 바로 지역을 배울 수 있으며, ③ 어머니, 그리고 아버지나 그 위의 세대까지, 광범위한 사람들의 관심을 불러모아, 지역 어른의 참가를 유발하는 매체가 되고, ④ 어린이들이 속한 학교의 활동과 연계하는 것으로 지역 만들기에 커다란 힘이 되는 등, 지역 사회에 많은 영향을 줄 것으로 기대된다.

시즈오카켄 미시마시의 활동

교정에서의 '비오톱' 만들기

녹지 공원의 청소·미화 등의 봉사 활동

모내기 체험

벼베기 체험

활력있는 농림어업이 지지하는 아름다운 농산어촌

1. 아름다운 농산어촌을 만드는 농림어업

자연과 밀접하게 연계된 풍경 〈아키타켄 기사카타마치〉

지형에 적합한 분지의 포도밭 〈야마나시켄 가쓰누마초〉

지형의 구배와 조화를 이루는 밭 〈군마켄 간라마치〉

마가리야(曲屋)*의 풍경 〈이와테켄 도노시〉

*: 남부 지역을 중심으로 볼 수 있는 갈고리 모양으로
휜 평면을 지닌 민가. 돌출부에 마실 등을 설치하고
그 정면을 입구로 한 특징을 갖는다.

농림어업의 영위는 농산어촌의 아름다움을 형성하는 기초

농산어촌은 인간이 자연과 마주대하면, 지역의 지형, 기후 등을 활용하여 긴 세월을 걸쳐 전개해 온 농림어업의 영위를 통해서 형성되었고, 개성 있는 지역 사회나 전통 문화를 바탕으로 육성되어 왔다. 활력 있는 농림어업은 아름다운 농산어촌의 매력을 지지하는 근간이 되는 것이다.

농산어촌 공간을 특색 있게 하는 농림어업

농산어촌에 있어서는, 전답, 수로, 삼림, 마을 산, 어장, 등의 생산 기반이, 그곳에서 전개되는 생산 활동과 서로 조화롭게 아름다운 경관을 형성하고 있고, 공간적으로 농림어업에 관련된 요소가 큰 비중을 차지하는 것이 특징이다.

개성 있고 매력적인 농산어촌의 환경은 지역마다 다른 기후·기상 조건, 지형 조건, 수리 조건 등의 자연 조건에 따라 긴 시간을 걸쳐서 발전해 온 농림어업의 영위를 통해서, 만들어져 왔다.

이 과정에서, 각 지역의 고유한 자연 조건에 대한 깊은 통찰과 그것에서 도출된 농림어업에 대한 생산의 기술이 연마되어, 생활의 지혜가 축적되어 왔고, 지역의 자연 조건에 적합하고, 생산성의 향상을 위한 합리적인 양식이 발달해 왔다. 이러한 양식은 보편적인 지혜로서 지역 주민 개개인뿐만 아니라, 마을 단위에서도 공유되어, 지역마다 개성 있는 역사와 문화를 기르는 바탕이 되었다. 지역의 자연 조건에 대한 끊임없는 개척 활동은 여러 가지 기술이나 지혜에 근거한 특색 있는 농림어업을 성립시켰고, 발전을 이끌어, 지역마다 개성적인 농산어촌 공간을 지역 사회나 전통 문화와 더불어 형성해 왔다고 할 수 있다.

농림어업이 가져오는 경관 요소의 다양성

자연과 마주하고, 그곳에 인간의 지혜와 기술을 투입하는 농림어업은, 그 때문에 지역 고유의 자연 조건에 좌우되었고, 농림어업의 활동을 통해 형성되고 있는 농산어촌의 경관도 긴 세월을 거치는 동안에 지역 고유의 것을 창출하여 왔다. 또한, 지역의 자연 조건과 함께 전개되어 온 지역 고유의 역사는, 지역에 독특한 생활 습관이나 사회적인 조직을 기르고, 이것을 유지·계승하는 것으로 지역의 문화를 창조해 왔다고 할 수 있다. 따라서, 지역의 자연 조건에 더하여, 농산어촌이 어떠한 역사적, 문화적인 배경을 가지고 있는지도 농산어촌의 경관을 형성하는 커다란 요인이라고 할 수 있다.

농산어촌의 풍경에는, 농림어업을 행하는 것에 의한 영농 경관, 농촌 마을의 특징적인 형태나 가옥 양식, 이러한 생산과 생활에 관련한 공간 요소가 일체된 마을 경관, 농림지가 주변의 자연 환경과 엮어져 이차적 자연으로 구성된 물가나 초록의 경관, 세대를 초월한 노동이나 나날의 생활을 통해 계승되고 있는 작업이나 축제 등 전통 문화에 관련된 경관 등, 다양한 요소들이 존재한다. 이것들은 어느 것도 자연 환경적인 요인을 날실로, 인문 사회적인 요인을 씨실로 하여 구성된 것이고, 연면히 유지되어 온 농림어업에 의해 형성된 것이다.

마을 주위의 산과 어항의 경관 〈히로시마켄 유타카초〉

가지치기로 잘 다듬은 삼나무 숲 〈아키타켄 하치모리 마치〉

영농 풍경 〈야마나시켄 고후시〉

볏단 말리는 풍경 〈니가타켄 이와무로무라〉

동적인 경관〈이바라키켄 히타치나카시〉
풍어의 깃발을 나부끼면서 항구로 돌아
오는 풍경은 어촌을 단번에 화려한 공간
으로 변하게 한다.

정적인 경관〈니가타켄 야마코시무라〉
아침 안개가 낀 논의 풍경은 신비스럽고
장엄한 정적(靜寂)의 미를 자아내고 있다.

6 일본 전통의 가면 음악극. 탈을 쓰고 하야시(囃子)에 맞추어 '요쿄쿠(謠曲)'를 부르면서 연기함.
7 신에게 제사 지낼 때 연주하는 일본 고유의 무악. 황거 · 황실(皇居 · 皇室)과 관련이 깊은 신사에서 연주하는 가무와 민간 신사에서 연주하는 가무가 있는데, 전자는 '미카구라(御神樂)'라고 하여, 민간의 것과 구분하며, 후자는 전국 각지에 여러 가진 전통이 있다.
8 볏단을 걸쳐 말리기 위해 논두렁에 심어 놓은 나무.
9 5 · 7 · 5의 3구 17음절로 된 일본 고유의 단시(短詩)

농림어촌 경관의 특징

농산어촌의 아름다움에는 동적인 아름다움과 정적인 아름다움이 있고, 그것들은 또한 사계의 변화 속에서 행하여지는 농림어업의 영위를 통해 다양한 매력을 보여주고 있다. 각 지역의 지형이나 기후 등의 풍토에 맞추어 긴 세월을 거치면서, 지역 주민에 의한 농림어업의 지속적인 영위를 통해 형성된 경관은 지역의 아이덴티티가 되기도 한다.

동(動)적인 경관

동적인 경관은, 농산어촌에 있어서의 생활이나 모내기, 벼베기, 풍어의 깃발을 나부끼며 항구로 돌아오는 어선 등, 농림어업의 생산 활동을 통해서 표현되고, 그곳에 사는 인간과 생육하는 농작물, 주위의 생물들에 의해서 다양한 아름다움이 야기된다. 이러한 동적인 경관에는 농림어업의 생산 활동 속에서 산출된 노동 경관, 사람이 살아가는 생활 속에서 나타난 생활 경관, '노能 6나 '가구라神樂 7 등 전승 문화가 가져온 경관 외에, 마을 내부의 주민 상호나 방문객과의 교류 속에서 태어난 교류 경관 등이 있다. 또한, 생물이 주역이 된 경관은 마을 산, 채마밭, 수로, 저수지, 삼림, 어항 등, 농림어업 현장과 관계하는 것도 많고, 작은 강 · 수로나, 논 · 저수지 속에서 살아가는 어류, '반디의 난무亂舞'로 대표되는 곤충류, 조류의 지저귐과 비상飛翔, 개구리 등 양서류의 울음 소리 등등, 농산어촌의 이차적 자연에 서식하는 다양한 생물들의 활기찬 삶의 표현을 볼 수 있다. 이러한 정경은 초등학교 창가唱歌 등에 불려져, 일본 원풍경의 매력, 고향의 이미지를 형성하는 일에 공헌해 왔다.

정(靜)적인 경관

정적인 경관에는, 볏모가 심겨진 밭의 모습이나, 평야에 펼쳐진 예쁜 논, 계단식 논 하나하나에 비치는 달빛, 황금빛 이삭, 한풍에 견디어 서 있는 '하사키' 8 등, 여러 가지 풍경이 있고, 옛부터 미의 대상으로서 단가短歌나 '하이쿠俳句 9에 읊어지고, 풍경화 등의 소재가 되어 왔다. 이러한 농산어촌을 대상으로 한 풍경화 등에 있어서는, 농림어업의 생산 시설이나 지역 풍토와 깊게 관계하면서, 사람들의 생활이나 농림어업의 영위가 능숙하게 표현되고 있어, 인간이 적극적으로 활동하면서 길러 온 농림어업이 기본이 된 경관이라는 점이 충분하게 인식되어 있다.

사계절 변화가 엮어내는 경관

사계절에 의해 그 생산의 리듬을 표현하고 있는 것도 농림어업이 가져온 경관의 특징이라고 할 수 있다. 지역의 지형·기후에 적합하도록 영위된 농림어업에서는, 사계절 변화에 따라 작물의 생육 상황이나 작업 풍경이 달라진다.

예를 들어, 논에는, 산간의 습전濕田에서 벼를 베어 낸 후, 보리 등이 재배될 수 없는 일모작 논을 가리키는 하루타春田, 모내기 전의 논이나 모내기 준비가 갖추어진 논을 나타내는 시로타代田, 모내기를 끝마친 논을 나타내는 우에다植田, 아직 여물지 않은 푸른 논을 나타내는 아오타青田, 벼가 이삭을 내고 있는 논을 나타내는 호다穗田, 벼를 베어 낸 후의 논을 나타내는 가라타刈田, 눈 덮인 논을 나타내는 시라타白田 등, 계절에 따른 논의 변화를 표현한 말이 많이 있듯이, 사계절 변화 속에서 쌀을 만든다고 하는 생산 활동을 통해서도, 논과 인간과의 다양한 관계를 반영한 여러 가지 표현이 존재한다.

동과 정으로부터 형성된 경관 외에, 농산어촌의 사계절 변화와 그곳에서 영위된 농림어업의 내용에 따라서도 농산어촌의 경관은 시시각각으로 변화하고, 여러 가지 매력 있는 경관을 보여주고 있다.

농림어업이 형성한 개성 있는 풍토의 경관

이렇게 농산어촌의 경관은, 다양한 요소가 짜맞추어져 형성되고, 동적인 경관, 정적인 경관으로 파악할 수 있으며, 사계절에 따라 변화하는 것이지만, 경관을 지지하는 가장 기본적인 요소는 오랜 세월에 걸쳐 지속적으로 영위되어 온 농림어업이다. 선인들이 지역의 풍토에 맞추어 긴 시간 속에서 환경과 어울리기 위한 노력을 행하는 가운데 형성되어 온 것이기 때문이다. 따라서, 농산어촌의 경관은, 항상 변화하는 성질을 가지며, 그러한 의미에서 살아있다고 할 수 있다.

농림어업이 지역의 풍토에 적합하게 계속적으로 영위된 것으로, 지역마다 개성적인 경관이 창출되어 왔다. 그 지역의 농림어업 경관은 그 지역밖에 없는 것이고, 농림어업에 의해서 만들어진 풍토의 경관은 지역의 아이덴티티가 된다고 할 수 있다.

봄 – 우에타(植田) 〈지바켄 가모가와시〉

여름 – 아오타(青田) 〈와카야마켄 신구시〉

가을 – 가리타(刈田) 〈지바켄 가모가와시〉

겨울 – 시라타(白田) 〈히로시마켄 후노손〉

지형에 따르는 수로 〈교토후 마이즈루시〉

농지 안에 남아 있는 옛 다리 〈에히메켄 우치코초〉

전통적 농림어업이 자아내는 경관

전통적인 농림어업이 자아내는 경관은, 원풍경으로서의 매력이 풍부하고, 마을이나 생산 시설, 전통 예능 등, 농산어촌 안에 다양한 형태로 남아 있다. 전통적인 경관은 그 지역의 개성 · 주체성을 유지하고, 지역(고향)으로의 자긍심과 애정을 양성하는 중요한 요소가 된다. 또한, 최근에는, 이러한 전통적인 경관에 대해, 도시 주민을 중심으로 높은 평가가 이루어지고 있다.

전통적인 농림어업의 풍경

농림어업은 각 지역에 있어서 지역 주민이 자연 조건에 손을 더해 발달해 왔지만, 기계화 등 근대화의 진척에 의해 크게 변화된 한편, 전통적인 농림어업의 생산양식이 현재까지 계승되어, 이것이 자아내는 특색 있는 경관이 남아 있는 경우도 있다.

전통적인 농림어업의 경관은 지형에 따라 곡선으로 구성되고, 대형 기계보다는 오히려 사람이 작업하기 적당한 규모를 가지고 있다. 또한, 지역 주민이 수고와 시간을 들여 형성해 온 것이고, 주변 환경과 꽤 조화롭다는 점에서도 원풍경으로서의 매력이 넘치고 있다고 할 수 있겠다.

이러한 전통적인 농림어업이 자아내는 아름다움은, 생산을 행하기 위해 보전 · 활용되고 있는 시설 속에서도, 사람이 영위하는 농림어업 작업 속에서도 찾아낼 수 있다. 예를 들어, 전통적인 농업용 시설으로서는 강으로부터 용수를 얻는 보堰, 논까지 용수를 안내하는 자연석 수로, 평탄한 토지가 적은 중산간지에서 농사를 짓기 위해 만들어진 계단식 논, 재배를 위해 조성된 저수지 등이 있다. 한층 더 소규모 시설로는, 수로에서 농지로 물을 끌고 메밀이나 맥분을 뽑아내는 수차, 볏단을 걸어 말리기 위해 심어 놓은 '게이한보쿠畦畔木'10를 이용하여

---

10 논과 밭을 구분하는 등의 목적으로 논두렁에 심은 나무. 여름에는 농작업의 휴게소로, 가을에는 벼를 말리는 곳으로, 겨울에는 가지를 쳐서 목욕물을 데우는 데 쓰여졌다. 오리 나무 등이 많이 이용되었으며, 탄바 (丹波 – 지금의 교토후와 효고켄의 일부) 지방에서는 밤나무와 감나무가 주로 사용되었다.

설치한 고기잡이 통발 등도 있다. 한편, 전통적인 농작업으로는, 소나 말을 이용한 논밭 갈기, 손수 심는 모내기, 벼를 건조하기 위해 행하는 볏단 말리기, 볏집 쌓기 등이 있다. 마을 안에는 초가 지붕의 가옥, 가축과 함께 사는 생활 속에서 만들어진 마가리야 양식, 가옥 부지의 숲, 작물을 저장하는 창고, 신사와 고장의 수호신을 모신 사당 경내의 숲 등, 옛 농촌을 떠올리는 경관이 보이는 것 외에, 전통 문화로 남아 있는 '가구라'나 '노'의 무용, 풍작을 기원하기 위한 춤사위 등도 농림어업이 만들어낸 전통적인 경관이라 할 수 있다.

옛부터 내려온 잡곡 문화를 살펴볼 수 있는 수수 말리기 〈아와테켄 구지시〉

볏집 쌓기 풍경 〈후쿠시마켄 아츠시오카노무라〉

풍작을 기원하는 모내기 춤 〈야마가타켄 시라타카마치〉

전통적인 농림어업의 재평가와 활용

이렇게 농림어업의 옛부터 내려온 작업이나 시설이 만들어내는 경관은, 농산어촌에서 생활하는 지역 주민에게 있어서는 일상적인 경관이므로, 새삼스럽게 아름다운 것으로 평가되는 경우는 많지 않을 것이다. 역으로, 도시 등 농산어촌의 외부 사람으로부터, 인공적인 도시 공간에는 없는 농산어촌다운 매력으로서, 전통적인 농림어업이 형성하는 경관에 대한 평가가 높아지고 있다. 이러한 전통적인 농산어촌의 경관은 지역의 아이덴티티를 형성하는 귀중한 존재라는 점에 근거하여 자신의 지역밖에 없는 경관에 대한 자긍심을 가지고, 그 매력을 재인식하는 것으로, 지역(고향)에 대한 애착도 양성할 수 있다. 따라서, 농산어촌에 사는 지역 주민이 전통적인 농림어업이나 이것이 형성하는 경관에 대해서, 비근대적인 것이라 하여 일률적으로 부정하지 말고, 지역의 주체성으로서 혹은, 국민 공통의 재산으로서 그 가치를 발견해내는 것이 중요하다. 나아가서는, 도시 주민의 높아진 관심을 받아들여, 전통적인 농림어업의 영위와 그것이 야기한 경관을, 그린 투어리즘 등을 포함한 도시와 농산어촌의 연계 강화에 활용하는 등, 그 지역의 매력을 향상시키는 새로운 자원으로 평가할 때 지역 활성화의 유효한 수단이 될 수 있는 것이다.

밭을 정비한 후의 효율적인 토지 이용

힘찬 농작업의 모습

기능미를 동반한 농산어촌의 경관

지형이나 기상 등 지역 고유의 특성에 근거하여, 생산성의 향상·효율적인 농림어업의 실현을 위한 농산어업의 기반을 정비하는 것으로, 다이내믹하고 힘찬, 기능미를 동반한 농산어촌 경관을 창출할 수 있다.

생산성 높은 농림어업이 가져온 경관

현대의 농림어업의 영위에서는, 기후나 지형 등 지역 독자의 조건에 근거하면서, 보다 높은 생산성이나 효율성을 목표로 다양한 정비가 실시되고 있다. 논밭이나 농로, 수로 등을 하나로 정리한 경작지 정비를 비롯해 어항, 해초장, 양식장 등의 시설 정비, 효율적인 목재의 벌채, 운반 등을 목표로 한 임도林道 정비 등이 추진되고 있고, 근대적이고 효율적인 농림어업의 영위를 실현해 가고 있는 중이다.

이러한 농림어업의 기반 정비는 논밭, 수로, 저수지 등의 개별 시설 정비에 머무르지 않고, 지역 전체로서, 각각의 시설이 효율적인 농림어업의 실현이라고 하는 목적에 맞추어 상호 조화를 이룬 구조가 되어야 한다. 그 때문에, 지역 전체의 효율적인 토지 이용에 대해서도 검토가 이루어졌고, 지역의 지형을 계속적으로 완만하게 개변해 왔다. 예를 들어, 벼농사에 있어서는, 구획 사업으로 직사각형 논이 창출되어 대형 농업 기계의 사용이 가능해지는 등, 생산성이 현저하게 향상했을 뿐만 아니라, 농경 배수로나 저수지 등 제반 시설의 유지 관리 작업의 부담도 줄어들었다고 할 수 있다.

이에 따라, 대형 기계가 힘차게 가동되어 벼나 보리를 베어내는 풍경이나 큰 어선 여러 대가 동시에 수산물을 실어올리는 모습 등, 다이내믹하고 활력 있는 경관이나 정형화된 경작지가 형성한 기능미 넘치는 경관이 창출되었다. 생산성이나 효율의 향상을 목표로, 건전한 농림어업의 영위가 행해지는 노력을 계속하는 것으로, 농산어촌에 기능미를 가진 경관이 창출되게 된다.

기능미를 가진 농림어업의 아름다움은 효율적이고 기능적인 생산 활동의 결과로서 만들어지는 반면, 그러한 활동이 지역의 자연이나 사회 특성에 적합한 내용으로 되어 있다라는 점도 요건이 되어 성립하는 것이다. 즉, 높은 생산성을 실현하는 것으로 양성되는 아름다움은, 지역성에 따른 건전한 생산 활동이 행하여지고 있다는 것을 말해 주는 것이다.

효율성이나 편리성의 추구에만 정신이 팔리면 각 지역이 지닌 자연적, 사회적인 특성을 돌아보지 못하고, 획일적인 토지 개량이나 농업 시설 정비를 행하게 되어 지역 전체의 공간적 조화를 현저히 저해하게 된다.

높은 생산성을 목표로 하면서도, 지역 고유의 풍토나 사회성에 충분한 주의를 기울이면서 건전한 농림어업 활동을 실현하는 것이 중요하다.

2. 아름다운 농산어촌 경관을 지지하는 적절한 농지 · 삼림의 활용 · 창조 · 관리

관리가 부족한 수로
수로 법면의 풀베기 등에 대한 관리가 부족한 상황에서는, 수로 본래의 기능인 통수(通水)의 기능에 지장을 초래할 뿐만 아니라 보기에도 좋지 않다.

토지 이용의 혼란
정돈된 농지 안에 주차장 등의 비농용지가 혼재하면, 생산성이 높은 농업에 지장을 초래할 뿐만 아니라 경관적으로도 많은 문제가 발생한다.

농산어촌의 경관을 저해하는 요소 · 요인

건전한 농림어업의 영위를 통해서 길러지고 지지되어 온 농산어촌의 아름다움이지만, 인구감소나 고령화의 진전, 사회 경제 상황의 변화 등에 동반하여 농림어업의 활력이나 마을의 기능이 저하됨에 따라, 영농이나 관리의 부실화, 토지 이용의 혼란 등이 일어나 아름다운 경관이 저해되는 사례도 보이고 있다.

농림어업이 지탱하는 아름다움의 혼란

아름다운 농산어촌의 매력은, 농림어업의 영위를 중심으로 지역 자원을 관리하는 주민의 노력에 의해 유지되어 왔다. 지역의 환경과 일체된 이차적 자연으로서의 마을 산이나 논밭, 저수지 등을 사용하고 관리하는 기술이나 지식이 길러져, 지역의 전통 문화로서 마을 커뮤니티 속에서 전승되어 온 것이다.

그렇지만, 과소화 · 고령화의 진전이나 농림어업을 둘러싼 어려운 경제 상황 등에 의해 농산어촌을 둘러싼 환경이 변화하는 가운데, 농림어업의 활력이나 마을 커뮤니티의 기능이 저하하여 농산어촌의 아름다움이 상하는 상황도 보이게 되었다.

농산어촌 경관의 혼란은 영농면이나 관리면, 토지 이용면, 공간 조화면 등 여러 가지 분야로부터 발생하고 있다.

우선, 영농면에서는, 논, 밭 등의 경작지가 방기되어 잡초가 번무하거나 수림지 등의 관리가 불충분하여 건전한 수림의 성장이 방해받는 모습 등에서 생산의 장이라는 본래의 의미를 상실한 것에 의한 경관의 혼란을 느끼는 일이 있다.

또한, 농지나 비닐 하우스 주변에서는 영농 자재 외의 비료 봉투 등 농작업 후의 쓰레기가 여기저기 흩어져 있는 경우가 있어 경관을 망가뜨리는 요인이 되고 있다

관리면에서는 밭이나 경작도(耕作道), 수로 등의 관리 부족에 의해, 법면이 붕괴되거나 잡초가 무성해진 상황이 보인다. 이것은 경관면에서도 문제가 있을 뿐만 아니라,

농로나 수로의 본래 기능에 지장을 초래한다. 또한, 경작 포기지나 손질 부족의 삼림, 관리되지 않는 도로나 쓰레기 등의 불법 투기를 유발하고, 농지·삼림에 폐차나 자재가 방치되는 경우도 발생하고 있다. 이것은 통합된 농지의 이용을 방해할 뿐만 아니라 지역의 아름다움도 아무 쓸모없게 만들어 버린다.

　토지 이용면에서는 우량 농지 안의 일부가 무질서한 주택 등으로 전용되는 일 등이 있는데, 이것은 정리된 농지 이용에 의한 건전한 영농을 방해할 뿐만 아니라, 토지 이용의 혼란을 불러와 질서 있는 토지 이용이 자아내는 아름다움을 망가뜨려 버린다.

쓰레기의 불법 투기
사람의 눈이 미치지 않는 장소나 이미 쓰레기가 버려져 있는 장소 등은 쓰레기를 불법으로 버리는 장소가 되어 버린다. 일상적인 관리로 방지할 수 있다.

관리가 부족한 숲
간벌(間伐)이 늦어진 삼림은 어둡고 침침하여, 사람의 손길을 거절하는 듯한 분위기를 풍기며, 위험조차 느끼게 한다. 적절한 관리가 필요하다.

농지·삼림의 활용과 창조를 통한 농산어촌의 경관형성

농산어촌 경관의 혼란에 대해서는, 농지·삼림을 본래의 생산 공간으로서 효과적으로 활용하는 것을 기본으로 하고, 유휴 농지의 관리자를 모이도록 함과 동시에, 시민 농원으로서의 활용, 경관 작물의 도입, 생물의 서식지가 되는 '비오톱'으로서의 활용 등, 농지·삼림의 다양한 활용도 궁리하면서 아름다운 농산어촌 만들기를 추진하는 것이 중요하다.

농지·삼림의 효과적인 활용에 의해 아름다움을 되돌린다

농지·삼림에 대해서는, 역시 본래의 생산 공간으로서 효과적으로 활용하는 것이 기본이 된다. 생산 공간으로서 활용한다는 것은, 농림 수산물을 공급한다고 하는 기능을 완수할 뿐만 아니라, 이차적 자연으로서 다양한 생물종의 서식 공간으로 기능하거나, 사계절에 맞는 작물의 생육이나 농작업을 통해 풍경에 정취를 더하는 등, 여러 형태로 농산어촌의 아름다움을 유지하는 일에 이어진다.

농지·삼림의 활용에는 다양한 방법이 있다. 유휴 농지에서는 지역의 담당자에게 그것을 적절히 이용하도록 하는 것이 효과적인데, 그러기 위해서는 농작업의 수·위탁이 원활하게 이루어지도록 궁리하는 것 등이 필요할 것이다. 아울러 신규 취농자를 지원하기 위해서 인수 조직 등을 검토하는 것도 중요하다. 또한, 중산간지에서는 중산간 지역 등 직불 제도[11]를 활용하여 마을 협정을 체결하고, 지역 전체가 농지를 지켜나가는 방법도 있다.

---

11 중산간 지역은 하천의 상류에 위치하고 경사지가 많은 불리한 입지적 특성을 갖지만, 그곳에서의 농업 생산 활동은 홍수나 토양 침식을 방지하고 양호한 경관을 형성하여, 하류에 사는 도시 주민의 생명과 재산, 풍부한 생활을 보호하는 기능을 수행해 왔다. 그러나, 최근에는 고령화 속에서 관리자가 감소하여, 농작 포기지가 증가하는 현상을 보이고 있다. 이러한 배경 속에서, 2000년부터 '중산간 지역 등 직불 제도'가 시작되었다. 이 제도는 중산간 지역에서 농업을 유지하고 농지를 보전하는 것으로, 여러 가지 기능을 지켜가는 것을 목표로 한다. 협정을 체결한 마을에는 정부나 켄(縣), 시(市)에서 교부금이 지급된다.

사례 ┃ 전국 각지의 중산간 지역 등 직불 제도에서의 농작 포기지의 복원·대책

1. 이와테켄 이와이즈미초 에가와岩手縣 岩泉町 江川
경작 포기지율이 높은 농용지를 포함하여 마을 협정을 체결하고8명, 20ha, 경작이 곤란한 농지가 출현했을 경우에는 참가자들이 관리하는 구조로 되어 있다.

2. 야마구치켄 슈토초 히요지山口縣 周東町 ひゆじ
교부금의 일부를 '경작 방기 보험'으로서, 개인 배당분을 적립개인 명의의 정기예금으로 적립하고, 경작이 불가능하게 되었을 경우, 논밭의 1단보段步 당 적립금에서 1만 엔, 경작이 불가능하게 된 농가에서 1만 엔, 합계 2만 엔을 갹출하는 것으로, 경작 포기지를 발생시키지 않는 구조로 하고 있다37명, 33ha. 이 경우 농작업은 영농 조합에 위탁된다.

3. 고치켄 가호쿠초高知縣 香北町 **서부 중앙**
논 중에 경작 포기지가 되기 쉬운 곳을 유자밭으로 전환하여, 경작 포기지의 발생을 방지하고 있고, 현재까지 20ha의 면적에 유자를 심었다.

4. 오키나와켄 나고시 아베沖繩縣 名護市 安部
마을에서 경작 포기지율이 높은 농지를 대상으로 마을 협정을 체결하여, 경작 포기지의 복구에 노력하고 있다. 경작 포기지는 11.36ha가 있었지만, 2001년도의 활동으로 2.81ha가 복구되었다25명, 21ha.

체험 농업 등 도시 교류의 거점으로 활용

한편, 관리자를 구하기 어려운 농지에서는, 체험 농업의 장이나 시민 농원으로서의 활용 등을 검토하여, 도시 주민 등 지역 내외의 사람들이 하나가 되어, 생산 공간으로 유지해가는 궁리도 중요하다. 현재, 농업의 영위, 경관 보전이나 자연 환경의 유지 등에 관심이 있는 도시 주민 등이 참가하여 경비를 부담하거나, 농작업의 일부를 지원하는 오너 제도[12] 등도 중산간지의 계단식 논을 중심으로 전국 각지에서 실시되고 있는 중이다.

경관 형성 작물의 도입과 비오톱으로서의 활용

인구감소 · 고령화나 생산 조건의 악화 등의 여러 가지 이유로, 농지 · 삼림을 생산 공간으로 활용할 수 없는 경우도 보인다. 이 경우에는, 생산 공간으로서가 아니고, 농산어촌 경관의 형성에 배려하여, 농지 · 삼림이 아니고는 할 수 없는 공간의 활용을 통해, 적극적인 경관 만들기를 생각하는 것도 중요하다. 예를 들어, 경작 포기지에는 경관 형성 작물을 도입하여 아무 것도 심어져 있지 않은 상황을 막는 것도 중요한 수단이 된다. 그 외에도, 환경 배려의 차원에서 비오톱을 만들어 지역의 어린이들에게 학습 현장을 제공하고, 꽃을 심어 꽃따기를 체험할 수 있는 꽃밭으로도 활용한다거나, 혹은 메밀을 심어 경관을 형성할 뿐만 아니라, 수확제나 손으로 반죽한 메밀 국수 체험 현장을 병행하여 기획하는 등, 도시와 농촌의 교류를 위한 하나의 수단으로 활용하는 것으로 지역의 아름다운 경관을 유지할 수 있다. 또한, 이러한 농지 · 삼림의 활용을 현지 주민 자신이 고안하고 실행하여, 지역 커뮤니티를 재차 활발하게 하는 것도 기대할 수 있다.

---

12 도시의 소비자가 생산자에게 자금을 제공하고, 생산물로 되받는 시스템. 대상 업종은 농림, 축산, 목축, 어업, 양조 등 다양하고, 현지에서 직접 작업하면서, 농산물 등을 수확하는 일도 가능하다. 상세 내용은 118쪽 참조.

칼럼 | 영국의 활동 소개 – 전원 스튜어드십 사업

영국에는 여러 가지 농촌 환경 정책이 있다. 그 중에는 농촌 경관 · 야생 생물 서식지의 보전을 목적으로, 1991년에 창설된 '전원 스튜어드십 사업 Countryside Stewardship Scheme' 이 있다. 이 사업은, 전통적 농촌 경관 등의 유지를 위해서, 자발적으로 참가하는 농업자 등과 정부가 '관리 협정 management agreement' 을 체결하고, 농업자가 경관 보전, 생물 보호 등을 위한 토지 관리를 행하는 것에 대해 정부가 장려금을 지불한다고 하는 것이다. 2002년의 협정 계약수 및 계약 농지 면적은 1만 3,745건,

34만 3,132ha이고, 장려금으로서는 1ha당 4~510파운드가 지불되었다.

토지 관리 등의 내용으로는, 생울타리나 석벽의 수복 · 재생, 식림, 목초지의 관리, 황무지의 관리 등이 있고, 각 항목에 따라 지급액 및 작업 내용이 상세하게 정해져 있다.

이와 같이 농업자 등이 자신의 토지를 전통적인 경관 보전을 위해 관리하고 나서야 비로소, 장려금이 지불되는 구조로 되어 있다.

■ 지바켄 가모가와시千葉縣 鴨川市의 계단식 논 농업 특구

지바켄 가모가와시 오야마大山 지구에서는 3년 전에 시작한 오야마 논 1,000구획 대출 사업이 궤도에 올라, 이미 매년 100쌍의 참가자를 모으고 있다. 구조 개혁 특구의 지정은 오야마에서의 성공을 시 전체로 넓혀가려는 것이다. 우선, 5개 마을이 손을 들었다. 2003년 10월에는 2.1㏊를 대상으로, 190쌍의 계단식 논 소유자를 모집했다. 기본 요금은 모종의 대금이나 지도료를 포함해 3만 엔/100㎡이

다. 시에서는 2008년에 14개 마을 약 11㏊에서 400쌍 이상의 소유자를 받아들이려는 의욕을 보이고 있다. 농지법의 특례에서는 시나 농협에 한해 시민 농원의 개설이 가능하지만, 특구에서는 농가 등에서도 농원을 대여할 수 있도록 규제가 완화되었다.

특구 지정에 의해, 계단식 논에서의 경작 포기지의 복원과 방지를 도모하고, 도시와 농촌 간의 교류로 지역의 활성화를 이루는 것으로 아름다운 농업 경관을 유지하고 있다.

■ 에히메켄 미마초愛媛縣 三間町의 활동

에히메켄 미마초는 우와지마시宇和島市의 북부 옆 온난한 중산간지에 위치한 읍이다. 미마초에서는, 다른 농작물을 재배하게 된 논이나 수확을 끝낸 논에 읍의 꽃인 코스모스를 심고, 마을마다 코스모스 축제를 실시하고 있다. 그 중에는 한 마을에서 16ha의 코스모스밭을 관리하고 있는 곳도 있다. 읍 전체에서는 40ha의 코스모스밭이 펼쳐지고, 연 1회 개최하는 코스모스 축제에는 외부에서도 많은 사람들이 찾아온다.

또한, 지역의 도로변에 심겨진 꽃의 종류에 따라 수선화 가도, 자양화 가도, 철쭉 가도, 만주사화 가도 등의 꽃길이 지구별로 관리되고 있고, 읍내가 온통 꽃으로 가득하다.

사실, 이 꽃을 심는 활동은 예전의 공민관公民館13장이 개인적으로 혼자서 시작한 것이다. 그것이 마을로 퍼졌고, 인근 마을을 넘어 읍내로 퍼졌다. 그 공민관장은 꽃을 심는 것을 통해 지역의 커뮤니티가 활발하게 되었던 것이 가장 큰 성과라고 한다. 경관 만들기가 지역 커뮤니티를 활발하게 하고, 그것이 한층 더 아름다운 경관을 만들어내고 있는 매우 훌륭한 사례다.

---

13 일본의 사회교육법에 근거하여 지방자치단체의 '시초손(市町村)'에 설치된 시설. 우리나라의 시민회관이나 구민회관에 해당하며, 주민의 실생활을 지원하기 위해 교육·학술·문화에 관련된 각종 사업을 펼친다. 시초손은 한국의 시읍면(市邑面)에 해당하는 일본 행정구역의 명칭. 9쪽 참조.

농지 · 삼림의 적절한 토지이용계획을 통한 아름다운 농산어촌 경관의 형성

농산어촌을 공간적으로 이용함에 있어서는, 적절한 토지 이용 계획을 책정하는 것이 중요하다. 아름다운 농산어촌의 공간은, 토지 이용을 어지럽히는 요인인 휴경지, 폐차 방치장, 자재 하치장, 화려한 간판 등을 확실한 토지 이용 계획을 세워 관리하여 유지할 수 있다. 또한, 그 토지 이용 계획을 책정할 때에는 지역 사람들이 스스로 계획 책정에 참가하는 것이 중요하고, 따라서 그러한 의견을 집약할 수 있는 공간을 창출할 필요가 있다.

토지 이용 계획의 중요함

농산어촌 공간의 아름다움은, 지역 고유의 자연과 농림어업 등의 경제 활동, 그곳에 사는 사람들의 생활의 영위, 역사 문화 등을 바탕으로, 이것들이 조화된 토지 이용 속에서 전개되는 것에 의해 발휘된다.

농산어촌의 아름다움을 구성하는 요소는 다양한데, 지역의 풍경이 전개된 바탕으로서의 자연 공간, 지형을 활용하면서 그곳 사람들의 생활을 지지해 온 농지나 삼림 등의 생산 공간, 그리고 생산과 일체가 된 나날의 생활 속에서 문화적 · 역사적인 색채도 가미된 생활 공간, 문화 공간 등, 여러 기능을 지닌 공간이, 일정한 질서를 가지고 서로가 관련하면서 구성되어 토지 이용을 형성하고 있다.

계단식 논이나 마을 산 등 농산어촌 특유의 양호한 경관을 보전 · 형성하기 위해서는 농지나 삼림을 효율적으로 이용 · 관리할 필요가 있는데, 그런 의미에서도 토지 이용 계획이 지닌 역할은 중요하다.

농산어촌의 아름다움을 지지하는 활력 있는 농림어업의 영위를 위해서는, 경관과 조화롭고 양호한 영농 조건을 확보하기 위한 토지 이용이 적절히 이루어질 필요가 있다. 이를 위해서는, 농지나 택지 · 공장 등 여러 가지 토지 이용이 통합되어 있으면서도 각각이 완수해야 할 기능에 따라 '구분' 지우는 것이 중요하다. 이러한 토지 이용 계획에 의해, 농지로 보전해야 하는 지역, 택지나 공공 용지로 활용해야 하는 지역 등을 명확하게 할 수 있고, 또한, 그것을 견고하게 지켜가는 것으로, 농지 · 삼림이 자재 하치장이나 폐차 방치장 등으로 이용되어 버리는 부적절한 토지 이용도 미연에 방지할 수 있다.

지역 사람들이 결정하는 토지 이용의 규칙만들기

통합된 토지 이용이 이루어지기 위해서는 토지 이용의 계획이나 책정의 단계에서 지역 주민 스스로가 적극적으로 참가하는 것이 중요하며, 계획의 실효성을 높이는 데 있어서도 커다란 효과가 있을 것이다. 비록 개인 소유의 토지라고 하더라도 주민 스스로가 보다 넓은 지역적인 시점을 배우면서, 토지 이용에 대한 계획을 생각하고 논의하며 상호 간의 이해를 깊게 하면서 지역의 장래를 향한 토지 이용의 계획을 책정하는 것은, 개인의 좁은 이해 의식의 범위를 넘어, 지역의 토지 이용이나 경관의 존재 방식에 대해서 다시 한번 생각할 기회가 된다는 점에서도 유효한 방법이라 할 수 있다.

또한 지역 주민 스스로가 규칙을 책정했다고 한다면, 그 규칙을 지켜나가려는 의식도 보다 강해지게 된다. 토지 이용에 관한 대화가 심화되어 서로 납득이 가는 합의의 분위기가 조성된다면, 그 합의를 보다 확실한 것으로 하기 위해, 토지 이용에 관련된 협정을 지역 내에서 체결하는 것도 유효한 수단이다.

아름다운 농산어촌 경관을 지속시키는 것을 목적으로 한 의견을 집약할 공간만들기

전통적인 농산어촌에서는, 지역의 자연 조건에 적합한 형태로 농림어업의 생산성을 향상시키기 위한 꾸준한 노력 속에서, 지역의 아름다움을 유지하는 구조를 키우면서 세대를 넘어 계승하여 왔다.

농림어업이 가져오는 다양한 아름다움이, 관광 자원 등으로 새로운 의미를 가지면서 재검토, 재평가되고 있는 가운데, 장래적으로도 이러한 아름다움을 보전하기 위해서는, 먼저 지역 주민 스스로 생활 공간인 농산어촌의 아름다움을 재인식할 필요가 있다. 자연 조건이나 역사, 문화에 영향을 받으면서 오랫동안 선인의 노력에 의해 오늘날의 아름다운 경관이 있다는 것에 근거하여, 타지역과는 다른 그 지역 독자의 경관을 의식하는 것으로, 자신이 태어나 자란 장소, 자신이 매일 생활하고 있는 장소로서, 지역의 경관을 스스로의 아이덴티티로 할 수 있는 것이다.

이러한 지역의 독자성을 스스로 재발견하기 위해서, 도시 주민 등 외부 사람들과의 교류도 효과적이다. 최근에는 다양한 지역 자원을 활용한 지역 진흥책의 일환으로, 체험형의 농림어업 활동이나 농가 민박 등을 행하는 그린 투어리즘 등, 지역 농림어업의 힘에 의해 지지되는 도시 농촌 교류 활동이 각지에서 활발하게 전개되고 있는데, 이러한 활동은 단순히 경제적인 활성화를 가져올 뿐만 아니라, 지역 주민이 교류 속에서 새로운 시점을 획득할 수 있도록 한다는 점도 큰 효과라고 생각된다.

지역 주민이 방문객과의 교류 속에서, 새롭게 농산어촌의 아름다움을 재인식하고, 그 보전 방법에 대해 스스로 검토해 갈 필요가 있다. 그것을 위해서는 아름다운 농산어촌의 경관 유지를 목적으로 지역 주민의 의견을 모을 공간場이 필요하게 된다.

호타카마치는 나가노켄 북서부에 위치한 읍으로, '아즈미노安曇野'라는 벌판으로 유명한 지역이다. 또한, '명수백선名水百選14에 뽑혀 있을 정도로 '용수湧水-땅 속에서 솟아나는 물'가 풍부하여 고추냉이 재배가 성황을 이루고 있는 등, 대단히 자연이 풍부한 아름다운 농촌 지대다. 한편, 이곳은 '마츠모토시松本市'의 베드 타운으로, 1995년부터 2000년의 인구가 2만 9,730명에서 3만 1,974명으로 증가하고 있는 곳이다. 그로 인해, 택지 등의 수요가 늘어 토지 이용의 혼란이 야기되었고, 아름다운 경관이 손상되게 되었다. 이러한 배경 속에서 1999년 '호타카마치 마을만들기 조례'가 제정되었다.

조례에서는, '토지 이용 조정 기본 계획'을 책정하게 되어 있다. 기본 계획에서는 먼저 토지 이용의 기본 방향을 제시하고 있는데, 그 기본 방향으로는 ① 우량 농지의 보전, ② 충해적인 주택 개발의 규제와 디자인 컨트롤, ③ 질높은 전원 거주형 주택의 형성, ④ 양호한 지역 자원의 형성과 네트워크 구성이라는 네 가지의 방침을 들고 있다. 그리고, 이 방침에 따라 계획에서는 읍내를 전원풍경 보전구역, 농업보전구역, 농업관광구역, 마을거주구역, 자연보호구역, 생활교류구역, 산업창조구역, 공공시설구역, 문화보호구역의 아홉 종류로 구분하여 정하고 있다.

또한 읍장이 읍민으로부터 지정의 요청을 받으면, '마을만들기협의회' 등과 협의하여 '마을만들기추진지구'로 지정할 수 있다. 마을만들기협의회는 지구 내의 주민이나 토지 소유자에 의해 결성되는데, 여기에서는 마을 만들기의 목적이나 방침, 토지 이용의 방법 등을 정한 '지구마을만들기 제안'을 읍에 제출하게 된다. 읍은 이 제안을 근거로 토지 이용 조정 기본 계획과의 조정을 행하면서 '지구마을만들기 기본계획'을 책정하고, 이 계획에 근거하여 마을 만들기에 관한 시책을 실시하게 된다.

이와 같이 호타카마치에서는 토지 이용 조정 기본계획에 있어서의 우량 농지의 보전이나 충해적인 주택 개발의 규제를 강조하고, 읍의 자세로서 농지의 보전이나 토지 이용 질서의 형성을 명확하게 내세우고 있다. 또한, 토지 이용의 방법을 담은 지구 마을 만들기 제안에 의해 지구 주민 스스로가 지구의 토지 이용의 계획 책정에 관여하는 구조로 되어 있기 때문에, 보다 실효성 높은 계획 책정이 가능해진다.

14 1985년 3월 환경청(현, 환경성)이 선정한, 전국 각지의 명수(名水) 100개소. '명수'의 선정 기준은, 전국의 용수(湧水), 하천, 지하수 중, 보전 상황이 양호하거나 지역 주민 등에 의한 보전 활동이 있는 곳. 그러나, '그대로 마실 수 있는 물, 맛있는 물'을 의미하는 것은 아니다.

효고켄 가미초의 이사리가미岩座神 지구에는 '계단식 논 백선'[15]에 선정된 논이 있고, 그 논을 중심으로 아름다운 농촌 경관이 펼쳐진다. 그 귀중한 지역의 자원을 지키고, 유효하게 활용하면서 차세대에 물려주기 위해, 지구에서는 '이사리가미 계단식 논의 마을만들기협정'을 체결하고 있다.

- 협정 구역: 가미초의 이사리가미 지구의 계단식 논을 중심으로 한 지역
- 계단식 논의 목표상: 협정에서는 계단식 논 마을의 목표상을 '계단식 커뮤니티 만들기'로 하고 있는데, 이것은 단지 계단식 논의 경관을 지키는 데에 머무르지 않고, 더욱 많은 사람들이 모여 즐길 수 있도록 계단식 논을 유효하게 활용한다는 생각이다. 구체적으로는, ① 계단식 논의 마을 풍경을 만들어 간다, ② 마을의 활성화를 위해 계단식 논의 활용계단식 논의 경영을 전개한다, ③ 이사리가미 계단식 논 학교를 개교하여 계단식 논의 유지·존속에 힘써 간다의 세 가지 방침을 들고 있다.
- 계단식 논 마을의 원칙: 이 목표상을 실현하기 위해 '계단식 논의 마을의 원칙'을 정하고, 풍경 만들기·계단식 논의 활용·계단식 논 학교의 각각에 대해 아래와 같은 원칙을 들고 있다.
  ■ 풍경 만들기의 원칙
  (1) 라르고[16]한 계단식 논의 마을 풍경을 가꾸어 간다.
  (2) 마을의 상황에 어울리고, 무리가 없는 착실한 풍경 만들기를 행한다.
  (3) 이사리가미의 계단식 논은 한 필도 없애지 않는다고 하는 기분으로 임한다.
  ■ 계단식 논 활용의 원칙
  (4) 따뜻하게 대접한다.
  (5) 이사리가미만이 지닌 물건(계단식 논의 원

형)을 고집한다.
  (6) 고령자의 발상 등 주민의 지혜를 집결한다.
  ■ 이사리가미 계단식 논 학교의 원칙
  (7) 선인들의 협동 정신(이사리가미 스피릿)을 지키고, 계승한다.
- 경관 형성 등으로의 배려: 지구 내에서 건축물 등의 신축·증개축·대규모 수리 등을 실시하는 경우에는 켄이 지정하는 경관 형성 지구의 기준을 준수하도록 하고 있다. 또한, 계단식 논에 있어서의 택지 조성 등, 계단식 논의 풍경 형성에 지장을 줄 염려가 있는 행위 등에 대해서는 아래의 규칙에 적합하도록 힘쓰고 있다.
  (1) 계단식 커뮤니티 만들기의 경관 형성 기본 규칙
  (2) 계단식 커뮤니티 만들기의 계단식 논 활용 기본 규칙
  (3) 계단식 커뮤니티 만들기의 계단식 논 유지·존속 기본 규칙

그리고, 지구 내에서 상기와 같은 행위를 할 경우에는, 지역의 대표자로 조직된 '계단식 논의 마을 만들기 위원회'에 상담하고, 위원회는 기준에 적합한지를 판단한다.

이와 같이 계단식 논을 지역의 전통적인 자원으로 가치매기고, 계단식 논에서 농업을 계속 하면서 경관을 지키는 것으로, 최종 목표인 '계단식 논 커뮤니티 만들기'를 지향하고 있다. 즉, 단순히 계단식 논의 풍광을 지키는 것에 멈추지 않고, 그 경관을 활용하여, 도시 농촌 교류를 통한 지역 커뮤니티 만들기, 지역의 활성화를 도모하고 있는 사례인 것이다.

아름다운 경관 형성은 그 자체가 최종 목적이 아니라, 아름다운 경관을 활용하여 지역 사람들의 생활을 보다 풍부하게 하는 일이 중요하다.

---

15 1999년 7월 16일, 농림수산성(農林水産省)이 인정·발표한 전국 117시초손(市町村)·134지구의 계단식 논. 계단식 논의 관광지화를 도모하여, 농산물 수입만으로는 생계가 어려운 담당 농가를 지원하고, 이것이 계단식 논이나 계단식 논의 '다면적 기능(국토 환경의 보전, 아름다운 농촌 풍경의 형성, 전통 문화의 전승 등)'의 유지·발전에 연결될 수 있도록 하려는 것이다.
16 음악의 속도를 나타내는 말로, '매우 느긋한 속도로'를 의미. 동시에 '표정 풍부하게'라는 의미도 있다.

III
건전하고 풍부한 자연환경의 보전

1. 농산어촌의 경관을 특징짓는 지역의 자연

깊은 산중의 너도밤나무 숲·마을 산의 잡목림과 삼목림이 이루는 산촌 〈이와테켄 유타초〉

자연제방에 형성된 집거촌과 뒤쪽 습지의 논 〈이와테켄 하나마키시〉

경관의 토대를 지지하는 지역의 풍토

농산어촌의 아름다움은 지형이나 기후 등, 그 토지의 풍토에 맞춘 인간의 생활에 의해 형성되어 왔다. 각지에 개성이 풍부한 경관이 보이는 것은 풍토가 지역마다 다르기 때문이다. 아름다운 농산어촌 만들기에는 우선, 경관의 토대가 되는 지역 풍토에 대한 이해가 필요하다.

풍토에 지지되는 농산어촌의 아름다움

농산어촌의 아름다움은 그곳에 있는 건전하고 풍부한 자연 환경이 지탱하고 있다. 농산어촌에서는 인간이 정주한 이래, 몇 천 년에 걸쳐서 생활과 생산이 영위되어 왔다. 사람들은 자신들의 토지에서 안전하게 생활하고 풍성함을 얻기 위해, 산이나 강, 평야나 바다 등의 지형이나 기후, 또는 그곳에 서식하는 생물들과 능숙하게 사귀며 잘 이용해 왔다. 농림어업은 기후나 지형, 물의 유무 등, 풍토의 영향을 강하게 받고 있고, 어디에 집을 지을지, 어떠한 집으로 할지 등의 거주 방식도 풍토에 강하게 영향을 받는다. 그 결과, 길러진 것이 오늘날 보여지는 풍부한 물과 녹지에 둘러싸인 아름다운 농산어촌의 풍경이다. 바꾸어 말하면, 지형이나 기후 등, 그 토지의 풍토는 경관의 토대가 되는 것이다.

풍토의 차이가 만들어내는 농산어촌의 풍부한 개성

풍토는 지역에 따라 다르다. 각각의 지역 풍토와 조화를 이루기 위한 궁리가 지역마다 풍부한 개성을 가진 농산어촌의 아름다움을 기르고 있다. 일본 열도는 남북으로 가늘고 길며, 게다가 지각 변동에 의해 지형이 뒤얽혀 있기 때문에, 지역마다 여러 가지 풍토가 있고, 사람들은 자신들의 지역 풍토에 맞는 거주 방식을 궁리해 왔다. 예를 들어, 도야마켄 '도나미礪波 지방' 이나 이와테켄 '이사와膽澤 지방'에서는, 선상지를 흐르는 자잘하고 완만한 실개천을 생활이나 농업에 효율적으로 이용하기 위해, 독특한 '산거散居'17의 마을을 형성하였다. 반대로, '도네利根 강'이나 '기타카미北上 강' 등, 대 하천의 근처에서는, 홍수로부터 자신을 지키기 위해, 자연 제방과 같이 조금 높은 토지에 사람들이 모여 사는 집거촌集居村18이 보인다. 또한, 관동 지방 등 계절풍이 강한 지역에서는 농가 주위를 수풀로 감싸고 있다.

농림어업도 풍토에 따라서 차이가 보인다. 물을 얻을 수 있는 곳에서는 수전이 펼쳐지고 있지만, 물을 얻을 수 없는 화산 산록이나 대지는 광대한 밭이 되어 있다. 한편, 산 중턱으로부터 물이 솟는 장소에서는 긴 세월을 걸쳐 계단식 논이 축조되어 있다.

아름다운 농산어촌은 지역의 풍토를 아는 것에서부터 시작된다

건전하고 풍부한 아름다운 농산어촌을 만들기 위해서는, 우선, 지역의 풍토에 대해 아는 것이 중요하다. 농산어촌의 아름다움은 지역의 풍토와 능숙하게 사귀어 오는 과정 속에서 길러져 왔다. 그렇지만, 각 지역에서 계승되어 온 풍토와의 공생 방식은 근대화나 인구 감소에 따라 사라지고 있다. 왜 여기에 집이 있는지, 왜 이쪽은 논이고 저쪽은 밭인지 등을, 일상 생활을 통해서 생각해 보면 틀림없이 여러 가지 발견이 있을 것이다. 또한, 각 마을에 전해지는 금기 사항이나 재해의 기억 등을 고령자에게 듣는다면, 거기에는 풍토와 공생하여 온 선인들의 지혜가 숨겨져 있을 것이다. 개성이 풍부한 농산어촌의 아름다움은 외형의 아름다움을 꾸미는 것만 아니고, 가까운 자연에 대한 인식을 높이는 것에 의해서 길러지는 것이다.

완만한 선상지의 작은 흐름을 효과적으로 이용한 산거 경관 〈이와테켄 이사와초〉

화산 산록의 완만한 경사면을 이용한 대규모 밭농사 지대 〈군마켄 즈마고이무라〉

---

17 주위에 수전을 경작하는 집들이 100m 정도 간격으로 분산되어 입지하는 주거 형식.
18 집이 일정한 구역에 모여 부지가 인접하고, 거주 지구와 농지가 분리되어 있는 마을의 행태.

지역의 풍토를 알기 위해서

지역의 풍토를 아는 방법

　지역의 풍토를 이해하는 것은 결코 어려운 것이 아니다. 선인들은 지역 풍토와 능숙하게 사귀는 것으로 농산어촌의 아름다운 경관을 길러 왔다. 따라서, 선인들의 지혜를 이해하는 것으로 지역의 풍토를 알 수 있다.

　풍토란, 어떤 토지의 기후·기상·지형·지질·풍경때로는 풍속을 포함함 등을 총칭하는 말이다. 환경 영향 평가 등의 경우에는 기후, 기상, 지형, 지질 등에 대해, 전문가가 면밀히 조사하는 경우가 많지만, 지역 주민에게는 이해하기 힘든 것이다. 이에 비해 지역의 경관은, 선인들이 그 토지의 풍토와 어떻게 마주 대하고, 어떻게 사귀어 왔는지를 새겨넣은 역사의 보고서라고도 할 수 있다. 예를 들어, 지역 안을 산책하면서 다음과 같은 사항을 관찰한다면, 풍토에 대한 여러 가지 일들을 파악할 수 있다.

- 옛 농가나 신사의 위치
  - 지질 : 지하수의 존재
  - 지형 : 토사 붕괴나 홍수 등 재해시의 안전성

- 옛 농가의 저택림
  - 기후 : 계절풍의 방향이나 강도
- 소나무 숲이나 삼나무 숲의 위치
  - 토양 : 마을 산의 생산력. 생산력이 떨어진 토지는 소나무 숲으로 천이

- 저수지의 유무와 위치
  - 지질 : 용수 확보의 수단지하수, 표면수, 빗물
  - 지형 : 저수지에 물이 모이는 집수역集水域

　이 밖에도, 그 토지에서 계승되어 온 풍토에 관한 지식이 많이 존재한다. 그러한 지역의 지혜는, 마을마다 전해진 금기사항, 신사와 사찰, 민속 예능 등을 통해서 전해지고 있는 경우가 많다. 이러한 것들의 전승은 부모로부터 아이에게 전해지지만, 근대화 이후의 세대에게는 전해지지 않은 경우도 종종 있다. 따라서, 지역의 노인이 알고 있는 전승적 요소들을 계승하는 것이 중요하다. 게다가, 토지에 붙여진 명칭아명 등에는, 선인들의 생산력에 대한 평가가 담겨 있는 경우가 많은데, 이렇게, 평상시 아무렇지도 않게 간과하고 있는 것을 새롭게 검토하는 것이 지역의 풍토를 이해하는 것에 연결되는 중요한 첫걸음이 된다.

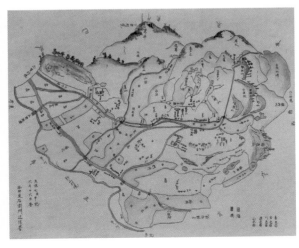

지역에 남겨진 옛 그림 지도. 거기에 기록된 지형이나 지명, 토지의 사용법 등에는 선인들의 풍토에 대한 평가가 담겨 있다. 〈사이타마켄 오가와마치의 예(투사도)〉

물이나 녹지의 종류와 사람들의 관련을 아는 방법

농산어촌의 아름다움을 지키고 기르기 위해서는 그 아름다움을 연출하는 다양한 종류의 물가나 녹지를 파악하는 것이 중요하다. 그 경우, 단지 물과 녹지의 종류나 양만을 조사하지 말고, 육하원칙5W1H 등에 근거하여, 지역 사람들과 물과 녹지와의 상호 관련을 이해하는 것이 중요하다.

■항공 사진의 효과적인 활용

육하원칙 중에, 어디에where, 무엇이what를 알려면, 항공사진을 활용하는 것이 효과적이다. 일상적으로 걷거나 자동차를 타고 있을 때에는 보이지 않는 물과 녹지의 종류나 양, 편성을 파악할 수 없다. 항공사진 등이라고 하면 어려운 전문가용을 떠올리기 십상이지만, 자신이 살고 있는 지역의 사진이라면, 우선 자신의 집을 찾는 것부터 시작하면 접하기 쉬울 것이다. 그 다음으로는, 평상시 걷거나 운전하고 있는 길을 따라서, 그 주위에 펼쳐진 농지나 삼림에 눈을 돌리면 좋을 것이다. 그렇게 마을 전체를 살펴 보면, 삼림은 밭에 내린 비를 저수지에 모으고 논에 물을 대는 등, 지역 사람들과 물과 녹지와의 상호 관련이 보인다.

항공사진은 '국립지리원' 등에 의해 전국 모든 지역에서 촬영되고 있으므로, 반드시 자신의 집을 발견할 수 있을 것이다. 또한, 과거에도 같은 장소가 몇 번이고 촬영되고 있기 때문에, 자기 지역의 변천도 알 수 있다.

흑백의 낡은 항공사진에서도, 마을(오른쪽 위), 논(중앙), 야츠다(谷津田)[19], 저수지(왼쪽 아래), 채초지(논 주변의 흰 장소), 소나무 숲(거무스름한 곳) 등, 다양한 종류의 물가와 숲이 어우러져 있는 상태를 파악할 수 있다. 현재(오른쪽 사진)와 비교하면 경관의 변화도 읽어낼 수 있다.

항공 사진으로 물가와 숲을 파악
〈이바라키켄 이나마치 : 흑백 1962년, 컬러 2002년〉

■농가나 노인에게 듣는 청취(히어링) 조사

육하원칙에서 남아 있는 언제when, 누가who, 왜why, 어떻게how에 대해서는, 물이나 녹지와 밀접한 관련을 맺고 있는 경험자들에게 배우는 것이 효과적이다. 일상적으로 농지에 접한 농가뿐만이 아니라, 근대화 이전에 삼림이나 채초지를 관리하거나 그곳에서 어린 시절을 지낸 경험 풍부한 노인의 이야기는 다양한 힌트를 가져다 준다.

---

21 구릉과 평지 사이에 땅 속에서 솟는 용수로 인해 만들어진 좁은 골짜기의 지형을 야츠(谷津), 혹은 야토(谷戸)라고 하고, 그 주변의 평지에 만들어진 물기가 많은 논을 야츠다(谷津田), 혹은 야토다(谷戸田)라고 한다.

야츠다를 윤택하게 하는 저수지 〈이바라키켄 츠치우라시〉

논과 벼를 건조하기 위한 대로 쓰이는 나무 〈니가타켄 에이마치〉

생산과 생활에 숨쉬는 농산어촌의 물과 녹지

농산어촌에서는 오랫동안 마을을 단위로 한 자급자족의 생활 속에서, 의식주를 온전하게 영위하기 위한 여러 가지 종류의 물이나 녹지가 만들어져 왔다. 농산어촌의 아름다움은, 그러한 여러 가지 물과 녹지가 엮어내는 조합의 미에 있다고 말할 수 있다. 농지, 가옥 등의 아름다움을 개별적으로 생각하는 것이 아니라, 마을 전체의 경관을 총체적으로 만들어내는 것이 중요하다.

마을을 단위로 한 물과 녹지의 구성

농산어촌에서는, 오랫동안 마을을 단위로 한 자급자족적인 생활이 이루어져 왔다. 따라서, 스스로가 의·식·주를 유지해야 하기 때문에, 다양한 종류의 물과 초록이 마을 안쪽 혹은 매우 가까운 곳에 만들어지고 유지되어 왔다. 그 결과, 농산어촌에서는, 비교적 좁은 범위에 다양한 물과 녹지가 복잡하게 혼재하는, 작은 상자 속의 정원과 같은 아름다운 경관을 볼 수 있다. 이러한 물과 녹지가 이루는 조합의 미가 도시나 산악과는 다른 농산어촌 경관의 특징이라고 할 수 있다.

생산과 생활이 길러낸 여러 가지 물과 녹지

지역의 풍토에 맞춘 생활, 생산을 영위하기 위해, 농산어촌의 사람들은 다양한 종류의 물과 녹지를 만들어 왔다. 논 주위만 해도, 벼를 심는 논면, 논두렁, 실개천이나 저수지, 볏단을 걸어 말리기 위해 심어진 오리나무 나 버드나무 등, 다양한 물과 녹지가 보인다. 논 외에도 밭이나 과수원, 목초지 등의 농지가 있다. 농지 이외에도, 마을 주변에는 농가의 정원이나 그것을 둘러싼 저택림, 신사나 사원의 신림 등이, 대지나 구릉지, 낮은 산지에는 마을 산으로 불리는 임야를 볼 수 있다. 또한 마을 산이라고 하더라도, 졸참나무류를 중심으로 한 잡목림만이 아니고, 토목재로서의 소나무나 나무 밑의 잡초를 퇴비나 사료 작물로서 이용한 송림이 있다. 물론, 건축재인 삼나무나 노송나무의 식림지도 예부터 마을 산의 중요한 일부다. 예전에는, 가야바茅場20나 가리시키바刈敷場21, 혹은, 소나 말의 먹이를 확보하기 위한 마구사바秣場22

등, 마을 산의 상당 부분을 초지가 점유하고 있었다. 그러나, 최근에는 젖소나 육우 등 식료 생산인 축산에 관련한 채초지나 방목지가 많이 보인다. 근처에 강이나 호수와 늪, 바다가 있는 곳에서는, 어패류나 해초 등의 수산물을 채취하기 위한, 야나[23]나 해초장, 항구, 또는 양식장 등이 보인다.

저수지의 물을 논에 대는 실개천 〈이바라키켄 이나마치〉

초등학교 창가에도 많이 표현되는 마을 산의 채초지 〈이바라키켄 즈쿠바시〉

---

20 지붕 재료인 새(띠, 억새, 사초 등)를 베는 곳.
21 논밭에 까는 비료 등을 만들기 위해, 풀 혹은 수목의 줄기 · 잎을 베던 산야.
22 가축의 꼴을 베는 채초지. 일정 지역의 주민이 특정 권리를 가지고 공동으로 사용 · 관리한다.
23 어량. 어살. 통발을 치고, 대 · 나무 따위로 물살을 한곳으로 흐르게 하여 물고기를 잡는 장치.

농산어촌의 물과 녹지

사토야마(里山, 마을 산)

최근 유행하는 사토야마라는 말은, 일반적으로는, 마을 뒤에 있는 작은 졸참나무나 상수리나무 등의 낙엽활엽수로 이루어진 조금 높은 산이라는 개념으로 이용되어 왔다. 그러나, 원래 사토야마라는 용어에는 명확한 정의가 없다. 과거부터 현재까지의 각종 문헌 등을 정리하면, 사토야마라는 말에는 다음과 같은 세 가지의 특징이 보인다.

① 수종 개념과 공간 개념

사토야마란, '깊은 산'에서부터 영역과의 거리에 기초한 개념이며, 수종이나 산림의 상태에 대한 개념이 아니다. 환경청[1998]은 "사토야마의 숲이란, 거주 지역 근처에 펼쳐지고, 연료용 재료의 벌채, 낙엽의 채취 등 농촌 주민의 계속적인 이용에 의해 유지·관리되어 온 삼림이며, 낙엽활엽수림, 적송림 외에, 삼나무, 노송나무 등의 인공림을 포함한 여러 가지 삼림으로 구성되어 있다"고 하였다.

② 사토야마와 지형 개념

사토야마는 '산'이라는 지형과 결부시켜 확정할 수 없다. 왜냐하면 사토야마도, 평지림도 그 이용법이 같고, 연료, 비료, 사료, 용재의 공급원으로 이용되고 있던 삼림이기 때문이다. 더군다나 산이란, 산과 들의 구분에 대한 농촌 주민의 관용적인 표현이며, 마을주택지가 들어선 부근이나 들농경지에 상대하는 개념이다.

③ 사토야마와 토지 이용 개념

사토야마는 삼림만이 아니다. 에도바쿠후江戶幕府, 1603~1868년 말기부터 메이지明治, 1868~1912년 초년에 걸친 사토야마는 풀이 많고 낮은 구사야마草山의 상태였다고 생각된다. 구사야마에는, 지붕재를 얻는 가야바, 비료를 얻는 가리시키바, 농경용 소나 말의 먹이를 확보하는 마구사바 등이 있고, 참억새의 초원이나 소나무가 흩어져 있는 초원, 낙엽수의 저목림 등으로 구성된다. 구사야마는 대부분, 주변의 일정 지역 안에 사는 주민만이 그 사용을 인정받는 이리아이치入會地로 관리되어 왔다. 유명한 초등학교 창가 「고향」에 들어 있는 '사냥꾼이 토끼 쫓던 산'은 이러한 초지가 많은 사토야마였다고 여겨지지만, 오늘날에는 거의

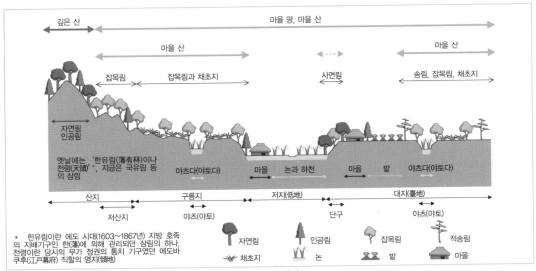

* 한유림이란 에도 시대(1603~1867년) 지방 호족의 지배기구인 한(藩)에 의해 관리되던 삼림의 하나. 천령이란 당시의 무가 정권의 통치 기구였던 에도바쿠후(江戶幕府) 직할의 영지(領地)

사토야마의 개념도

찾아볼 수 없다.

'식생천이'와 '2차 식생'

■식생천이

식물의 군락은 가령, 화산 분화에 동반한 용암 유출 등으로 전혀 식물이 존재하지 않는 환경이 발생하면, 우선 그 토지에 미생물이 침입하여, 이끼류가 자라고, 풀이 자라, 이윽고, 삼림을 이룬다. 이러한 변화를 식생천이植生遷移라고 한다. 식생천이는 불안정한 군락에서 안정한 군락으로 변화해 가는데, 최종적으로 안정한 식물의 군락을 그 토지의 극상極相이라고 부른다. 일본과 같이 온난습윤한 풍토에서의 극상은 삼림이며, 기후에 따라, 관동지방 이남의 남서 일본은 모밀잣밤나무, 떡갈나무 등의 활엽수림, 동북 일본은 너도밤나무림, 중부 산악이나 홋카이도에서는 시라비소나 분비나무 등의 침엽수림이 된다. 극상까지 천이가 진행되는 과정은 천이계열遷移系列이라 하는데, 이것은 토지의 자연 환경에 따라서 달라진다. 천이 도중에 대나무류나 조릿대류 등이 먼저 뿌리를 내렸을 경우는, 본래의 천이계열과 다른 식물 군락이 성립하는 경우가 있는데, 이것을 편향천이偏向遷移라고 한다.

■자연식생과 2차 식생

자연식생自然植生이란, 원생림原生林 등과 같이 인위적인 영향을 받지 않고, 자연 그대로의 상태로 생육하고 있는 식물 군락을 말하며, 극상 군락은 자연식생이다. 이에 대해, 본래의 자연 식생을 대신하여 2차적으로 생겨난 식물 군락으로, 어떠한 인위적 영향에 의해 성립되어 지속되고 있는 식물 군락을, 대상식생代償植生 혹은 2차 식생二次植生이라 부른다. 적송림이나 상수리나무, 작은졸참나무 등의 2차림이나 들판에 불을 놓거나 방목으로 유지되는 참억새 초원이나 잔디 초원 등의 2차초원半自然 초원, 노변이나 논두렁 등의 잡초 군락 등은 모두 대상식생이다. 대상식생은 일반적으로 극히 불안정하고, 그것을 유지하고 있는 인위적 행위가 정지되면, 다른 것보다 안정된 군락으로의 천이를 개시한다. 또한, 조성 공사 등에 의해 토지의 자연 환경이 바뀌면, 그 인위적 행위가 정지되어 천이가 진행한다고 하더라도, 본래의 자연식생이 성립하지 않는 경우가 있다. 그러므로, 식물사회학에서는 현재의 인위적 행위가 모두 정지되었을 경우에 성립할 수 있는 이론상의 극상 군락을 잠재자연식생潛在自然植生이라 부르며, 본래의 자연식생과 구분하고 있다.

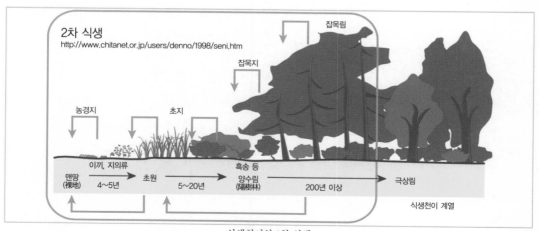

식생천이와 2차 식생

2. 농산어촌의 2차적 자연과 주변의 생물들

농림어업이나 생활을 통한 초록의 이용이 자아내는 패치워크 〈나가사키켄 미나미쿠시야마초〉

정기적인 벌채나 나무 밑의 잡초를 베어 유지해 온 잡목림 〈이바라키켄 아미마치〉

물가와 초록의 이용과 2차적 자연

농산어촌의 물과 녹지에는, 생산이나 생활을 위해 정기적·주기적으로 인간의 손이 가해진다. 이렇게 유지되어 온 자연은 원생자연(原生自然)에 대한 '2차적 자연'이라고 불린다. 농산어촌의 자연환경을 건전하게 유지하려면, 귀중한 자연을 '보호구(保護區)'로써 보존하는 것이 아니고, 2차적 자연을 정기적으로 관리하는 것이 중요하다.

농산어촌의 2차적 자연

생산이나 생활에 밀착된 농산어촌의 물과 녹지는, 각 이용 목적에 따라, 정기적·주기적으로 인간의 손이 더해진다. 식물의 군락은 본래, 인간의 손이 더해지지 않으면, 맨땅에서 초원으로, 초원에서 삼림으로 변화하며, 얼마 안 있어 원생原生의 상태로 돌아간다. 이러한 변화를 식생천이라고 한다. 그러나 농산어촌에서는, 주기적으로 관리가 이루어지기 때문에 원생의 자연으로 돌아가지 못하고, 식생천이의 도중 상태에서 멈춰진다. 예를 들면, 밭이나 논은 일 년에 1회부터 수차례 경작되고, 초지나 방목지에서는 풀베기, 풀태우기, 방목 등에 의해 초원 상태가 유지된다. 마을 산의 다양한 삼림도 벌채, 나무 밑의 잡초 베기, 간벌 등이 수년부터 수십년 주기로 반복되고 있다. 물가의 많은 곳에서도 진흙 퍼내기나 바닥 긁기, 해초 정리 작업 등이 이루어지고 있다. 이처럼, 농산어촌의 물과 녹지의 상당수는 정기적인 관리에 의해 식생천이가 억제되고 있기 때문에 2차적 자연이라고 불린다.

2차적 자연이 자아내는 농산어촌의 아름다움과 풍부한 자연

농산어촌의 이차적 자연에서는, 다양한 종류, 여러 가지 천이 단계의 녹지가 패치워크와 같이 혼재하고 있다. 이러한 혼재가 농산어촌의 아름다움을 연출하고 있다고 할 수 있을 것이다. 또한, 다양한 녹지의 패치워크는 그만큼 다양한 비오톱을 형성하고 있다고 할 수 있다. 즉, 논의 주변에서는 논면과 수로의 안쪽만이 아니라, 논면과 수로의 경계 부분이, 만약 근처에 숲이 있다면 숲의 가장자리 등이 각각 특유의 생물에게 생식 공간을 제공하고 있다. 오늘날, 경관뿐만이 아니라, 생물 다양성 보전의 시점에서도 농산어촌이 관심을 모으고 있다.

적절한 관리에 의해 지켜지는 2차적 자연

2차적 자연은 정기적·주기적인 관리에 의해서 유지된 것이기 때문에, 관리를 정지하면 식생천이가 진행하여, 패치워크적인 아름다움이나 다양한 생물의 생식 공간이 사라지게 된다. 따라서, 농산어촌의 2차적 자연을 지켜내기 위해서는, 단순히 보호구保護區을 설정하여 인위적 행위를 배제하는 것만으로는 불충분한다. 생산이나 생활을 통해 행해져 온 정기적인 관리가 매우 중요한 것이다. 또한, 지역별로 풍토가 다르듯이, 물이나 녹지의 이용, 관리의 방법도 지역에 따라서 개성이 있다. 각 지역에서 지금까지 어떠한 이용, 관리가 행해져 왔는지를 점검하여, 그에 기초한 향후의 이용, 관리 방법을 검토할 필요가 있다.

불놓기로 유지되는 채초지 경관 〈구마모토켄 아소 지방〉

방목으로 유지되는 초지 〈이바라키켄 기타이바라키시〉

2차적 자연에 의해 길러지는 주변의 생물

농산어촌의 2차적 자연은 생산 또는 생활을 위해서 일상적으로 이용되는 장소이기 때문에, 그곳에 생식하는 생물들은 인간의 활동에 적응한, 이른바 '보통종'이다. 또한, 인간의 바로 옆에 있기 때문에, 예부터 먹고, 놀고, 즐기는 것을 통해서 친밀하게 지내 온 가까운 존재다. 그러므로, 농산어촌에서는 희소종에만 얽매이지 말고, 주변에 있는 생물을 지키고 길러가는 것이 필요하다.

2차적 자연과 '주변의 생물'

농산어촌의 2차적 자연에서 서식하는 다양한 생물들은 그곳에서 생활하는 사람들에게 매우 가까운 존재다. 농산어촌의 다양한 물과 녹지는 주기적인 관리에 의해서 유지되어 왔기 때문에, 그곳에 생식하는 생물의 상당수는 인간 활동의 리듬에 적합한 생활사생물의 일생 리듬를 가지고 있다. 또한, 농산어촌의 2차적 자연은 농산어촌에서 생활하는 사람들이 생활이나 일을 통해 일상적으로 이용하는 장소이기 때문에, 그곳에 생식하는 생물들은 인간 활동의 바로 옆에 존재하면서, 예부터 가깝게 지내 온 친밀한 존재였다. 이것은 2차적 자연에서 자란 생물의 대부분이, 이른바 희소종이 아닌, 사람들 옆에 흔히 있는 친밀한 생물인 것을 나타내고 있다.

예부터 사람들은 농산어촌의 친밀한 생물과 먹고, 놀고, 즐기는 일 등을 통해 가깝게 지내왔다. 작은 강의 붕어나 미꾸라지 등의 잡어, 논밭 근처에 나는 봄의 칠초[24]나 쑥, 마을 산의 버섯이나 산채, 썰물 때 갯벌에서 잡은 모시 조개 등은 친숙한 음식 재료로서, 사람들의 생활 속에 녹아 들어 있다. 잡목림의 투구벌레나 논의 잠자리, 실개천의 가재나 작은 물고기, 돌이 있는 물가의 게나 새우 등은 아이들의 놀이 상대였다. 또한, 가을의 칠초[25]나 단풍 놀이, 일제히 울어대는 매미 소리나 개똥벌레 잡기 등은 예부터 시나 노래로 읊어졌으며, 들이나 산, 논밭 주변의 생물을 즐겼던

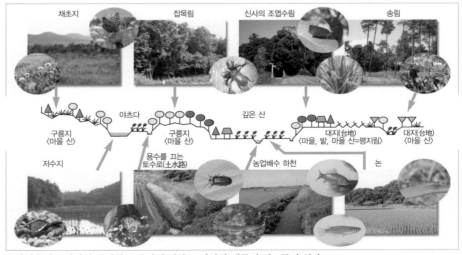

농산어촌에는 다양한 물가와 초록이 혼재하고, 다양한 생물의 비오톱이 있다.

대표적인 예라고 할 수 있을 것이다. 이러한 친밀한 생물은 동요에도 많이 불리고, 일본 원풍경의 일부가 되어 있다.

친밀한 생물과의 관계가 가져온 풍부한 생활

일반적으로 농산어촌 생물의 대부분은 농림어업의 생산에 있어서 가치가 낮다 고 하여, 잡雜이라는 말로 표현잡목, 잡초, 잡어 등되고 있다. 잡이라는 말에는 '여러 가지가 뒤섞여 많다' 라고 하는 의미가 포함되므로, 다양한 생물의 존재를 느끼게 한다. 이 것은 무엇보다, 사람들의 생활과 그곳에 사는 생물의 관계가 풍부했다는 것을 단적 으로 보여주고 있다.

오늘날, 많은 국민이 고도로 인공화된 도시에 살고 있다. 그러한 도시 주민의 입장 에서 물가나 녹지에 둘러싸여, 많은 생물과 풍부한 관계를 가진 농산어촌 생활은 동 경의 대상이 되어 가고 있다. 바꾸어 말하면, 농산어촌 사람들은 자연의 은혜를 누릴 수 있는 풍부하고 쾌적한 생활을 영위하고 있다는 인식이 퍼지고 있는 것이다. 그러 나, 다른 한편으론, 농산어촌에 살고 있는 사람들의 생활이 자연으로부터 분리되어 가고 있다. 물론, 농림어업의 생산은 지역의 자연과의 관계를 끊을 수 없지만, 생활 스타일은 도시와 차이가 없어지고 있다. 특히, 아이들의 놀이는, 도시에 있어서도 시 골에 있어서도 동일한 것이 되어 가고 있다. 그중에는 자기 집 근처에 투구벌레가 가득 있음에도 불구하고, 애완 동물 가게에서 구입하는 아이도 늘어나고 있다.

건전하고 풍부한 농산어촌의 자연을 보전하기 위해서는, 귀중 한 자연을 보호하는 것보다는, 매우 흔히 존재하는 친밀한 생물들 과의 관계를 소중히 하고, 그것을 부모로부터 아이에게 계승해 나 가는 것이 중요하다. 그리고, 자연에 둘러싸인 자신들의 거주지가 도시 주민, 나아가 국민 전체의 동경의 대상이 되고 있다는 자신 감 과 자긍심을 가지고, 자기 주변의 자연을 재검토하는 것이 중 요하다.

전통적인 농촌 환경과 생물과의 공생

칼럼 | 비오톱이란?

비오톱Biotope은 생물을 의미하는 'Bio' 와 장소를 의미하는 'Tope' 가 조합된 복합어다. Tope는 지리학적으로 인접하는 다 른 공간과 구별할 수 있는, 그 내부가 균질한 토지를 가리킨다. 바꾸어 말하면, 비오톱이란 생태학적으로 생물이 생육 · 생식 할 수 있는 특정한 환경 조건을 갖춘 균질하고 한정된 공간으 로 정의된다. 구체적으로는, 초원, 습지, 연못, 잡목림 등의 단위 로 구분되는 여러 가지 초록이 각각 비오톱에 해당한다. 오늘

날, 비오톱 만들기가 각지에서 활발히 행해지고 있지만, 그러 한 것들은 한정된 좁은 공간에 많은 생물종을 유도하는 것이 목적이고, 잠자리 연못 등, 여러 가지 테마적 요소가 포함되어 있다. 비오톱의 정의에 근거하면, 이러한 시설만이 아니고, 자 연 생태계는 물론, 농산어촌의 논, 채초지, 저수지, 잡목림, 송 림, 저택림, 모래사장, 돌이 있는 물가 등이, 각각 하나의 비오 톱으로서의 기능을 가진다고 할 수 있다.

---

24 일본의 봄을 대표하는 일곱 가지 나물. 미나리, 냉이, 떡쑥, 별꽃, 광대나물, 순무, 무.
25 일본의 가을을 대표하는 일곱 가지 화초. 싸리, 참억새, 칡, 패랭이 꽃, 마타리, 향등골나물, 도라지.

주변 생물을 지키고 길러내기 위해서

주변 생물과의 관계를 아는 방법

농산어촌에서는 오랫동안 마을 단위로 자급자족이 도모되어 왔다. 그러한 이유로, 의·식·주에 필요한 다양한 것들을 가까운 물이나 녹지나 그곳에 살고 있는 생물을 통해 얻어 왔다. 또한, 지금과 같이 텔레비전이나 자동차, 하물며 컴퓨터 등이 없던 시대에서는, 사람들의 오락의 중심에 생물과의 만남이 있었다. 따라서, 그러한 주변 생물과의 관계를 재인식하고, 그것을 현대에 맞는 형태로 재생하는 것이 아름다운 농산어촌의 풍족한 생활을 실현하기 위해서 꼭 필요하다. 그것을 위해서는, 자신들의 지역에서 옛날부터 친숙했던 생물과의 관계를 파헤쳐 볼 필요가 있다. 아래와 같은 키워드에 따라, 옛 생활, 옛 놀이를 정리해보는 것도 효과적이다.

- 먹다   향토요리 =식재(食材)는 무엇인가 =그 식재를 어디에서 얻고 있었는가
  =그 식재를 얻기 위해 어떠한 작업을 하고 있었는가
  (예를 들어, 산나물나 물고기라면 그것들을 쉽게 얻기 위한 궁리)
- 살다   지붕이나 기둥의 재료는 무엇인가 =그 재료를 어디에서 얻고 있었는가
  =그 재료를 얻기 위해서 어떠한 작업을 하고 있었는가
  (초가의 재료는 참억새인가 갈대인가. 그것을 얻기 위한 풀 태우기는?)
- 놀다   어떤 물고기나 곤충을 놀이 상대로 해 왔는가
  =각각의 물고기나 곤충은 어디에서, 어떻게 잡고 있었는가
  =그러한 물고기나 곤충을 무엇이라고 부르고 있었는가
  (어린이의 놀이 상대가 되는 생물에는 지방 특유의 호칭이 있는 경우가 많다.)
- 즐기다   개똥벌레는 있었는가 = 어디에 있었는가 = 개똥벌레를 잡는 시기는 언제였는가
  신록이나 단풍, 벚꽃 등 계절감을 식물에서 느끼는 장소는 어디인가

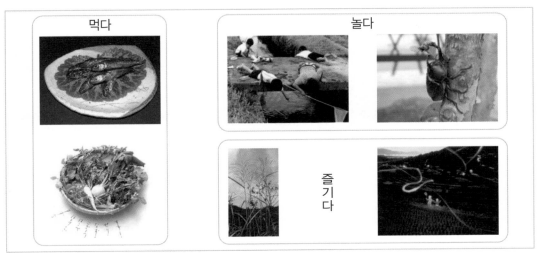

주변 생물과의 관계 – 먹다, 놀다, 즐기다

지역의 자연 변화를 아는 방법

건전하고 풍부한 농산어촌의 자연을 양성하기 위해서는, 단지 '지킨다' 만이 아니고 '재생' 하는 것도 필요하게 된다. 그 경우, 어떤 식으로 재생할 것인가라는 목표를 세우는 것은 매우 중요한 과정이다. 그러나, 농산어촌의 이차적 자연은, 지역의 풍토와 그곳에 사는 사람들의 오랜 세월을 통한 상호 관계가 길러온 것이기 때문에, 다른 지역의 우량 사례를 단순하게 모방하는 것만으로는, 오히려 자연의 파괴로 연결되는 경우가 많다. 여기서 필요한 것이, 자신들의 지역의 자연이 어떻게 변화해 왔는지, 그 결과로서 무엇을 재생해야 할 것인지를 아는 것이다.

지역 자연의 변화를 알기 위해서는, 다음과 같은 다양한 방법이 있다.

- 보다   콘크리트화나 도시화 등의 변화는 현지를 걸으면서 체크한다.
- 취하다   외래종의 증가나 재래종의 감소를 알기 위해서는, 직접 취하여 조사하는 것이 필요하다. 다음으로, 옛날에 존재했던 생물종을 연배자에게 청취하고, 조사 결과와 비교한다.
- 비교하다 과거의 항공 사진과 현재의 항공 사진을 비교하면, 개발된 장소, 방치되어 변질된 장소, 변화하지 않은 장소 등을 파악할 수 있다.

관리된 토수로(土水路)와 정비된 콘크리트 수로   수로의 생물 조사

1960년   1974년   2002년

논(미정비)   방기(갈대, 참억새)   천이(버드나무, 조릿대)

항공 사진을 이용한 휴경논의 변화 파악. 토지 이용의 변화는 세월에 따른 항공 사진으로 비교하면 알기 쉽다. 예전에 논으로 이용되던 공간은 경작이 방기되어 갈대·참억새가 무성해지고, 버드나무·조릿대로 덮혀, 밑바닥이 논이었던 모습을 찾아볼 수 없게 되고 있다.

농산어촌의 변화와 2차적 자연의 위기

일본의 사회 · 경제 구조의 변화, 도시화의 진전 등에 의해, 농산어촌의 2차적 자연은 양과 질의 양면에서 빠르고 크게 변모했다. 그 때문에, 오늘날에는 농산어촌의 2차적 자연을 보전하는 것 뿐만이 아니라, 그 재생이 요구되고 있다.

2차적 자연의 위기

농산어촌의 자연은 인간이 일본 열도에 정주한 이래, 농림어업의 발달과 더불어 항상 변화되어 왔다. 고대에서 중세에 걸친 화전 중심의 생활은, 서서히 수전 중심의 농업으로 이행되어 왔다. 특히, 에도 시대에는 고쿠다카石高 제도26의 확립과 토목 기술의 발달에 의해 새로운 논의 개발이 활발히 행해져, 대하천변의 배후 습지 등이 광대한 논 지대가 되었다. 또한, 논의 확대와 더불어, 비료 생산이나 가축의 사료 확보를 위해, 마을 산의 대부분이 채초지가 되었다고 전해지고 있다. 이러한 변화를 통해서 농산어촌의 풍부한 2차적 자연이 형성되어 왔다고 할 수 있다.

제2차 세계대전 후에는, 지금까지와는 다른 변화가 급속하게 진행되었다. 그 변화를 신생물 다양성 국가 전략 속에서는 3가지의 위기로 정리하고 있다. 제1의 위기는 인간 활동의 확대로 수반된 위기로, 도시화나 콘크리트화비녹지화, 무기질화 등의 개발이나 대량 포획에 의해 2차적 자연의 양이 감소하고 있다는 것이다. 제2의 위기는, 인간 활동의 축소나 생활 스타일의 변화에 의한 위기다. 에너지 혁명이나 생산 과잉, 과소화나 고령화에 의해 마을 산이나 농경지의 관리가 방기되어 2차적 자연이 변질되고 있다는 것이다. 제3위기는, 외래종 '이입종' 이라고도 함 등의 유입에 의한 새로운 문제다. 도시 주변뿐만이 아니라 농산어촌에서도 외국이나 국내의 다른 지역으로부터 반입된 생물들이 번식하여, 원래부터 지역 자연에 의해 길러져 온 친밀한 생물이 사라지고 있다는 것이다.

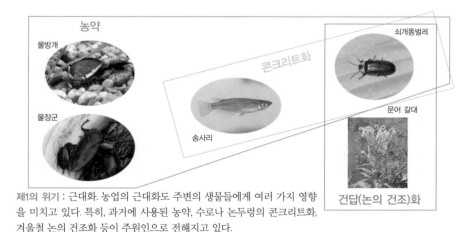

제1의 위기 : 근대화. 농업의 근대화도 주변의 생물들에게 여러 가지 영향을 미치고 있다. 특히, 과거에 사용된 농약, 수로나 논두렁의 콘크리트화, 겨울철 논의 건조화 등이 주원인으로 전해지고 있다.

26 에도 시대의 토지 제도의 원칙. 논밭이나 저택 부지의 토지는 모두 쌀의 생산력으로 환산 · 표시되어, 그 것이 농민이 소지한 땅에서 그 지역의 토지 지배권을 가진 영주에게까지 관철되어 있었다.

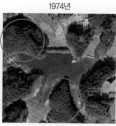

1947년(미국 촬영)

초원(채초지)이 많다

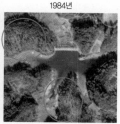

1974년

적송의 식림(植林)으로 변화

1984년

작은 졸참나무가 늘어 혼교림(混交林)으로 변화

제2의 위기 : 마을 산의 변화. 채초지에 적송을 심어 이용하고 있었지만, 관리의 방기나 소나무의 고사에 의해 잡목림으로 변화하고 있다. 숲 속은 조릿대 덤불로 변해 버렸지만, 최근에는 NPO에 의해 관리되고 있다. 〈이바라키켄 즈치우라시〉

그 결과, 오늘날의 농산어촌에서는 시가지나 근대화된 농지와 같은 사용되는 장소와, 마을 산이나 조건이 불리한 지역의 농지 등과 같이 사용되지 않는 장소로 양극화가 진행되고 있다. 그 때문에, 다양한 물과 녹지의 조화가 가져온 농산어촌의 아름다움이 상실되고 있는 중이다. 또한, 2차적 자연의 감소나 변질에 의해 가까운 주변 생물의 생식 공간이 사라져, 오늘날에는 송사리나 도라지 등, 이전에는 농산어촌에서 매우 당연하게 볼 수 있었던 동식물이 레드 리스트58쪽 참조에 포함된 상황에 이르고 있다.

요구되는 2차적 자연의 재생

현재, 국민 전체적으로 농산어촌의 2차적 자연의 중요성에 대한 인식이 높아지고 있다. 또한, 그곳에 사는 가까운 생물과의 만남을 요구하는 소리도 높아져, 농산어촌의 2차적 자연을 적극적으로 재생하자는 움직임이 제기되고 있다. 그것을 위해서는, 우선, 과거부터 현재에 이르는 지역의 자연 환경이 어떻게 변해 왔는지, 또한, 현재의 상황은 어떻게 되어 있는지를 아는 것이 중요하다. 그 다음에, 보호구로 지켜내야 할 장소환경보전구역, 농림어업을 통해서 활용해 나가야 할 장소 혹은 2차적 자연의 유지를 목적으로 적극적인 관리를 진행해 나가야 할 장소환경창조구역, 사회 기반의 정비를 진행시켜야 할 장소환경배려구역 등을 확인하여, '전원환경정비 마스터플랜' 등에 반영시켜 나가는 것이 필요하다. 특히 제2의 위기를 회피하기 위해서는, 단순히 구역을 지정하는 것뿐만 아니라, 유지 · 관리 담당자의 육성이나, 그 지원책 등, 2차적 자연의 적극적인 관리 추진을 위한 방책을 명확하게 할 필요가 있다.

세이다카아와다치소
(국화과의 미국산 다년초)

오쿠치배스

미국 가재

블루길

참소개구리

제3의 위기 : 외래종. 다양한 외국산의 종자에 의해, 일본 가재나 납자루류 등의 재래종이 사라지고 있다.

생물 다양성

생물 다양성biodiversity, biological diversity이라는 말은, 지금은 일상 용어로 넓게 이용되고 있지만, 그 역사는 의외로 짧아, 1980년대 후반에 만들어진 것이다. 생물 다양성은 풍부한 생물 종류로 사용되는 경우가 많이 있지만, 실은, 단지 종류수가 많음종 다양성, species diversity을 의미하지 않는다. 유전자, 종, 생물 군집생태계, 경관 등, 몇 개의 생물학적 계층에 걸친 다양성의 개념이며, 종 등의 요소만이 아니고 생물 사이의 상호 작용 등 요소 간의 네트워크도 포함한 내용이라 할 수 있다. 특히, 농산어촌이 주목을 모은 이유는, 생활 · 생산을 위해 여러 가지 물이나 녹지가 형성되어 있기 때문에 경관 레벨에서 다양성의 평가가 높은 것에 있다. 또한, 종 등의 레벨에서 생물 다양성의 저하가 주장되고 있는데, 그러한 멸종 위기에 직면해 있는 생물종의 목록이 이른바 레드 리스트다. 더욱이, 오늘날에는 외래종에 의한 재래종의 감소나 재래종과의 교접에 의한 유전자 오염 등이 많은 관심을 모으고 있다.

레드 리스트

레드 데이터 북이란, 멸종할 우려가 있는 야생 생물의 정보를 정리한 책으로, '국제자연보호연합IUCN'이라는 단체가, 1966년에 처음으로 발행했다. 레드 데이터 북이라는 명칭은 그 보고서의 표지가 붉은 것에 유래한 통칭이다. 1994년에는 정량적인 평가 기준에 근거한 새로운 카테고리가 채택되었다. 일본에서는, 1989년에 일본에 있어서의 보호상 중요한 식물종의 현상레드 데이터 북 식물종판이 '일본 자연보호협회', '세계 자연보호기금 재팬'에서 발행되었고, 환경청현, 환경성에 의해 편찬되었다. 1994년에 IUCN 신 카테고리가 채택된 이후는, 정량적인 기준에 근거하여, 리스트의 재검토가 전면적으로 실시되고 있다. 이 작업은, 우선, 파충류 · 양서류, 포유류, 무척추 동물, 식물 등의 분류군별로 레드 리스트를 작성 · 공표하고, 이것을 기초로 레드 데이터 북을 순차적으로 편찬한다고 하는 2단계로 나누어 이루어졌다. 그 결과, 송사리나 도라지 등, 예전에는 일본 전국에 넓게 분포했던 가까운 종들이 레드 리스트에 올라가게 되었다.

외래종('이입종' 이라고도 함)

외래종이란, 국외 혹은 국내의 타 지역으로부터, 인간이 매개가 되어 의도적 · 비의도적으로, 본래의 자연 분포지역 외로 이동된 종아종 · 변종을 포함함을 말한다. 특히, 외래종 중에서 야외에 정착하여 재래 생물의 다양성을 변화시키거나 위협하는 것을 침입종이라고 부른다. 예전에는 '세이다카아와다치소'키가 큰 거품 모양의 풀' 이란 의미로, 국화과의 미국산 다년초'나 '서양 민들레국화과의 다년초로, 유럽 원산의 귀화 식물', 미국 가재, 황소 개구리 등이 외래종으로 유명하였고, 요즈음에는 오구치배스미국산 담수어나 블루길이 사회 문제화되고 있다. 특히, 최근에 들어서는 파충류나 곤충류 등 애완 동물용으로 수입된 종들이 버려지고 있어 큰 문제가 되고 있다. 또한, '와일드 플라워' 라는 들꽃에 의한 법면 녹화, 나아가서는 멸종에 직면해 있는 지역 개체군을 증식시키기 위해 행해지는 국내외 지역의 개체 이입 등, 환경에 도움이 된다는 생각에서 이루어진 행위가, 결과적으로 재래종을 감소시키거나, 유전자 오염을 유발하여 다양성을 저하시키고 있다.

경관 구조의 변용과 생물상의 변화

1960년대 이후, 생산, 생활 양식의 변화에 동반하여 농산어촌의 경관 구조는 크게 변용하였습니다. 특히, 비오톱의 소실이나 감소, 고립화, 혹은 균질화가 진행되어, 농산어촌의 풍부한 2차적 자연을 유지해 온 '시간적·공간적 모자이크성'이 현저하게 저하되었다. 그 결과, 예전의 보통종이 레드 리스트에 오르는 등, 농산어촌의 생물 다양성이 크게 저하되고 있다.

'비오톱의 소실·감소'란, 비오톱이 물리적으로 없어진다는 것으로, 도시 개발에 의한 녹지의 감소나 농지 개발에 의한 삼림이나 습지의 감소 등을 들 수 있다. 대부분의 경우는, 공간적 모자이크성이 저하되는데, 어떤 종의 비오톱의 소실·감소가 계속되면, 주변에 있는 동종의 비오톱 사이에서의 종의 이동이나 공급이 저해되어 고립된 상태가 된다. 이동이나 공급이 저해되면, 종자의 산포 거리가 짧은 식물이나 포유류 등의 지상성 동물은 생식이 곤란하게 된다.

한편, 비오톱의 균질화는 집약적으로 사용되는 장소와 방기되어 사용되지 않는 장소로 공간의 양극화를 초래한다. 또한, 2차적 자연을 유지해 온 인위적 관리가 정지하는 것으로 식생의 천이가 진행되기 때문에, 시간적 모자이크성이 저하된다. 그 결과, 비교적 천이의 초기 단계에 있는 2차 초원이나 적송림 등의 양수림陽樹林이 없어진다. 특히, 도라지, 여랑화 등의 식물이나 나비류 등, 초원성 동식물의 감소가 현저해진다. 실제로 레드 리스트에 게재되어 있는 나비류에서는, 고산이나 낙도에 서식하는 종을 제외한 52종 가운데, 무려 73%에 해당하는 38종이 2차 초원에 생식하고 있었던 것으로 밝혀졌다.

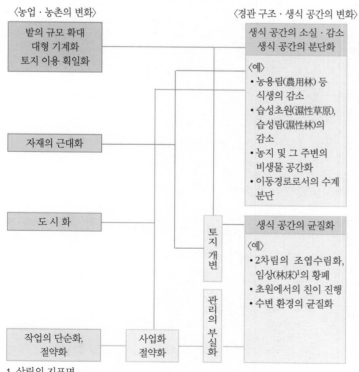

1 삼림의 지표면
2 종자 은행. 장래의 절멸에 대비하여, 고등 식물의 종자를 유전자 자원으로 보존하는 시설.
3 2개의 식물 군락이나 식물상 또는 동물 군락 사이에 위치하여, 양자의 생태적 요소를 아울러 지닌 지대

농업·농촌의 변화와 경관 구조·생물상의 변화〈이데(井手), 1994〉

3. 농산어촌의 풍부한 2차적 자연의 유지, 재생, 증진

27 대규모 개발을 실시할 경우, 자연 환경으로의 영향을 경감 혹은 완화시키기 위해 대체 조치를 강구한다고 하는 환경 보전의 수법. 대표적인 내용으로는, 자연에 영향을 주지 않는 장소에 개발 대상을 변경하는 '회피', 자연으로의 영향을 최소한으로 줄이는 '저감', 파괴된 자연을 근린에 복원하는 '대상(代償)' 등이 있다. 1970년대부터 미국을 중심으로 전개, 확장되었고, 일본에서는 1999년 6월에 실시된 '환경 영향 평가법'에 그 이념이 반영되어, 환경에 미치는 영향이 극히 작다고 판단되는 경우 이외에는 환경영향완화장치를 검토하도록 규정하고 있다. 본문을 참조.

28 1961년 6월 제정된 '농업기본법'을 대신하여, 1999년 7월, 38년만에 전면 개정된 농업 정책의 신 기본법. 구 기본법에서는 결여되어 있었던 환경·국제화의 대응과 지역 정책, 농업이 지닌 다면적 기능의 향상 등이 반영되었다. 기본 이념으로는, ① 식료의 안정적인 공급의 확보, ② 농촌의 다면적 기능의 발휘, ③ 농업의 지속적 발전, ④ 농촌 진흥 등을, 기본 시책으로는, ① 식료 자급률에 대한 기본 계획의 책정, ② 안전성 등 소비자 중시, ③ 농업 경영의 법인화와 시장 원리의 도입 강화, ④ 중산간 지역에 대한 직접 지불 제도(42쪽 주11 참조)의 도입 등을 들고 있다.

29 농업 경영의 합리화를 위해, 농지의 개량·개발·보전·집단화 사업에 관한 제반 사항을 규정한 법률. 1949년 제정.

자연환경에 미치는 영향의 완화

농산어촌의 건전하고 풍부한 자연을 보전하면서 농산어촌을 형성해 가기 위해서는, '전원환경정비 마스터플랜' 등에 의거하여, 지역의 특성에 따라 자연 환경과의 조화를 배려한 정비를 행하는 것이 필요하다. 특히, 미티게이션(Mitigation)27의 이념에 근거하여 계획 규모의 재검토나 생태계 보전 공법의 채용에 의한 영향의 경감을 도모하는 것 등이 필요하다. 그 경우에도, 지역의 풍토나 2차적 자연의 특성에 맞추어, 자연의 소재나 입지 특성을 활용한 방법 등을 지역별로 검토해 나가는 것이 중요하다.

환경으로의 배려를 원칙화

오늘날, 건전하고 풍부한 자연 환경을 활용한 농산어촌의 형성이라는 시점에서, 각종 개발 행위를 실시할 경우, 자연 환경과의 조화를 배려할 필요가 있다. 특히, 농업 정책의 기본 방향과 기본 이념을 제시한 식료·농업·농촌기본법28에서는 '국토와 자연 환경의 보전, 양호한 경관 형성 등의 다면적인 기능이 장래에 걸쳐, 적절하고 충분히 발휘되지 않으면 안된다'고 정하였다. 또한, 그를 위한 구체적인 시책의 일환으로서, 환경과의 조화에 대한 배려가 사업 실시의 원칙이 되도록, 2002년 토지개량법29이 개정되었고, 농업농촌 정비 사업의 신규 채택 지구는, 전원환경정비 마스터플랜에 근거하여, 식료의 안정적인 공급과 더불어, 자연과 공생하는 전원 환경의 창조에 공헌하는 것이 요구되고 있다.

지역 특성에 맞춘 환경 배려를 위한 사고

그러나, 농산어촌의 자연 환경은 지역의 풍토와 그곳에 살아온 사람들의 생활 또는 생산의 역사 속에서 유지, 형성되어 온 것이므로 한결같지 않다. 그렇기 때문에, 각종 사업이나 개발 행위를 실시할 경우에는 지역의 특성에 맞춘 자연 환경과의 조화방법을 검토할 필요가 있다. 먼저, 지역의 자연 환경을 정확하게 파악하고, 그에 기초하여 개발에 동반한 자연 개변의 영향을 예측하며, 회피나 경감 등의 조치를 통해 영향을 완화하는 것이 효과적이다.

이러한 미티게이션환경영향완화조치의 사고에는 회피, 최소화, 수정, 경감 및 제거, 대상代償의 다섯 레벨이 있는데, 회피부터 순차적으로 방책을 강구하도록 되어 있다.

그 경우에는 계획 규모의 축소에 의한 영향의 최소화나 생태계 보전 공법의 채용에 의한 영향의 경감, 새로운 비오톱의 창출에 의한 대상代償 등을 도모하는 것이 요구된다. 단지, 그때에도 농산어촌의 자연 환경이 서로 동일하지 않다는 점에 다시 한번 유념할 필요가 있다. 산간부에서 효과적인 돌쌓기 호안공법이 모래나 진흙의 낮은 땅에서 효과적이라고 할 수는 없다. 또한, 녹화에만 얽매여 안이하게 외래 식물 등을 사용하게 되면, 재래 생태계에 악영향을 미치게 된다. 영향의 최소화나 수정, 경감 등을 위한 구체적 공법이나 소재도 지역의 특성에 적합한 것을 채용, 개발하는 것이 중요하다.

2차적 자연의 재생

오늘날에는, 지금까지 상실된 자연 환경의 적극적인 재생이 요구되고 있으며, 자연재생추진법에 근거한 사업들이 시작되고 있다. 농산어촌에서는 생활이나 생산을 통한 인간의 적극적인 활동이 물이나 녹지에서의 풍부한 2차적 자연을 길러 왔다. 그러한 관점에서, 단지 사업이나 개발 행위에 수반하는 환경 영향의 경감만을 생각하지 말고, 다양한 담당자가 참가하여, 2차적 자연의 적극적인 재생을 도모하는 것이 중요하다.

배수로(암거)와는 별도로 정비된 송사리 보전 수로 〈도치기켄 모오카시〉

'이바라토미요' * 보전을 위해, 선상지의 용수 밑부분에 설치된 수로 〈아키타켄 나카센마치〉

* : 큰가시고기과의 물고기

현지의 소재인 섶나무 가지를 이용한 다자연(多自然) 공법 〈니가타켄 고시지마치〉

칼럼 | 자연재생추진법

2003년 1월 1일부터 시행된 법률로, 자연 재생, 생물 다양성을 키워드로 한 사회 만들기, 지구 환경 보전을 목적으로 하고 있다. 여기서 자연 재생이란, 없어진 자연을 되찾는 것을 의미한다. 이 법률의 특징은, 자연 재생을 향한 보전이나 창출 등의 활동을 행정만이 실시하는 것이 아니고, 지역 주민이나 NGO, NPO 등과 협력하여 실시하는 것을 전제로 하고 있다는 점이다. 지역 주민이 바라는 다양한 형태의 지역 자연의 회복을 기대하는 것이다.

환경을 배려한 농촌 정비 수법

'전원환경정비 마스터플랜'에 기초한 구역(zoning)

　농업농촌 정비 사업의 사업 채택에 앞서 책정하는 것으로, 지역 환경의 개황, 현상과 과제, 올바른 미래상, 정비상의 환경 배려 방법 등등의 기본 사항을 정리함과 동시에, 환경 창조 구역자연과 공생하는 환경을 창조하는 구역 및 환경 배려 구역환경에 대한 영향 완화 등에 배려한 공사를 실시하는 구역을 설정하는 것이다.

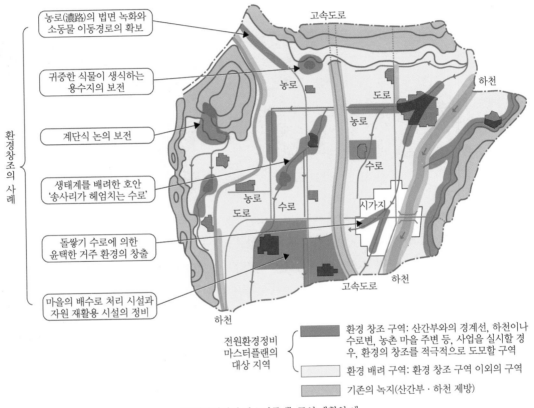

환경
창조의
사례

- 농로(濃路)의 법면 녹화와 소동물 이동경로의 확보
- 귀중한 식물이 생식하는 용수지의 보전
- 계단식 논의 보전
- 생태계를 배려한 호안 '송사리가 헤엄치는 수로'
- 돌쌓기 수로에 의한 윤택한 거주 환경의 창출
- 마을의 배수로 처리 시설과 자원 재활용 시설의 정비

고속도로 · 농로 · 도로 · 하천 · 수로 · 시가지 · 하천 · 고속도로

전원환경정비
마스터플랜의
대상 지역

■ 환경 창조 구역: 산간부와의 경계선, 하천이나 수로변, 농촌 마을 주변 등, 사업을 실시할 경우, 환경의 창조를 적극적으로 도모할 구역

□ 환경 배려 구역: 환경 창조 구역 이외의 구역

▨ 기존의 녹지(산간부 · 하천 제방)

'전원환경정비 마스터플랜' 구역 계획의 예

환경 배려의 5원칙

환경
배
려
의

5
원
칙

회피(avoidance)
행위의 전체 혹은 일부를 실행하지 않는
것으로, 영향을 회피하는 것.

▶ **용수지(湧水池)의 보전**
땅에서 물이 솟는 용수 등 환경 조건이 좋고, 번식도
행하여지고 있는 생태계 거점은 현 상태로 보전.

최소화(minimization)
행위의 실행 정도 혹은 규모를 제한하는
것으로, 영향을 최소화하는 것.

▶ **생태계를 배려한 용수로(用水路)**
수변 생물의 생식이 가능한 자연석 혹은 자연목을 사
용한 호안으로 하여, 영향을 최소화.

수정(rectification)
영향을 받은 환경 그 자체를 수복, 부흥
혹은 회복하는 것으로, 영향을 수정하는
것.

▶ **물고기 길의 설치**
착공에 의해 수로의 네트워크가 분단된 상황을 물고
기 길을 설치하는 것으로 수정.

**영향의 경감 / 제거(reduction / elimina-
tion)**　행위 기간 중, 환경을 보호 혹은
유지하는 것으로, 시간이 지나서 생기는
영향을 경감 혹은 제거하는 것.

▶ **일시적 이동**
환경의 보전이 곤란한 경우, 일시적으로 생물을 포획,
이동시켜 영향을 경감.

대상(compensation)
다른 자원으로 치환하거나, 다른 환경을
공급하는 것으로, 영향을 대상(代償)하는
것.

▶ **대상 시설의 설치**
다양한 생물이 생식하는 습지 등을 공사 구역 외에 설
치하여 동일한 환경을 확보.

물과 녹지의 배치와 생태계 네트워크의 재생

농산어촌의 다양한 물과 녹지는 마을을 단위로 반복되고 있다. 그 반복에 의한 물과 녹지의 네트워크가 생물의 이동이나 분산을 돕고, 지역 전체로의 풍부한 2차적 자연을 길러 왔다. 그러나, 무질서한 개발 등에 동반한 분단화, 독립화가 진행되고 있다. 장기적 비전을 반영한 계획 속에서 물과 녹지의 유기적인 네트워크를 재생할 필요가 있다.

마을-들-산으로 파악하는 물과 녹지의 네트워크

농산어촌에서 보이는 여러 가지 물과 녹지는, 전통적으로 마을－들－산장소에 따라서는 들－마을－산을 기본 단위로 배치되어 있다. 마을은 사람들이 사는 곳이고, 들은 논밭 등, 주로 식료 생산에 이용되는 농용지農用地, 어촌에서는 바다나 하천·호수와 늪, 산은 비료나 사료, 용재나 그 외의 생활 자재를 만들어내는 마을 산의 임야다. 이것들은 농산어촌에서 의·식·주를 온전하게 행하기 위해 빠뜨릴 수 없는 물과 녹지이다. 그 때문에, 풍토가 비슷한 인근의 마을들은 전부 동일한 물과 녹지의 배치 구조를 가지고 있고, 마을－들－산이라는 기본 단위를 넓은 범위에서 반복 하고 있다. 이러한 기본 단위의 반복은 농산어촌의 2차적 자연에 생식하는 생물의 이동이나 분산을 돕고, 지역 전체로서 풍부한 자연을 유지하여 왔다. 그 예로, 마을을 단위로 한 전통적인 마을－들－산의 반복이 잠자리류, 개구리류의 이동 거리나 조류가 필요로 하는 수목림의 비율, 세력권의 면적과 합치하는 것이 알려졌다.

네트워크 재생의 이념

오늘날, 도시화의 진전이나 개발에 따른 2차적 자연의 개변에 의해, 각각의 물과 녹지는 축소되고 고립되어 버리고 있다. 풍부한 2차적 자연을 재생하기 위해서는, 개개의 농지, 삼림, 물가 등을 적절히 보전함과 동시에, 마을－들－산이라는 기본 구조에 유의하면서, 지역 전체 속에서, 그것들을 결합시키고, 다양한 물과 녹지의 네트워크를 구축해내는 것이 필요하다.

물과 녹지의 네트워크 구축은 자연이 풍부한 농산어촌의 아름다움을 연출할 뿐만 아니라, 그곳에 생식하는 생물의 입장에서도 매우 중요하다. 그 때문에, 전원환경정비 마스터플랜 등, 환경과 조화를 이룬 토지 이용의 방향성을 제시하는 계획 속에서 장기적 비전을 가지고, 적극적인 가치 매김을 시도하는 것이 요구되고 있다. 주요한 물과 녹지와, 다른 주요한 장소와의 사이를, 생물의 이동이 가능한 회랑코리드으로 엮거나, 중간에 중계점이 될 수 있는 물과 녹지를 디딤돌 형태로 배치하는 것이 효과적이다. 또한, 상이한 종류의 물이나 녹지의 네트워크도 중요하다. 어미가 되면 숲으로 이동하는 청개구리나 바다에서 모래사장으로 올라와 산란하는 바다거북 등의 입장에서는 복수 타입의 생식지가 네트워크화되어 있는 것이 꼭 필요하다.

네트워크 재생을 위한 여러 가지 궁리

생태계 네트워크의 재생에는, 현재 여러 가지 방법들이 시도되고 있다. 전원환경정비 마스터플

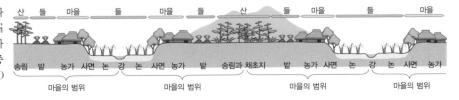

마을－들－산의 예〈이바라키켄 즈쿠바 지역〉. 저지대의 논, 대지 가장자리의 마을, 대지 위의 밭, 대지 중앙의 평지림(혹은 채초지)이 반복하여 나타난다.

산　들　마을　들　마을　들　산　들　마을　들　마을

송림　밭　농가　사면　논　강　논　사면 농가　밭　송림과 채초지　밭　농가 사면　논　강　논　사면　농가

마을의 범위　　마을의 범위　　마을의 범위　　마을의 범위

현황

네트워크의 평가

네트워크의 보전

네트워크의 보전·보완의 사례 〈이와테켄 이사와초〉 물과 녹지의 네트워크를 보전하기 위해서는, 우선 현황 평가를 실시해서, 코리드가 되는 공간, 중계점이 되는 포인트 등을 분석, 도출하고, 개발이나 정비로부터 이것들을 보전해 나가는 것이 요구된다.

랜' 이나, '시쿠초손市區町村의 종합계획' 등에서는, 철새의 중계지인 습지의 보전이나 회랑인 중요한 하천이나 하반림河畔林 등의 보전이 검토되고 있다. 또한, 공법으로는, 수로의 낙차를 해소하는 물고기 길이나 계단식 낙차공의 설치, 동물의 이동을 보장하는 다리나 터널의 설치, 콘크리트 수직벽을 완화시키는 경사벽의 설치 등이 있다. 그러나, 네트워크를 구축한다는 것은 새로운 것을 만드는 것만을 의미하지 않는다. 예를 들어, 논 안을 흐르는 수로의 낙차를 해소하려고 하는 경우, 물고기 길을 만들지 않아도, 예부터 행하고 있던 보堰 올리기 등의 방법을 통해 계절적인 이동이 보장된다면, 효과가 나타나는 경우도 있다. 각 지역의 물과 녹지의 배치가 어떤 식으로 생태

계의 네트워크를 구축하고 있었는지를 전국적으로 정비되어 있는 오래된 항공 사진이나 지형도 등의 자료, 연장자의 경험으로부터 조사하고, 그에 근거하여, 여러 가지 방법 중에서 지역에 적합한 수법을 조합해내는 것이 지역 전체를 통한 유기적인 네트워크의 구축에 효과적이다.

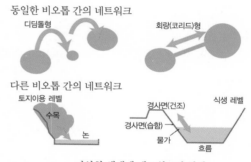

다양한 생태계 네트워크의 형태

다자연多自然 공법은, 콘크리트 삼면장三面張 수로 등, 기능사업 목적만을 중시한 종래의 공법에 대신하여, 기능도 충족시키면서 생태계 보전에 대한 배려를 더한 공법이다. 예를 들어, 하천의 호안 정비 등에 있어서는, 계산면에서의 안전성을 확보하면서도, 생물의 생식·생육 환경·경관에도 배려한 개수改修의 공법을 추진하여, 자연과 조화로운 강 만들기에 힘쓰고 있다. 구체적으로는, 물고기의 부화

장치로 도입된 '어소魚巢 블록'30이나 '다공질 콘크리트'31의 채용, 사롱32이나 섶나무 가지 등 자연 소재의 이용, '얕은 내'와 '깊은 못' 등을 도입한 S자 형상의 물길이나 식재의 재생 등이 행해지고 있다. 그러나, 실제로는 생태계에 미치는 영향이나 효과가 분명하지 않은 경우가 많아, 기술적인 과제도 적지 않다. 그 외, 정원이나 공원에 쓰이는 수경修景 기술이 채용되는 경우도 많다.

30 주로 어류의 생식·피난 장소를 제공하기 위해 설치되는 콘크리트 공작물로, 입구가 있으며 내부가 비어 있어 어류 등의 출입이 가능하다.
31 시멘트 페이스트, 회반죽으로 만들어진 골재의 집합체. 연속 혹은 독립한 다수의 공극(빈틈)이 있으며, 밥풀 과자와 같은 형상을 띤다. 물이나 공기 등을 자유롭게 통하므로, 생물의 생식 공

간을 제공하며, 수질의 정화, 흡음 효과에도 기여한다. 현재는 폭넓은 환경 문제에 적용할 수 있는 콘크리트로 주목받고 있다.
32 제방을 보호하기 위해 만들어진 것으로, 철사나 대를 원통형(바구니 모양)으로 얽어 안에 돌을 채운다. 공극이 있어 생물의 생식 공간이 확보된다.

생태계 네트워크의 재생을 향하여

생태계 네트워크와 비오톱 결합 시스템

대부분의 야생 동식물은 그 종의 생존에 적합한 특정 종류의 비오톱과 밀접하게 엮어져 있다. 식물을 예로 들면, 엉겅퀴류는 참억새를 중심으로 한 다년생 초목으로 구성된 초원과, 얼레지는 초봄에 삼림의 지표면이 밝은 삼림과, 줄은 완만한 흐름이 있는 실개천과 연결되어 있는 상황이다. 그러나, 많은 생물은 하나의 생식지만으로 그 종의 계속성이 유지되는 것이 아니고, 그것의 생식지와 다른 생식지의 사이에 유전적인 교류가 필요하다. 그렇지만, 비오톱의 소실이나 분단화가 진행되면, 이러한 유전적 교류가 곤란하게 된다. 특히, 종자 살포 거리가 짧은 식물이나 포유류 등의 지상성 동물, 혹은 어류 등은 생식지 간의 이동이 보장되는 것이 지극히 중요하다. 이렇게 생식지 간의 이동이 가능한 상태의 비오톱의 배치를 '비오톱 네트워크', 혹은 '생태계 네트워크'라고 한다. 생태계 네트워크에서는 같은 종류의 비오톱끼리의 결합성뿐만이 아니고, 다른 종류의 비오톱의 결합성도 중요하다. 왜냐하면, 많은 생물종이 복수의 비오톱을 이용하고 있기 때문이다. 예를 들어, 청개구리의 유생올챙이은, 논 등의 고인 물 지역에 생식하지만, 성체개구리는 주로 삼림에서 먹이를 취한다. 이러한 복수종 비오톱 간의 공간적인 결합을 비오톱 결합 시스템이라고 한다.

생태계 네트워크, 또는 비오톱 결합 시스템을 보전·형성할 경우에 중요한 것이, 동종의 비오톱의 간격, 비오톱과 비오톱을 연결하는 회랑선 또는 띠 모양의 공간의 존재, 복수종 비오톱의 인접 상태 등에 관련된 비오톱의 배치다. 예를 들어, 저수지에 생식하는 잠자리류는 이웃하는 저수지가 이동 가능한 거리에 있어야 한다. 또한, 송사리는 초봄 등에 월동 장소에서 논으로 이동한다고 알려져 있지만, 그 때, 논과 인접

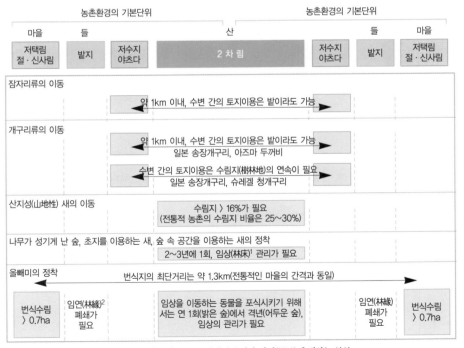

1 삼림의 지표면   2 삼림의 초지나 나지(裸地)에 접하는 부분

농촌 환경의 비오톱 결합 시스템의 바람직한 모습 〈모리야마(守山), 1997〉

한 수로 등은 회랑으로서 그 역할이 중요해진다. 만약 수로에 송사리가 거슬러 올라갈 수 없을 정도의 낙차가 있다면, 이동이 불가능한다. 마찬가지로 아즈마 두꺼비는 삼림의 지표면 속에서 월동하고, 산란을 위해 논으로 이동하지만, 숲의 가장자리에 콘크리트 도랑이 있으면 이동할 수 없게 된다.

생태계 네트워크의 유지와 재생

오늘날, 생태계 네트워크의 재생을 향해, 각지에서 여러 가지 시도가 행해지고 있다. 그러한 시도에는, 크게 나누어 두 가지 방법이 있다. 하나는, 토지 이용 계획 속에서 네트워크 기능이 있는 토지를 유지하는 방법이다. 회랑이나 디딤돌 형태의 비오톱을 보전하거나 창출하는 것이 이에 해당한다65쪽의 이와테켄 이사와초의 사례를 참조. 다른 하나는, 현재의 토지 이용 배치 속에서 분단화 또는 고립화되고 있는 비오톱을 연결하는 방법이다. 물고기 길이나 계단식 낙차, 동물의 이동을 보장하는 다리나 터널, 콘크리트 수직벽을 해소하기 위한 경사벽 등의 설치가 이에 해당한다. 그러나, 이러한 방법은 토지를 확보하기 위한 비용이나 합의 형성, 시설을 설치하기 위한 경비 등이 필요하다는 문제가 있다. 이에 따라, 보다 간편하고 효과적인 방법이 모색되고 있다. 농산어촌의 생태계가 2차적 자연이고, 그것을 지지하는 정기적인 유지ㆍ관리의 저하에 의해 생태계가 변질된다는 점을 감안한다면, 그 유지 관리를 부활하는 것으로 생태계 네트워크의 재생을 도모할 수 있는 경우도 있다. 예를 들어, 용수로와 배수로의 분리 이전에 행해지고 있던 보를 조작하여 수로와 논의 높은 낙차를 계절적으로 해소할 수 있다. 또한, 논이나 수로 주변의 법면의 풀베기를 개개의 농가가 독자적으로 행하는 것이 아니라, 마을에서 통합하여 행한다면, 오늘날 각지에서 사라지고 있는 초원성 비오톱의 네트워크를 재생할 수 있다.

수로와 논의 높은 낙차가 해소되어 네트워크가 기능해진 예 〈좌: 보 올리기, 우: 물고기 길〉

'야츠다'의 수로 주변의 풀베기에 의해 초원성의 비오톱이 연속한다.

도시 주민이 참가한 농림지의 관리가 활발하게 행해지고 있다 〈위: 미에켄 기와초의 계단식 논, 아래: 가나가와켄 이세하라시의 잡목림〉

2차적 자연의 재생과 관리

농산어촌의 2차적 자연의 보전을 위해서는 적절하게 관리할 필요가 있지만, 오늘날의 사회 정세 하에서는 농산어촌의 자조적인 노력만으로는 광대한 2차적 자연의 관리를 계속하는 일이 어렵게 되었다. 비농가나 도시주민 등 다양한 담당자의 참가나, 축력의 활용 등을 통해, 순응적으로 관리를 추진해 나가는 새로운 농림지 관리 방책을 구축할 필요가 있다.

다양한 주체의 참가에 의한 새로운 2차적 자연 관리의 모색

황폐한 농산어촌의 2차적 자연의 재생을 위해, 다양한 주체가 참가하여 물이나 녹지의 관리가 각지에서 시도되고 있다. 인구 감소나 고령화의 진전, 농림어업을 둘러싼 경제 상황의 악화 등에 의해, 지금까지 계속해 온 관리를 계속하는 것이 어려워지고 있는 지역이 많은 것도 현실이다. 더구나, 국토의 약 반을 차지하는 농산어촌의 2차적 자연의 전부를 옛날과 같은 방법으로 유지·관리하는 것은 불가능하다. 따라서, 예전과는 다른 새로운 농지 삼림 관리의 방책을 찾아내는 것이 급선무가 되었다.

도시 주민이 참가하는 2차적 자연의 관리

농산어촌의 2차적 자연의 관리를 현지 주민 또는 토지 소유자만의 책무로 하는 것이 아니라, 비농가나 도시지역 주민을 포함한 다양한 담당자를 참가하도록 추진하려는 시도가 각지에서 행해지고 있다. 최근에는, 풍부하고 아름다운 농산어촌의 자연은 농산어촌 주민 또는 토지 소유자만의 것이 아니고, 국민 전체의 귀중한 재산이라는 인식이 급속도로 정착되고 있다. 도시 주민 중에서는 자연의 은혜를 누릴 수 있는 농산어촌의 거주 방법에 대해, 풍부하고 쾌적한 생활이라며 동경을 품는 사람도 늘고 있다. 그러한 관점에서, 특히 마을 산의 잡목림이나 계단식 논의 보전·관리를 목적으로 한 시민 단체나 NPO 법인 등이 각지에서 설립되고 있다. '풀베기 십자군'과 같이, 적극적으로 관리를 담당하는 단체도 생기고 있다. 최근에는 농산어촌의 주민들 사이에서도 도시 주민과의 교류를 적극적으로 추진하려는 움직임을 볼 수 있으며, 논의 학교 등을 통해 도시의 어린이들에게 자신들의 기억이나 경험을 전하려고 하는 활동도 활발해지고 있다. 게다가, 어촌과 산촌의 교류에 의한 삼림의 보전·관리, 식림지 나무의 입양 제도 등, 여러 형태의 참가가 검토되고 있다. 그러나, 농산어촌에 관심을 갖는 단체의 대부분이 3대도시권에 치우쳐 있다는 점, 바로 곁에 시민 단체가 있어도 토지 소유권자와의 접점이 희박하여 교류가 순조롭게 진행되지 못한다는 점, 모내기나 벼베기 등의 이벤트에는 많은 참가자가 예상되지만, 풀베기나 논두렁 보수, 진흙 퍼내기 등의 일상적인 작업에서는 많은 참가자를 기대할 수 없다는 점 등, 아직도 많은 과제가 남아 있다.

'논의 학교' 시골의 기억을 어린이에게 〈도치기켄 우츠노미야시〉

효율적인 관리를 향한 새로운 시도

관리를 효율적·효과적으로 진행하기 위한 시도도 행해지고 있다. 적은 노동력을 효율적으로 배분하는 순환 방식의 도입이나, 물과 녹지의 배치나 토지 이력에 근거한 효과적인 관리 대상지의 선정 등이다. 또한, 농산어촌의 2차적 자연의 많은 부분을 사료 생산을 위한 임야가 차지하고 있었던 점에서, 축력을 재검토하려는 움직임도 생겨, 방목에 의한 경작 포기 논의 관리 등도 시도되고 있다.

휴경논에서의 비오톱 정비 〈와카야마켄 혼미야초〉

오늘날, 예전의 농산어촌과 동일한 방법으로 2차적 자연 전부를 유지·관리하는 것은 불가능하다. 지역의 실상에 맞추어 다양한 담당자, 여러 가지 방법을 조합해 보면서 적절한 방책을 강구해가는 것이 필요하다. 또한, 실시된 방책의 효과에 대해서는 모니터링 조사를 통하여, 순응적인 방책을 재검토하고, 각 지역에 적합한 2차적 자연의 유지·관리 개선책을 모색해 나가지 않으면 안 된다.

예전의 자원 순환을 지지하던 가축과 일체화된 생활 / 남부 지역의 '마가리야' 〈야마가타켄 도노시〉

미사용 목질 자원의 재자원화 /폐목재의 퇴비화 〈야마가타켄 나가이시〉

지속적인 자연 환경의 보전과 순환적 이용

오늘날의 농산어촌에서는, 예전의 자원의 순환 이용이 무너져, 작물이나 어류에서 먹지 않는 부분, 풀베기에서 생겨난 식물체 등이 사용되지 않은 채 폐기되고 있다. 아울러, 도시에서는 대량의 유기성 폐기물이 배출되고 있다. 이렇게 사용하지 않는 유기물을 바이오매스[33] 자원으로 파악하여 순환형 사회를 구축하기 위해, 농림어업이 지닌 자연 순환 기능을, 유역 등을 단위로 한 광역 연계 속에서 고도로 발휘할 필요가 있다.

농산어촌에서 상실된 뛰어난 순환

예전의 농산어촌에서는, 지역 내의 자원을 훌륭하게 순환시켜 이용하는, 고도의 자연 순환 기능을 발휘하고 있었다. 음식물은 당연히 사람에게 흡수되지만, 작물이나 어류의 먹지 않는 부분이나, 가지치기, 풀베기 등에서 생겨난 식물체는 가축의 먹이나 땔나무 등의 연료가 되었다. 또한, 사람이나 가축의 배설물은 비료로서, 논이나 밭으로 되돌려져 음식물 생산에 활용되어 왔다. 이러한 지역 내의 자원은, 식물이 자연 에너지로, 생산하는 재생 가능한 자원이다. 그것은 의·식·주를 통하여, 여러 가지 물과 녹지, 나아가 가축의 힘과의 조합 속에서 효과적으로 이용되어 왔다.

그러나, 에너지 혁명 이후, 각종 화석 연료에 의한 비료나 동력, 연료가 이용되면서, 지역 내의 자원을 순환하여 이용하지 않게 되었다. 때를 같이 하여, 확대된 도시로부터 대량의 유기성 폐기물도 배출되게 되었다. 게다가, 2차적 자연을 보전하기 위한 관리가 진행되면, 결과적으로 많은 식물체가 쓰레기로 배출된다. 따라서, 최근에는 '건전하고 풍부한 자연 생태계와 조화를 이룬 지속적인 순환형 사회의 구축'이라는 시점에서, 바이오매스 일본 종합전략[34]에 의거하여, 원래 농림수산업이 가지고 있던 자연 순환 기능의 고도한 발휘가 요구되고 있다.

바이오매스 자원의 평가와 활용

이러한 유기성 폐기물의 활용에 의한 순환형 사회의 구축을 위해서는, 미사용 폐기물을 바이오매스 자원으

33 어떤 시점에서 임의의 공간 속에 존재하는 생물체의 양, 또는 생물체를 에너지원, 공업 원료로서 이용하는 일.
34 바이오매스(biomass)의 유효 활용을 위해, 2002년 일본 정부(농림수산성, 경제산업성, 환경성)에 의해 책정된 구체적 행동 계획. 지구 온난화 방지, 순환형 사회의 형성, 농산어촌의 활성화, 전략적 산업의 육성 등을 목표로, 지역의 실정에 맞는 자원 순환 시스템의 구축을 도모한다.
35 지역에서 생산한 것은 그 지역에서 소비하는 것. 혹은, 지역에서 소비한 것은 그 지역에서 생산하는 것.

로 파악하는 것이 중요하다. 최근에는, 열화학·생물화학적 변환에 의한 에너지의 자원화나, 비료나 사료의 재생, 플라스틱이나 목질 합판 등의 소재화 등, 다양한 바이오매스 자원의 응용 기술이 개발 중이다.

순환형 사회를 위한 광역 연계

순환형 사회를 구축하기 위해서는, 이러한 변환 기술에 의해 산출된 자원을 지역 내에서 소비하는 것이 중요해진다. 특히, 바이오매스 자원에 대해서는, 그 대부분이 농산어촌에서 발생하며, 그 이용의 상당 부분을 농산어촌이 담당하고 있다는 점을 고려하여, 유효한 활용을 도모해 가는 것이 필요하다. 그러나, 오늘날의 농산어촌에서는, 예전과 같이 마을을 단위로 한 좁은 지역에서 자원의 순환 이용을 실현한다는 것에는 한계가 있다. 보다 광역적인 연계, 예를 들면, 유역을 단위로 하여, 상류역의 산촌으로부터, 농촌, 도시, 나아가서는 연안 지역의 어촌까지, 상호가 연계를 도모하여, 새로운 순환 시스템을 구축하는 것이 필요하다. 유역 레벨에서의 자원 순환에는, 새로운 기술에 의한 바이오매스 자원의 이용만이 아니고, 지역산 재료의 활용 등 지산지소地産池消35의 대처나, 상류에서 하류까지의 물순환을 건전健全하게 활용한다는 시점도 포함하여, 향후, 적극적으로 검토될 필요가 있다.

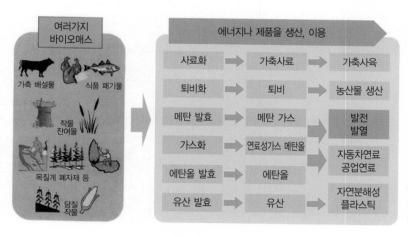

농산어촌에서 배출되는 여러 가지 바이오매스를 자원으로 파악하여, 그 재이용을 도모하는 것이 중요하다.

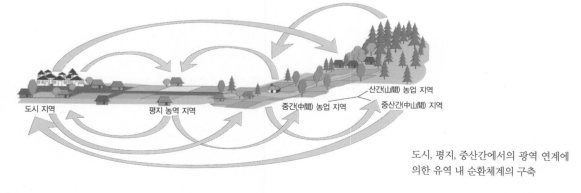

도시, 평지, 중산간에서의 광역 연계에 의한 유역 내 순환체계의 구축

Ⅳ 전통 문화가 숨쉬는 지역 사회의 유지 · 계승

1. 지역성을 창조하는 '전통 문화'

벼농사의 풍경은 일본인이면 누구나 공유하는 전통 풍경이다.

지역에는 저마다의 벼농사 양식이 있어, 볏단 말리기의 방법 등이 마을마다 다르다. 그것은 마을의 표정으로, 선인들이 소중히 가꾸어 온 것이다. 그러한 영위가 마을을 결속시키고 지역 사회를 유지해 왔다.

지역매력의 원천으로서의 농산어촌 문화

아름답고 매력 있는 농산어촌에는 반드시 그 지역의 독자적인 생산 · 생활 양식, 즉 지역의 개성이 있다. 또한, 지역의 개성은 각 지역이 가지고 있는 고유의 문화에 의해서 만들어지고 있다. 농산어촌에는 특히, 긴 세월 속에서 전승되어 온 고유의 문화를 중심으로, 도시 지역과는 다른 역사의 무게와 민속의 향기를 띠는 지역 문화가 존재한다.

그러한 농산어촌 문화는 많은 일본인을 끊임없이 매료하고 있다. 따라서, 농산어촌의 매력의 원천인 지역 문화를 소중히 보전하고, 창조하여, 활용해 나가는 것은 아름다운 농산어촌 만들기의 중요한 테마가 된다.

사회적 유산으로서의 지역 문화

지역의 개성을 발현하는 지역 문화란, 각 지역에서 길러져 온 생활 양식이나 관례 등을 가리킨다. 그것은, 주민이 나날의 생활 속에서 학습해 가는 행동 기준이기도 하다. 이러한 지역 문화는 이른바 사회적 유산social heritage이라고도 표현할 수 있다.

우리가 태어났을 때는 자연적인 존재에 불과하지만, 성장에 따라 이미 사회에 준비되어 있는 양식을 모방하고 학습하면서 습득해 간다. 가족, 동료 집단, 근린 집단, 지역 사회 속에서 생활해 나가면서, 선인들이 창조하고, 축적해 온 위대한 지역 문화를 배워 나가게 된다.

지역 문화와 아이덴티티

이러한 지역 문화는, 지역 사회에 있어서 주민들 사이의 연대감을 양성하는 한편, 타지역과 자기 지역을 판별하도록 하는 사회 개성아이덴티티이 된다.

같은 지역에서 살고 있는 사람들 사이에서는 지속적인 생활의 공동성共同性이 유지되므로, 풍속이나 전통, 말투, 사고나 생활 방식, 제도나 관례 등, 여러 장면에서 공통성을 가지게 한다. 그러한 공통성은, 다른 지역 사회의 입장에서는 개성 있는 양식으로 파악되므로, 그것이 지역의 독자성으로서의 매력의 근원이 된다. 이러한 의미에서, 지역 문화는 지역 사회의 통합성의 근거, 또는 사회 개성의 근거가 된다고 할 수 있는 것이다.

만일, 지역 문화의 전승이 끊겨져 전국에 공통적인 문화가 우선하게 되면, 사회 개성이 상실되고, 주민 상호간의 연대감도 약해져, 향토 의식조차도 사라져 가게 될 것이다. 그렇게 되면, 도시 주민은 두말할 것도 없고 그곳에서 살아온 주민 자신도 지역에 매력을 느끼거나 관심을 보이지 않을 것이다. 지역 문화란, 지역 사회의 명맥이라고도 할 수 있는 것이다.

개성 있는 지역 문화 '농산어촌 문화'는 일본인의 공통 자산

지역 독자의 문화가 형성되어, 지역 사회가 약동감으로 넘치고, 개성을 발산하고 있는 농산어촌은 매우 매력적이다. 그곳에서는, 가옥의 건축 양식, 향토 요리, 방언, 농작업 양식 등등, 어떤 것은 힘들게, 어떤 것은 무의식 중에 차세대에 전해져 온 그 지역만의 양식이 현대에 착실하게 뿌리내리고 있다.

이것들은 먼 과거로부터 현대까지를 이어주는 마을의 정신이며, 농산어촌밖에 없는 일본인의 공통 재산이자 의지할 곳이기도 하다. 최근, 도시 주민이 농산어촌에 마음이 끌리고 있는 것은, 일본인의 심금을 울리는 마을의 정신을 필요로 하고 있기 때문이다.

지역 문화를 만드는 전통이나 풍습 등을 소중히 보전하고, 계승하여, 활용해 나가는 것은 매력 있는 아름다운 농산어촌 만들기의 중요한 테마다.

초가 지붕, 주택 배치, 방풍림, 마을의 정취.
주민에게 있어서는 극히 흔한 경관일지라도, 긴 시간을 버텨내 온 삶의 기술에 의해 유지되고 있는 것들이다. 그것은 지역 독자적인 양식이며 문화다. 매력 있는 지역의 얼굴을 만들어내고 있는 이러한 농산어촌의 문화는 일본인의 공유 재산이다.

농산어촌 문화를 지탱하는 지역의 전통 문화

농산어촌 문화는, 긴 시간 속에서 선인들이 만들어 내온 '전통 문화'에 의해서 형성된다. 전통 문화는 그 지역에서 영위되어 온 농림어업과 그곳에 사는 사람들 속에서 길러지고, 역사적인 경관 속에서 맥맥히 계승되어 온 생산·생활과 관계하는 양식 전부를 말한다.

지역 문화의 핵으로서의 전통 문화와 그 특색

지역에 전승되어 온 문화는 지역에서 살아가는 데 있어서의 생산·생활의 양식 그 자체이지만, 그 중에서도 전통 문화란, 역사성과 민속성을 발견할 수 있는 것이다. 구체적으로는, 역사적으로 전승되어 온 의식주 등 일상의 생활 행위, 언어, 생산 기술, 공간의 이용 형태, 제례제사 등, 농산어촌 생활 속 도처에 박혀 있는 다양한 것들이 해당된다.

전통 문화의 성질로서는, 첫째로 생활의 필요 속에서 구축되고, 둘째로 각 세대의 역할로 의식되어 지속적으로 전승되며, 셋째로 전승의 과정에서 조금씩 변용되어 지역 독자의 형태가 만들어져, 그리고 넷째로, 당연히 존재하는 것으로 현대의 생활 속에서 잠재화되어 간다, 즉, 뿌리 내려 간다는 점을 들 수 있다.

그러므로, 각 시대·각 세대에 있어서, 일부러 의식하여 미래에 계승해 가지 않으면, 눈앞의 편리성이나 기능성, 유행 등에 밀려 소멸해 버릴 수도 있다. 따라서, 차세대에게 전하는 방법이나 구조, 즉 전승 양식 그 자체도 중요한 요소의 하나로 파악할 수 있는 것이다.

아름다운 농산어촌 만들기를 추진해 갈 때, 다시 한번 지역의 생산·생활 양식에 시선을 돌려, 지역에 전승되어 온 전통 문화의 가치를 평가하는 것으로, 지역의 매력을 재확인하게 된다. 그것은 지역에 대한 애정을 기르고, 주민의 정주 의식을 높여 갈 것이다.

지역의 매력과 전통 문화의 재평가

매력 있고 아름다운 농산어촌에는 생활 속에 튼튼히 뿌리 내린 전통 문화에 의해 지지되고 있는 지역의 개성이 빛난다. 너무나 가까이 있기 때문에 간과되기 십상인 지역 고유의 문화에 다시 한번 시선을 돌리고, 현재의 생활을 지지해 주고 있는 것에 대한 가치를 재평가하는 것이 중요하다. 나날의 의식주, 언어, 농작업, 교류, 청소 방법 등등, 평소의 생활을 한번 더 검토해 보자. 거기에서 반드시 선인들의 숨결이나 역사의 무게를 발견해 낼 수 있을 것이다. 그것들이야말로 지역을 지역답게 만드는 개성의 근원이며, 매력 있고 아름다운 농산어촌 만들기에서 빼놓을 수 없는 요소인 것이다.

전통 문화의 재평가란, 자신들과 생활 공간과의 유대를 재확인하고, 다시 한번 튼튼히 묶어내는 작업이라고도 할 수 있다. 스스로가 사는 지역

전통 문화의 성질

전통 문화가 만들어지는 방식	전통 문화가 만들어지는 방식
생활의 필요에 의해서 구축 ⬇ 각 시대, 각 세대의 역할로서 전승 ⬇ 변용하면서도 지역의 독자적인 형태를 구축 ⬇ 지역특성으로서 잠재화 = 지역성의 창조	• 일상의 생활 행위(전통적인 의식주 양식) • 언어(방언, 물건의 명칭) • 생산 기술(농작업 방식이나 공예 기술) • 공간의 이용 형태(마을 형태, 산천의 이용방법) • 제례제사(연중행사, 의례) … 등 '전승 양식' 그 자체(전해져 가는 관례, 구조)도 '전통 문화'의 중요한 요소

사회에 대한 애정과 자긍심을 만들어 내기 위해서는, 지역 고유의 문화를 새롭게 추궁해 가는 것이 가장 유효한 수단의 하나다. 지역 사회를 내가 사랑하는 고향이라고 부를 수 있도록, 주민 모두가 전통 문화를 가꾸어 가는 것이야말로, 매력 있고 아름다운 농산어촌 만들기의 목표라고 할 수 있는 것이다.

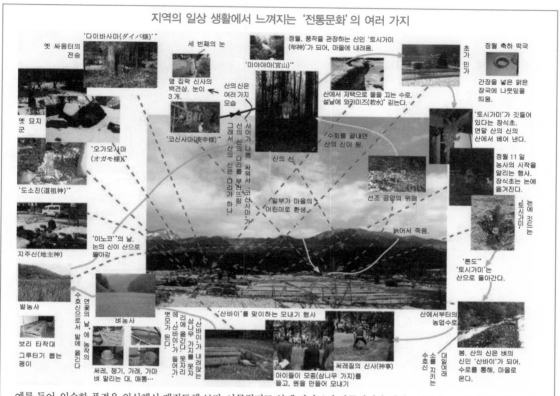

지역의 일상 생활에서 느껴지는 '전통문화'의 여러 가지

예를 들어, 익숙한 풍경을 의식해서 재검토해 보자. 아무렇지도 않게 바라보던 잡목림이나 비석·석탑에서, 선인들의 사는 기술이나 숨결을 감지할 수 있을 것이다. 평상시 당연한 듯이 작업하던 논이나 밭의 형태에서도 선인의 부지런한 노력과 지혜에 감탄할 것이다. 마을의 주위를 둘러싼 산들도 지역만의 호칭이 있을지도 모른다. 전승되어 온 지역 문화는, 논, 밭, 수로, 저택지, 산림, 그리고 땅갈기, 모내기, 김매기 등의 노동이나, 식사나 의류 등의 생활, 그리고 어린이의 성장을 바라는 행사가 생활 속에 넓게 존재하며, 깊은 의미를 주고 있다. 그 의미를 되물어 가는 것으로, 자신들의 지역 사회나 일상의 생활이 얼마나 지역 문화에 물들어 있는지를 다시 확인하게 될 것이다.

〈농업공학연구소 야마시타 유사쿠(山下 裕作) 씨 작성〉

*: (왼쪽 위부터 시계방향으로) 다이바사마 - '다이바'를 존앙하여 부르는 말. 다이바는, 요충지에 경비를 위해 설치한 포대(砲臺). 변하여, 비교적 높은 곳에 위치하면서, 지세가 좋고 평평하여 물 순환이 잘 되는 옥토를 뜻함. / 코신사마 - 불가에서는 청면금강(靑面金剛), 신도(新道)에서는 사르다히코(猿田彦)를 존앙하여 일컫는 말. 청면금강은 얼굴색이 파란 금강 동자. 병마·병귀를 쫓는 큰 위력을 가지고 있어, 민간에서는 건강을 비는 본존으로 받들어진다. 사르다히코는 곡령신(穀靈神)이 강림할 때 길 안내를 한 괴상한 용모의 신. 순조로운 농작업이나 풍작을 기원한다. / 미야야마 - 신, 천황·황족을 모시고 있는 산. 혹은, 신을 모신 신사가 있는 산. / 와카미즈 - 설날 아침 일찍 긷는 정화수. 그 물을 마시면 그 해의 액을 쫓는다고 함. / 돈도 - 소정월(1월 15일)에 마을의 경계에서 '도시가미(年神, 오곡의 신)'가 깃들어 있다는 '가도마츠(門松, 연초 집에 장식하는 소나무)' 등을 태우면서 신에게 올리는 제사. / 연꽃의 날 - 6월 15일의 다른 명칭. 산인(山陰) 지방에서는 신사에 보리를 공양하고, 밀가루로 만든 연꽃 경단을 만들어 먹는다. / 이노코 - 음력 10월의 첫 해일(亥日). 혹은, 같은 날 농촌에서 행하는 수확제. 논의 신이 떠나가는 날이라고 믿어, 어린이들이 돌에 새끼줄을 여러 번 감아(혹은, 새끼줄을 엮어 만든 다발로), 땅을 치면서 가사를 읊으며 돈다. 또한, 당일 해시에는 축하의 떡을 먹는 습관이 있는데, 이 떡을 먹으면 병에 걸리지 않는다고 함. / 도소진 - 도로의 악령을 막거나, 행인이나 마을 사람을 재난으로부터 보호하는 신. 마을 경계나 네거리, 고개 등에 모셔지고, 최근에는 좋은 인연이나 출산, 원만한 부부 생활의 신으로도 신앙되고 있다. / 오가모사마 - 가모(鴨, 오리)의 존칭. 겨울철에 날라오는 오리를 식용하던 습관에서 숭배되었다. '오카모사마(オカモ樣)'라고도 함.

사람에게 여러 가지 인품이 있듯이, 지역에는 '마을의 품격'이라고 해야 할 다양한 개성이 있다. 전통 문화를 활용하면서, 빌려 온 것이 아닌, 개성 있는 '마을의 품격'을 만들어 가는 것으로, 보다 매력적인 아름다운 농산어촌을 만들 수 있게 된다. 그리고, 아름다운 농산어촌 만들기의 주체는 각 지역의 '지역 사회'이므로, 지

역에 가장 적합한 전통 문화의 활용 방법을 지역 사회 전체에서 찾아내는 것이 중요하다. 이러한 작업은, 가치관이 다양화하는 현대에 있어서도 개개의 이해를 넘어 지역의 공통 목표가 될 수 있고, 지역 활성화의 열쇠가 된다.

지역 고유의 '마을의 품격'이라는 개성

지역에는 고유한 '마을의 품격'이 있고, 여러 가지 개성으로 가득 차 있다. 이 품격이 있는 마을이란, 인간 집단으로서의 마을을 가리킨다. 한편으로 마을의 품격은, 인격이 얼굴에 나타나 듯 경관이 되어 지역의 얼굴을 만들어내고 있다. 이러한 마을의 품격은 적합한 합의 형성이나 주민이 주체가 되는 활동의 내용, 나아가 공간 디자인이나 경관 형성의 수법을 이끌어내는 중요한 요소가 되기도 한다.

모방으로는 만들 수 없는 마을의 품격

마을의 품격을 만들어내고 있는 주요한 요소가 지역의 전통 문화다. 이것은 지역 생활의 안에서부터 배어 나오는 것이고, 과거로부터 현재로 계승되어 온 지역 문화 위에 성립되어 있는 '지역 사회'의 존재 양상을 개성적으로 표현한 것이다. 즉, 전통 문화가 많이 존재하는 지역일지라도, 그 활용이나 표현의 방법이 타지역의 모방이라면 마을의 품격으로 느껴지지 않아 사람들의 마음을 사로잡기 힘들 것이다.

현재, 여기저기에서 워크숍 등의 주민 참가형 활동의 방법론이나, 공간 디자인 수법을 구사한 지역 활성화의 우량 사례 모델 등이 소개되고 있다. 그러나, 이것을 매뉴얼이나 모델대로 실시한다고 해서 반드시 성공하는 것은 아니다. 지역의 마을의 품격을 이해하여, 지역의 개성에 가장 적

합한 전통 문화의 활용 방책을 모색해 나가는 것이 성공의 비결이다.

전통 문화를 활용하여 지역 사회의 유지·계승을 추구

매력 있는 마을의 품격을 창출해 나가기 위해서는, 지역 사회가 전통 문화에 대해 확실한 인식을 가지고, 쉽게 유행이나 주위에 영합하는 일 없이, 지역에 가장 적합한 생산·생활 양식을 판별해 갈 필요가 있다. 이것은 반드시 지금까지의 지역 문화의 전승 방법을 고집하라는 것이 아니다. 경우에 따라서는, 농산어촌 환경을 둘러싼 새로운 요구를 반영해 가면서 전통 문화를 변화시켜 나가는 것일 수도 있다. 전통 문화의 다양한 양식을 디자인의 요소로 활용하여, 공간에 정취를 곁들여 가는 것도 유효한 방법일지도 모른다.

이것들을 활용해 나가는 주체는 각각의 지역 사회다. 전통 문화는 단지 존재한다고 해서 되는 것이 아니고, 그것을 계승하여 온 사람들의 활동, 즉 매력 있는 지역 사회의 존재가 지역을 활성화시키고, 아름다운 농산어촌을 만들어온 것이다. 바꾸어 말하면, 전통 문화 그 자체를 후세에 전승하는 것이 최대의 과제가 아니라는 것이다. 그것을 인식하고, 발견하여, 가꾸어 나간 지역 사회의 유지·계승이라고 하는 행위가 빌려온 것이 아닌, 개성 있는 마을의 품격을 창출하고, 앞으로 아름다운 농산어촌 만들기에 연결해 가는 것이다.

'마을의 품격' 창출 사례

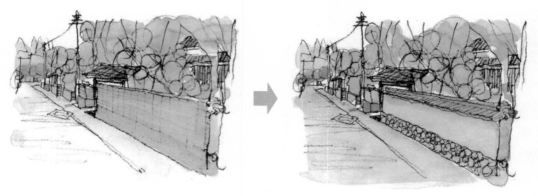

전통적인 마을 풍경의 창출
전통적인 건축 양식을 도입하는 것으로 품격 있는 마을 경관이 연출된다. '마을의 품격' 은 지역 독자
적인 디자인이나 기법 등, 자연스럽게 존재하는 '전통 문화' 의 활용과 궁리에 의해 창출될 수 있다.

전통 문화 자원을 모티브로 한다
생산 생활에 빠뜨릴 수 없었던 물방아는, 지금은 그 역할을 다 하였지만, 주민의 심상(心像) 풍경의
중요한 요소로 계속 남아 있다. 그러한 요소를 디자인 코드로 이용하여, 다른 지역의 물방아가 아닌,
자기 지역의 물방아로 활용·부활하는 것으로, 주민은 지역에 대한 애착을 기른다.

지역의 기억을 더듬어 간다
각각의 장소에는 오래전부터 전승되어 온 장소 이용의 작
법이 있다.
장소, 공간, 풍경과 대화하면서 독자적인 이용 방식을 모색
해 가는 것으로, '마을의 품격' 이 양성되어 간다.

2. 전통 문화의 역할과 담당자, 파악법

기계 사용이 불가능한 계단식 논의 모내기 풍경

관광객도 방문하는 가을의 계단식 논의 사면 풍경

전통 문화가 가지는 역할

농산어촌이라는 공간에서, 사람들은 지금까지 농림어업에 종사하면서, 지역의 독자적인 문화를 형성하고 지켜 왔다. 전통 문화는 앞으로 매력 있고 아름다운 농산어촌 만들기에 있어서, 지역의 독자성을 보전·유지하고, 표현해 가는 여러 가지 역할을 담당한다.

전통 문화의 기능, 담당하는 역할

전통 문화란, 그때그때의 지역 주민이, 생활을 통해 지역의 환경을 인지·이해, 평가하면서, 다양한 활동을 실시하여 쌓아 올리고, 세대를 초월하여 계승되어 온 세계관이나 규범이다. 따라서, 각각의 지역 사회만이 지닌 지혜와 기술을 포함하고 있다고 할 수 있다.

또한, 자연이 풍부하게 남겨지고, 농림어업이 영위되어 온 농산어촌이라고 하는 축복받은 환경이기에, 그러한 문화를 오감으로 실감하여, 새롭게 체험할 수 있는 것이다.

전통 문화의 인식이나 발견은 계절의 변화조차 느끼기 어려운 도시 공간에서는 이미 곤란한데, 그런 의미에서도 농산어촌에서의 전통 문화는 여러 가지 기능과 역할을 담당한다.

전통 문화가 지닌 기능이나 역할은 다음과 같이 정리할 수 있다.

① 지역의 토지를 보전·유지해 가는 역할

예를 들어, 중산간 지역의 경사면을 덮고 있는 계단식 논은, 선조 대대로 만들어내고 지켜온 토지 이용과 농업 방법이고, 달리 말하면, 험난한 자연과 공생하기 위한 방책이었다고 할 수 있다. 결과적으로, 의도하지 않고 계절마다 변화하는 아름다운 계단식 논의 경관, 돌담 쌓기의 기술 등, 지역 고유의 문화를 만들어 온 것이다. 또한, 상하 계단 상호 간의 물에 대한 권리나 밑의 논 때문에 위의 논의 경작을 포기할 수 없는 구조 등은, 지역 사회 안에서의 생산과 생활의 관례로 평가되는데, 소

중한 농지를 지키고 유지해 가는 기능을 담당해 왔다고
생각할 수 있다.

이렇게 생산을 위한 자연과의 공생이라는 전통 문화
의 상당수는 지역의 토지를 보전하고, 독자적인 경관을
창조하는 역할을 완수하여 왔다.

② 사람들을 잇는 역할

구미組, 가부株, 고講36 등, 농산어촌의 일상 생활 속에서
길러져 온 조직의 형태는 지역 사회 속에서 주민끼리 합
의를 형성하는 수단으로 기능해 왔다.

거기서 행해지는 신앙이나 행사 의례는 주민 상호 간
을 영속시키고, 나츠마츠리夏祭り37나 본오도리盆踊り38, 가
구라神樂39 등은 연대감을 양성한다. 또한, 정월 행사나
백중날 행사 등, 집에서 열리는 행사는 지역의 기초가
되는 가정 내의 돈독한 정을 약속한다.

---

36 구미란, 일본의 마을 속에서 가장 좁은 지구에 만들어진 지연적인 집
단. 마을 내에서 상호 보조적인 공동 생활을 영위하고 있는 근린 집단이
만듦. 이와 같은 것에는 '고(講)'라고 불리는 것이 있는데, 그것은 경전을
듣거나 신불을 참배하는 등, 신앙적인 것을 성립의 기반으로 한다. 가부
란, 특정의 집단이 그 구성원을 신분, 자산, 업무 등에 따라 한정하여 인
정할 경우, 그 자격이 권리화되는 것을 말한다. 봉건적인 신분 제도가 확
립한 에도 시대(1603년~1868년)에, 신분, 격식, 업무가 세습·계승되어
고정되면, 그것이 가부가 되었다. 가부는 주로 사회적인 이유에 의한 것
과 경제적인 이유에 의한 것으로 나눌 수 있는데, 전자에는 무사들의
'고케닌(家人, 하급 무사) 가부', '고우시(鄕土, 농촌에 토착해서 살던 무
인) 가부', 마을 사람들의 '나누시(名主, 마을 장·촌장) 가부', '이에누시
(家主, 집을 가진 사람) 가부', '햐쿠쇼(白姓, 농민) 가부' 등이 있고(예를
들어, 햐쿠쇼 가부는 농작에 대한 권리, 마을 행사에 참가할 수 있는 권
리), 후자에는 상인·장인 등이 영업 상의 권리를 보호, 영위하기 위해
결성된 가부 조직 등이 있다. 가부는 권리이므로 매매, 양도가 가능했는
데, 전자는 양자(養子) 상속의 형태를 취했고, 밖으로는 드러나지 않았다.
그러나, 후자는 영주에게도 공인되어, 공식적으로 '가부나카마(株仲間,
가부를 중심으로 뭉친 동료 조직)'가 조직되었다.
37 여름철 목욕재계하면서, 병마나 죄를 떨쳐내고 청복(淸福)을 기원하
기 위해 행하는 제사(행사). 혹은 여름철에 행해지는 신사의 제사.
38 음력 7월 보름 백중날 전후 수일을, '본(盆)' 혹은 '우라본(盂蘭盆)'
이라 하는데(실제로는, 지방마다 양력 7월, 8월 등으로 날이 다름), '본오
도리(盆踊り)'는 이 기간 중(대개는, 7월 13~16일 밤에 걸쳐), 조상의 정
령(精靈)을 맞이하고 위로하기 위해, 많은 남녀들이 모여 추는 춤. 무로
마치 시대(1338~1573년) 말기부터 대중 오락으로 발달한다. 각지에서는
정령을 위한 법회나 성묘, 제사 등이 행해지고, 도시는 귀성이 피크를 이
루므로 한산해진다.
39 26쪽 '주7' 참조.

이러한 전통적인 조직은 농산어촌에서 지역 사회를 유지·보전하는 담당자들을 조직화하고, 세대를 초월하여 계승시키는 기능을 가지고 있다.

③ 사회 개성(아이덴티티)을 표현하는 역할

지역에는, 그 토지 고유의 전승 문화 사상事象이 있다. 또한, 사이塞의 신40과 관련한 석불石佛·판비板碑41의 신앙이나, 농작물의 해충을 쫓던 행사 등의 의례는 지역의 범위를 확정하고, 조령祖靈의 신앙은 지역의 통합을 기원하면서, 곡물의 결실과 행복을 약속받는 것이었다.

그리고, 생업이나 행사 의례는 농산어촌다운 지역의 품격을 만들어 왔다. 이러한 의례 양식에 의해, 지역 사회 전체에서 보전해야 할 지역의 특질과 범위를, 애향심과 함께 전승해 온 것이다.

④ 지역의 어린이들을 기르는 역할

어린이의 행사인 이노코42 등은, 어린이를 신의 사자로 하여, 농작물의 풍작을 약속받는 것이다. 어린이 나름대로 농림수산업의 역할을 떠맡는 것이다. 들놀이 등은 아이들의 공동 작업이 동반되므로 연대감을 양성한다. 돈도43 등은 어른과 함께 진행하므로, 세대 간의 교류와 전통 문화 전승의 장을 형성한다. 또한, 어린이들

---

40 도로의 악령을 막거나, 행인이나 마을 사람을 재난으로부터 보호하는 신. 마을의 경계나 네거리, 고개 등에 모셔지고, 근세에는 좋은 인연이나 출산, 원만한 부부 생활의 신으로도 신앙되고 있다. '도소진(道祖神)'이라고도 함.

41 불타의 뼈나 머리카락, 혹은 유물 등을 모시기 위해, 토석을 그릇 모양으로 쌓거나 기와를 쌓아서 만든 탑. 혹은 죽은 이의 명복을 빌며, 불공을 드리기 위해 만든 가늘고 긴 돌 판자.

42 해자(亥子). 음력 10월의 첫 해일(亥日). 혹은 같은 날 서일본의 농촌에서 행하는 추수제(수확제)를 말함. 논의 신이 떠나가는 날이라고 믿어, 어린이들이 돌에 새끼줄 몇 개를 감아(혹은, 새끼줄을 엮어 딱딱하게 만든 다발로), 땅을 치면서 가사를 읊으며 돈다. 또한, 당일 해시에는 '이노코 떡'을 먹는 습관이 있는데, 이 떡을 먹으면 병에 걸리지 않는다고 함.

43 소정월(1월 15일)에 마을의 경계 등에서 '가도마츠(門松)', 대나무, '시메나와(注連繩)', 신년 휘호 등을 모아 태 우면서 신에게 올리는 제사. 그 불에 구운 떡을 먹으면 1년 내내 무병한다고 함. '가도마츠'란, 정월에 대문 앞 등에 세우는 소나무나 대나무 장식. 옛날에는 나뭇가지 끝에 신이 머문다고 생각하여, 오곡을 지키는 신인 '도시가미(年神)'를 집으로 맞이하는 신구(神具)로 썼다. '시메나와'란, 신전 혹은 신사의 경내에 불순한 것의 침입을 금하는 표시로 걸쳐 놓은 새끼줄을 말함.

의 성장을 지역에서 축복하고, 어른이 되는 준비를 시키
는 것이 13참배[44] 등의 인생 의례다.

이러한 행사 의례 등의 전승에 의해, 지역의 담당자가
육성되어 왔다.

⑤ 지역 상호를 연결하는 역할

지역의 민속 예능이나 공예, 아름다운 농산어촌의 경
관 등은, 지역 사회에 의해 오랜 세월 속에서 만들어져
온 성과이고, 향토애나 지역에 대한 자긍심을 양성한다.
또한, 축제 등의 전통 행사에는, 지역을 초월한 전개 양
상을 보이는 것도 많이 있어, 근린 지역과의 교류 자원
이 되고 있다.

게다가, 여러 가지 매력 있는 농산어촌 고유의 문화는
도시 주민에게도 큰 매력이므로, 도시와 농산어촌 교류
의 자원으로 활용할 수 있다.

⑥ 새로운 기술을 만들어내는 역할

농림어업에 관계된 여러 가지 기술로서의 전통 문화
는 자원 순환형 농림어업의 원점이 되며, 향후, 지역에
있어서의 유기 무농약 재배 등, 고품질의 농산물을 생산
하는 기술을 확립하는 데 참고가 된다.

또한, 전통적인 품종이나 지역 특유의 생산 기술·환
경 관리 기술은 지역의 특산물을 만드는 데 있어서 귀
중한 자원이며, 생물상의 다양성이나 경관, 주거 환경
을 포함한 풍부한 지역 환경을 유지하는 데에도 도움
이 된다.

---

44 음력 3월 13일(지금은 4월 13일)에, 13세의 소년, 소녀가 성장(盛裝)하
고, 지혜와 행복 등을 빌기 위해, 허공장(虛空藏) 보살을 참배하는 일. 허
공장 보살은, 허공이 무한하게 모든 사물을 소유하는 것처럼, 그 지혜와
공덕이 무한하여 중생의 모든 소원을 성취하게 한다는 보살. 오른손에는
지혜의 보검(寶劍), 왼손에는 복덕(福德)의 여의보주(如意寶珠)를 들고
있다.

전통 문화가 숨쉬도록 만드는 지역사회의 '다양한 담당자'

전통 문화에는 그 특별한 기술이나 지식을 가지는 사람들이나 조직이 존재하고, 그들에 의해 표현되고, 전승되어 가지 않으면, 계승되지 않는다. 농산어촌은, 근년의 과소화(過疎化)와 고령화의 진행에 의해, 귀중한 전통 문화의 담당자들이 소멸될 위기에 있으므로, 그러한 담당자를 만드는 것이 중요한 과제가 된다. 그러나, 우선, 여러 가지 전통 문화에 대한, 지금까지의 담당자를 찾아내고, 다음 담당자에게 전해 가야 할 관습을 파악하는 등, 지금까지의 경위를 이해하는 것에서부터 시작한다.

전통 문화를 지탱하는 지역 사회의 위기

전국의 많은 농산어촌에서는, 종래의 전통 문화를 계승하던 담당자(사람들, 조직)가 감소한다는 과제를 안고 있다. 그 원인에는 인구감소·고령화의 진행에 의한 지역 사회의 구성원 감소, 일상적인 라이프 스타일의 변화나 다양화, 농가와 비농가(신주민)의 혼주(混住) 등, 여러 가지 상황을 들 수 있다.

또한, 종래의 계승 루트의 변화에 눈을 돌리면, 고령자에서 자식 세대, 나아가 손자 세대에 걸쳐, 일상 생활 속에서 전승되고 있던 의식주의 생활 행위라는 전통 문화가 자식 세대(생산 연령층)가 도시로 전출함으로 인해, 그 접점이 상실되고 있다. 생산 연령층의 전출은, 장년회·부인회, 청년회·젊은 부인회 등, 지역 사회 속에 서 중심적인 역할을 행하여 온 조직이 약해짐을 의미한다. 전통 문화로 평가되는 공예나 기술 등의 여러 가지 특수 기능직은 산업으로 성립하지 않을 경우, 후계자 부족이라는 문제를 안고 있다는 것도 현실이다. 담당자 역할의 부족에 의해 일단 중지된 축제나 후계자가 사라진 기술은 부활이 매우 어렵다.

전통 문화의 담당자와 계승을 위한 방법

전통 문화의 담당자가 감소하고 있는 지금이야말로, 새로운 담당자나 계승 방법을 각 지역 안팎에서 진지하게 모색해야 할 시기에 와 있다고 할 수 있다.

지금까지는 어떤 세대나 조직만이 담당하고 있던 기술, 지역 안에 사는 사람만이 참가하던 축제나 행사 등

전통 문화의 전승 루트 소실의 위기

종 래
〈세대 간의 연결〉
• 고령자→젊은 세대→어린이들
〈마을이나 자치회의 범역〉
• 자치구회·한(班)[1] 등 근린 지연 그룹
• 연령층별 지역 조직 등
• 선배→후배
• 노인회→장년회·부인회→청년회·젊은 부인회→어린이회[2]
〈지역의 초등·중학교〉
• 그 고장 출신의 선생님→아동·학생
〈다양한 특수 기능직〉
• 장인의 스승→후계자·제자
〈공동 작업이나 상호 보조 체제의 구성〉
• 향칙(鄕則), 두레, 구미(組)·고(講)…

▼

근년의 과제
〈세대 간의 연결〉
• 어린이 양육 세대의 전출…
〈마을이나 자치회의 범역〉
• 젊은 세대·어린이 세대의 인구 감소에 의한 조직의 약체화…
〈지역의 초등·중학교〉
• 지역 출신·전통 문화에 숙달한 교직원 감소
〈다양한 특수 기능직〉
• 후계자 부족
〈공동 작업이나 상호 보조 체제의 구성〉
• 조직 멤버의 감소, 형식화·소멸

---

1 단체의 구성원을 작게 나눈 것. 반. 본문에서는 어떤 지연 조직의 가장 작은 단위.
2 지역 사회 등을 단위로 조직된 어린이들의 집단, 혹은 그 활동의 총칭. 교외에서의 학습이나 레크리에이션, 사회 봉사 활동 등을 통해서, 어린이들의 자주적·창조적 성장을 목적으로 한다.

을, 지역 사회의 합의 속에서 참가자의 범위를 넓히거나 관습에 대한 해석을 확대할 수 있다면, 그것은 지역 활성화의 자원으로 다시 태어날 수 있다.

우선, 지역 사회에 의해 가치가 평가된 여러 가지 자원에 대해, 지금까지 담당해 온 것은 누구인가를 이해하고, 어떠한 경위로 변화·발전, 혹은 약소화되고 있는지 등, 현상을 파악한 다음, 지역의 과제에 대해 지역 사회 전체가 공통 인식을 가지는 것이 중요하다.

전통 문화의 담당자 만들기라는 작업 속에는 새로운 마을의 품격을 창조해 나가기 위한 힌트가 숨겨져 있다.

다양한 전통 문화의 예	지금까지의 담당자 역할과 계승 루트의 예
일상의 생활 행위 (전통적인 의식주 양식의 관습)	• 성별, 연령대, 가족의 입장에 따른 역할 분담: 부모→자식→손자
생산 기술 (농작업 방법이나 공예 기술)	• 직업마다의 기술자 집단: 부모→후계자, 스승→제자
공간의 이용 형태 (마을 형태, 산하의 이용 방법)	• 한(班)·쿠미(組) 등의 지연 조직 등 • 성별·연령대 등 지역 사회 안에서의 입장에 따른 역할 분담: 부모 세대→자식 세대, 선배→후배
제례 제사 (연중 행사, 인생 의례)	• 지연, 씨족의 후손 집단 등 • 성별·연령대 등 지역 사회 안에서의 입장에 따른 역할 분담: 부모 세대→자식 세대, 선배→후배

'담당자 : 농가'에 대대로 전해지는 볏단 말리기 기술과 작법 〈야마가타켄 야마노베마치〉

부모에게서 아이로 전해지는 '담당자 : 어머니'가 만드는 전통 요리 '가이모치'[1] 〈야마가타켄 시라타카마치〉

1 찹쌀과 멥쌀을 섞어 만든 경단의 하나.

농산어촌에 있어서의 전통 문화는 농림어업의 영위, 계절의 변천과 더불어, 축제 등 비일상 행사의 '하레'와 일상 생활의 '케'라고 하는 생활 리듬의 축으로 파악할 수 있다. 또한, 유형－무형이라는 축으로도 구체적인 지역의 전통 문화를 재인식할 수 있는데, 이것은 하레나 유형 등의 보이기 쉬운 부분만이 아니고, 양축의 표리일체(表裏一體)라는 측면에서 파악해 갈 필요가 있다.

'하레'와 '케'의 전통 문화

농산어촌에서는 농림어업의 영위, 계절의 변천과 더불어, 축제 등 비일상 행사의 하레와 일상 생활의 케를 1년 주기로 반복하면서, 오랜 역사 속에서 배양되어 온 전통 문화가 여러 곳에서 보인다.

하레로서의 표현 방법에서 인상적인 것은 '하레의 무대'라고 말하여지듯이, 축제 당일에 행해지는 예능 등이 있지만, 배후에는 그 준비를 위한 기예나 관례의 지도 등, 수많은 작업이 존재하며, 그것들은 지역 사회의 지대한 지원이 있어야만 비로소 성립되는 것이다.

일상의 의식주 등 생활 전반에 관련된 케의 부분은 지금까지 지역의 선인들이 길러 온 농산어촌의 생활 양식이나 생활 수단 그 자체이며, 눈에 보이지 않는 작법·기술 등, 한번 잃으면 되찾는 것이 곤란한 지역 자원이다.

'하레(비일상)'－'케(일상)' 축, '유형(보이는 것)'－'무형(보이지 않는 것)' 축에 의한 '전통 문화' 파악법

'가나사(金砂) 신사' 소제례(小祭禮)의 무녀 농악 〈이바라키켄 가나사고마치〉

초가 지붕 갈기 작업 〈기후켄 시라카와무라〉 [무형]

옛 역참 마을의 여관을 관광이라는 하레의 장으로 부활 〈후쿠시마켄 시모고마치〉

[유형]

지연 조직의 구성원들에 의한, 축제날 이른 아침의 깃발 세우기 작업 〈야마가타켄 야마노베마치〉

산마을 '다무기마타(田麦俣)'의 다층 민가 〈야마가타켄 아사히무라〉

비일상 [하레]

일상 생활 [케]

돌담 작업 〈군마켄 간라마치〉

섬마을의 돌담 〈나가사키켄 우쿠마치〉

유형과 무형의 전통 문화

다음으로, 전통 문화는 유형 - 무형이라는 개념으로도 파악할 수 있다.

예를 들어, 초가 지붕을 가진 민가의 아름다운 경관은 주위의 농산어촌 환경과 더불어, 눈에 보이는 유형의 문화라고 할 수 있으나, 그것은 초가 지붕을 갈아 잇는 기술이나 그 작업을 위한 지역 사회의 협력 체제가 있어야만 가능하다. 이러한 초가 기술이나 지역 사회의 협력 등의 구조를 무형의 문화라고 할 수 있겠다. 돌담 등의 축조 기술도 동일하다.

전통 문화를 총체로 파악하는 시점

하레와 케, 유형과 무형, 즉 전통 문화란, 어느 한쪽에 치우치는 것이 아니라, 항상 겉과 속이 일체되는 것이라 할 수 있다. 눈에 들어오기 쉬운 하레나 유형의 문화가 전해져도, 유지나 활용의 기술을 동반하지 않으면 차세대에 전해갈 수 없다.

농림어업이라고 하는 생산 공간, 혹은 자연과 공생하는 거주 공간, 그리고 그곳에서 영위되는 행사나 관례, 장치 등을, 하레와 케의 생활 리듬으로 파악하고, 더하여 유형 - 무형의 개념으로 거듭 파악하는 것으로, 농산어촌의 지역 사회에 표면화 · 잠재화되어 있는 전통 문화를 재발견 · 재인식 · 재평가해 나갈 수 있다.

'하레'와 '케'의 사례

하레의 사례 〈행사(연중 행사, 인생 의례) 중의 관례 · 예능〉

어항의 정월 행사 〈지바켄 가모가와시〉
지역 주민 전원이 참가하는 계절별 행사는 지역 사회의 일체감을 기르고, 다음날부터의 '케=일상 생활의 영위'에 대해, 탄력을 붙이기 위한 선인들의 지혜라고 할 수 있다.

6년에 한 번 있는 소제례(小祭禮)의 농악 〈이바라키켄 가나사고마치〉
하레의 무대라는 주역을 연기하는 것은 일생에 한 번이라는 점도 중요하다. 이 역할을 소화하는 것으로, 주역을 지지해 주고 있는 지역 사회의 저력을 경험하게 된다.

케의 사례 〈풍속(일상의 의식주) 중의 공예 · 기술 등〉

일상 생활을 보다 쾌적하게 보내기 위한 의식주의 궁리나 그 지방 고유의 특산품 기술 등은 재료의 생산, 수확이나 채취, 그 가공까지도, 기후 풍토에 맞추어 지역의 독자적인 방법으로 행해져 왔다. 또한, 특수한 기술은 그 전통적인 계승의 관례에 따라, 일부의 후계자에게만 전해지고 연마되어, 예술의 경지에 이르고 있는 것도 많이 존재한다.

그렇지만, 전통적인 계승의 관례가 지나치게 엄격한 경우, 혹은 라이프 스타일의 변화에 의해, 이제는 평소에 가깝게 접하던 일상물이 아닌, 비일상적인 '하레'의 존재로 되어 가는 것도 늘고 있다.

다층 민가 헛간의 지붕 엮기 〈야마가타켄 아사히무라〉

유명한 재래식 종이 '심산(深山)' - 겨울철의 종이 뜨기 〈야마가타켄 시라타카마치〉

3. '전통 문화'의 보전 · 재생 · 창조

지역 축제나 전통 예능 · 공예 · 기술 · 여러 가지 관례 등, 우선, 가장 가까운 주민 자신이 지역 고유의 '전통 문화'의 존재를 인지하고, 그 가치를 깨닫는 것이 첫 단계다.

농산어촌의 '전통 문화'는 귀중한 지역 자산

지역 고유의 전통 문화는 지역 전체의 공유 재산이며, 지역으로의 애착이나 지역 만들기에 대한 참가 의식을 기르는 귀중한 자원이다. 하지만, 한번 포기해 버리면 부활하기 매우 어려운 축제나 관례의 계승, 후계자가 줄어들고 있는 전통 예능 · 공예 · 기술 등에는 소멸의 위기에 처한 귀중한 문화가 넘치고 있다.

그렇지만, 이렇게 전승되어 온 문화는 예술의 창조를 의도하여 유지 · 계승되어 온 것이 아니고, '생활의 역사 그 자체'라는 특징을 가지고 있다. 오랫동안 그 전승에 종사해 온 사람들은, 평상시의 생활과 너무 근접하고 있으므로, 가치 있는 것으로 의식하고 있지 않는 경우도 많다. 그 때문에, 차세대에게는 행동의 관례만이 남겨지고, 그것이 오늘까지 전해지고 있는 '유래'나 '근거', '변화의 경위' 등에 대해서는 특별히 설명되지 않는 경우가 많다.

전통 문화는 '유래'나 지역과의 깊은 관련성과 함께 전해지면, 소중한 것으로 인식되지만, 그렇지 않을 경우, 중요한 것으로 알려지지 못하고 평가되지 못하여, 소멸해 갈 가능성을 가진다.

지역 사회의 주체인 주민이 먼저, 소중한 공유 재산인 '전통 문화'의 존재를 파악하고, 그 중요성을 깨달아, 지역 사회 전체의 공통 인식으로 키워나가는 구조 만들기가 필요하다.

지역 주민에 의한 '전통 문화'의 가치 발견

먼저, '주민 자신이 전통 문화의 중요성을 깨닫는 구조' 만들기가 필요하다. 현재, 지역의 새로운 가치 발견 작업으로서, 주민 참가의 워크숍에 의한 지역의 보배 찾기나 공립 초등 · 중학교의 학습을 활용하여 어린이들 자신이 지역 자원을 찾고 지역 환경을 체험하는 시도 등이 각지에서 행해지고 있다.

이러한 활동은 개개인의 여가 시간을 활용하여, 이해 관계와는 별도로 즐겁게 실시되는 공동 작업이고, 주민이 스스로 생각하고 행동하는 레벨이 높아질수록, 실제의 지역 활성화에 연결되어 가게 된다. 나아가, 전통 문화에 관련된 지역 활동 참가자로는 지역 주민만이 아니고, 행정이나 학교 등의 지역 조직, 지역 외의 전문가나 NPO 조직, 도시 주민 등이 있다. 그렇지만, 어디까지나 그 가치를 깨닫고 활용하는 '주체'는 현역의 지역 주민이 참가하는 지역 사회이며, 행정이나 전문가, 도시 주민은 응원단이 된다.

이러한 전통 문화의 가치 발견이 지역 사회를 유지 · 계승하고, 아름다운 농산어촌 만들기를 실시해 가기 위한 첫걸음이 된다.

'전통 문화'의 발견 방식, 활용 방식의 과정

STEP 1	STEP 2	STEP 3	STEP 4
지역 주민 자신이 지역의 '전통 문화'의 가치를 깨닫는다	'새로운 담당자'를 지역 사회 전체에서 지원한다	'전통 문화' 그 자체의 '유지 · 보전'을 넘어, 지역 사회에 의한 어레인지 '재생 · 창조'의 차원으로	타지역으로의 정보 알림 · 정보 교환, '전통 문화'를 활용한 지역 활동의 경위와 효과를 후세에 전한다

'전통 문화'가 숨쉬는 지역 사회를 유지 · 보전해 가는 매력적인 농산어촌으로

'전통 문화' 발견의 방법 예	구체적인 수법 등	방법별 효과 예
● 주민 참가형 워크숍	'지역의 보배 찾기' 등의 거리 걷기와 발표회, '전통 문화' 요소에 대한 정리 작업 등	• 평소에는 자동차만으로 통과하는 장소를 걸어 보는 것으로 '전통 문화'를 재발견 • 평소에는 교류를 가지기 힘든 주민 상호 간의 생각을 아는 기회
● 향토의 '전통 문화'에 접하는 활동 (향토사 연구회, 향토 요리회, 축제 보존회)	지방 유지나 주민에 의한 학습 활동(고령자에게 옛 이야기를 듣는다, 창고 안을 조사한다, 향토사를 조사한다.)	• 외부에 위탁하지 않아도 '전통 문화'를 주민 자신이 재확인하고, 보전해 간다는 충실감 • 지역 안에 숨겨진 지식의 발견·발굴 • '전통 문화'의 경위·유래의 재발견
● 학교 주체의 활동 학교를 끌어들인 지역 활동	초등학교 등의 수업이나 행사, 지역의 어린이 회* 속에서, 지역 고유의 '전통 문화'를 다룬다.	• 지역의 어린이들에게 '전통 문화'를 전하는 하나의 수단이 된다. • 지역 주민이 선생님이 되어, 어린이들과 교류할 기회를 가진다. (세대간 교류) • 학교(조직·교직원)와 지역 사회의 연계 강화

* : 지역 사회 등을 단위로 조직된 어린이들의 집단, 혹은 그 활동의 총칭. 교외에서의 학습이나 레크리에이션, 사회 봉사 활동 등을 통해서, 어린이들의 자주적·창조적 성장을 목적으로 한다.

워크숍에 의한 '지역의 보배 찾기'의 활동 사례 〈이와테켄 구즈마키마치〉. 처음부터 장대한 목표를 내걸지 말고, 우선 지역에 무엇이 존재하는지, 무엇을 소중히 해갈 것인지, 주민 자신이 그룹별로 작업

계속되는 지진으로 섬을 떠나 있던 주민이 피난 장소에서 섬으로 되돌아 온 후, 지역 만들기의 방향성에 대해 이야기를 나눔 〈도쿄토 미야케무라〉. 생활 재건 방책에 그치지 않고, 되찾고 싶은 '전통 문화'의 내용이나 그 부활 체제에 대해서도 이야기되고 있다. 〈촬영: 스기야마 아이(杉山 愛) 씨〉

전승 사상(事象)의 조사에 의한 '전통 문화'의 가치 발견 사례

추고쿠(中國) 지역의 어떤 산간 마을에서 실시한 전승 사상事象 조사의 한 사례다. 그 지역에 전승되어 오고 있는 여러 가지 사상을 수집하면 표 1과 같이 되고, 그 개수는 하나의 마을 안에서 대체로 400개에 이른다. 나아가, 전통 문화의 활용을 목적으로 하여, 그것을 표 2와 같이 기능별로 정리하면, 실제의 지역 활성화 활동에 응용해 나갈 수 있다.

표 1. ○○마을에 전개된 자원별 데이터

※ 필자의 기준에 의해 설명이 필요한 사례에 대해서는, 주석과는 별도로 해설을 첨부했다. 단, 그 의미가 난해하거나, 해설이 본문 내용의 이해에 도움이 되지 않는다고 판단되는 몇몇 사례는 생략한다.

(△는 원서의 일본어 발음과 표기)

■ 경관

○ 경관
- 무기아키(麥秋)△ 초여름, 보리의 수확 시기
- 이데야마(イデ山)△ 논의 용수(用水)를 모아둔 보가 있는 산. 그러한 산의 일반적 명칭
- 봄의 연꽃밭
- 잔설의 풍경이 송아지를 닮은 오쿠츠후지(奧津富士) 산
- 이즈미(泉)△ 산, 하나치(花知)△ 산의 산악 신앙
- …
- 요시이(吉井)△ 강
- 식림 이전의 산원생림
- 로쿠고(六合)△ 방목장

○ 시설 전승
- 히토바시라(人柱)△ 옛날 다리, 제방, 성 등의 난공사 시, 신에게 무사 완성을 빌기 위한 제물로 사람을 물밑이나 흙 속에 생매장하는 일. 본문은 그러한 전설이 전하는 곳 전승
- 뱀이 산다는 덤불
- …
- 가난을 덜기 위해 나이 든 노파를 버렸다는 연못

○ 지명
- 곳쿠리마가리△ 덜컥 굽이. 갑자기 크게 굽은 상태의 길
- 간스노츠노△ 주전자 손잡이. 다도(茶道)에서 물을 끓이는 솥의 손잡이처럼 굽은 길을 일컬음
- 바닷가 길
- 산막 길
- 바바고로시△ 노파 죽이기. 허리가 굽은 할머니도 힘든 고갯길을 말함
- 마차 길
- …
- 서쪽 밭길
- 높은 밭길
- 요시이△ 강의 통나무 다리
- 신교(神橋)

■ 생업

○ 생업1
- 생업 달력옛날 농업의 스케줄 표
- 하가리(ハガリ)△ 풀을 깎거나 베는 일. 혹은 직업으로 정원수 등을 손보는 사람
- 양잠
- 비료 · 신탄(땔감)의 확보
- 뗏목 흘리기강으로 건축 재료를 흘려 보내는 일
- 소 돌보기

○ 생업2
- 피라미 잡기
- 과수
- 산천어 잡기
- …

○ 생업3
- 기지시(木地師)△ 나무 그릇 등을 만드는 장인
- 스미야키(すみやき)△ 숯 굽기 또는 그 일을 업으로 하는 사람
- 다타라(タタラ)△ 철을 만드는 일. 또는 그 일을 업으로 하는 사람
- 노가시(野鍛冶)△ 집 바깥에서 행하는 대장일

- 우르시(漆)△ 옻칠
- …

- 가미스키(紙すき)△ 종이 뜨기. 또는 그 일을 업으로 하는 사람

○ 민구

- 소 안장
- 말 괭이
- 오이코(負い子)△ 등이나 어깨에 지기 쉽도록 끈을 단 대바구니
- 고에카고(肥カゴ)△ 거름 바구니
- 하이후고(ハイフゴ)△ 보리 짚이나 대나무를 엮어 만든 비교적 큰 바구니. 밑바닥이 있고 등에 짊어짐
- 석탄 상자
- 노조키메가네(のぞきめがね)△ 엿보기 안경. 상자 바닥에 유리 또는 볼록 렌즈를 끼워, 수면 위에서 바다 속을 투시할 수 있게 한 것

- 소 괭이
- 사시보(サシ棒)△ 막대 모양의 자. 길이를 재는 도구. 옛날 스케일
- 즈마고(ツマゴ)△ 눈길을 걷기 위해 발을 가리는 덮개가 있는 짚신

■ 음식 문화

○ 음식 문화1

- 곤약구약나물 알의 분말에 물 반죽을 한 후, 석회유(石灰乳)를 섞어 끓여 굳힌 식품. 반투명하고 탄력이 있음
- 머위 조림머위에 어패, 해초, 채소 등을 넣어 설탕 · 간장으로 달짝지근하게 조린 반찬
- 히시오(ひしお)△ 간장에 해당하는 옛날 조미료
- 무 밥무를 넣어 지은 밥
- 하제(ハゼ)△ 튀밥. 찹쌀을 볶아서 터뜨린 것. 홍백 등으로 색을 입혀, 3월 3일 여자 아이의 행복과 성장을 비는 히나(雛)의 명절 등에 과자로 사용한다
- 야키고메(燒米)△ 구운 햅쌀. 햇벼를 볶아 빻아서 왕겨를 벗긴 것
- 단고지루(だんご汁)△ 경단 된장국. 수수나 찹쌀 가루 따위로 빚은 경단을, 된장국에 넣어 만든 것
- 데노쿠보(てのくぼ)△ 주먹밥〈손바닥을 안쪽으로 접을 때 생기는 팬 곳이라는 의미의 변용〉
- 수수 떡
- 소바가키(蕎麥がき)△ 메밀가루를 뜨거운 물로 반죽한 식품. 식기 전에 적당한 크기로 떼어 간장 · 국물 등에 찍어 먹음
- 우동
- 고지루(吳汁)△ 두부 된장국. 물에 담가 부드럽게 한 콩을 갈아 으깬 고(두부즙)를 넣어 만든 된장국
- 산토끼
- 피라미

- 벌 밥벌의 유충을 넣어 지은 밥. 단맛이 난다고 함

- 좁쌀 떡

- 미꾸라지
- …

○ 음식 문화2

- 정월, 여러 가지 떡
- 세츠분(節分)△, 고래 세츠분은 입춘 전날. 이날 저녁은 볶은 콩을 뿌려 잡귀를 쫓는 풍습이 행해진다
- 히간(彼岸)△, 보타모치(牡丹餅)△ 히간은 춘분, 추분을 중심으로 한 7일간. 특히, 춘분의 히간에는 선조의 정령(精)에게 보타모치를 공양하고, 이것을 먹는 습관이 있다. 보타모치는 멥쌀과 찹쌀을 섞어 찧은 후, 쌀알이 남아 있는 상태로 뭉쳐 팥소를 바른 떡
- 시로미테(代滿)△, 우동 시로미테란, 모내기가 끝나는 때. 축 · 휴일로 하여, 논의 신께 감사의 제사를 올린다
- 칠석, 보타모치(牡丹餅)△ 칠석 날의 행사에 대해서는 '■행사 의례→○행사 의례1→칠석'을 참조
- 본(盆)△, 소면 본은 음력 7월 보름의 백중날 전후 수일. 지방에 따라서는 양력 7월, 8월 등으로 날이 다르다. 우라본(盂蘭盆)이라고도 함. 소면은 소맥분에 식염수를 넣어 반죽한 후, 식물유를 바르고 가늘게 뽑아내어, 햇빛에 건조시킨 면. 삶거나 끓여서 먹는다.
- 호토케오쿠리(佛送)△, 오쿠리단고(送團子)△ 호토케오쿠리는 본(盆) 기간 중, 집으로 맞이한 선조의 영(靈)을 다시 저세상으로 보내는 일. 또는 그 제례 · 행사. 본(盆)의 15일 밤이나 16일 아침에 행함〈호토케(佛)는 죽은 사람의 정령을, 오쿠리(送)는 전송함을 의미〉. 오쿠리단고는 호토케오쿠리의 제사상에 올리는 경단. 동그란 떡에 달게 끓인 팥을 입힌 것
- 중추, 토란
- 이노코(亥の子)△, 보타모치(牡丹餅)△ 이노코는 음력 10월의 첫 해일(亥日). 혹은, 같은 날 농촌에서 행하는 수확제. 논의 신이 떠나가는 날이라고 믿어져, 어린이들이 돌에 새끼줄을 여러 번 감아〈혹은, 새끼줄을 엮어 만든 다발로〉, 땅을 치면서 가사를 읊으며 돈다. 또한, 당일 해시에는 축하의 떡을 먹는 습관이 있는데, 이 떡을 먹으면 병에 걸리지 않는다고 함
- 감주제, 감주

- 섣달 그믐날, 정어리

■ 조 직

○ 쿠미(組)△ 일본의 마을 속에서, 가장 좁은 지구에 만들어진 지연적인 집단. 마을 내에서 상호 보조적인 공동 생활을 영위하고 있는 근린 집단이 만드는 조직

- 사코(迫)△ 동떨어져 있는 지구의 공동체 조직

- 와카슈쿠미(若衆組)△ 10~30세 정도의 젊은 청장년들로 구성된 지구 조직. 힘 쓰는 일을 도맡음
- 무스메쿠미(娘組)△ 지구의 젊은 처자들로 구성된 조직
- 슈토쿠미(姑組)△ 며느리를 얻은 어머니들이 모여 만든 단체
- 이데쿠미(イデ組)△ 논의 용수를 모아둔 보를 유지 · 관리하는 조직
- …

○ 고(講)△ 구미(組)와 동종의 조직이나, 경전을 듣거나 신불에 참배하는 등, 신앙적인 것을 성립의 기반으로 한다
- 이치노미야코(一宮講)△ 이치노미야는 그 고장에서 으뜸가는 신사로, 국사(봉건제 시대, 조정에서 각 지방에 파견된 지방관) 등이 부임했을 경우 등에, 가장 먼저 참배하는 신사가 된다. 이치노미야코는 지방의 격조 있는 신사를 순례하거나, 참배하기 위한 모임
- 아타고코(愛宕講)△ 아타고는 교토시(京都市) 아타고(愛宕) 산 아타고 신사에서 모시는 신. 신불(神佛)의 신통력으로 화재를 막는다고 전해짐. 아타고 신사는, 예부터 산야에서 영험을 얻기 위해 법을 수행하는 사람들의 도장(道場)이었는데, 이 수행자들에 의해 에도 시대(1603~1868년) 중반부터 아타고의 신을 믿는 신앙이 각지에 퍼진다(방화의 부적을 배포하거나 함). 지금도 아타고라는 이름을 붙인 신사가 전국에 1,000개 정도가 남아 있고, 민간에서는 이를 받들기 위해 아타고코가 결성되었다(화재가 일어나지 않도록 참배 등을 행함). 음력 6월 24일(현, 7월 31일)에 참배하면 1,000번 참배한 것과 같은 효과가 있다고 여겨져, 당일은 많은 참배자가 줄을 잇는다
- 고신코(庚申講)△ 고신은 육십갑자 쉰일곱째의 경신. 경신 날의 밤은, 불가에서는 청면금강(靑面金剛), 신도(新道)에서는 사르다히코(猿田彦)에게 제사지내고, 음식을 나누며 철야하는 풍습이 있는데, 이날 밤에 잠을 자면 명이 짧아진다는 중국 도교의 신앙이 헤이안 시대(794~1192년)에 전해지면서 성립되었다. 고신코는 이를 영위하기 위한 조직. 청면금강은 얼굴색이 파란 금강 동자. 병마 · 병귀를 쫓는 큰 위력을 가지고 있어, 민간에서는 건강을 비는 본존으로 받들어진다. 신도는 일본 황실의 조상인 아마테라스오미카미(天照大神) 등을 숭배하는 일본 민족의 전통 신앙. 사르다히코는 곡령신(穀靈神)인 니니기노미코토(瓊瓊杵尊, 아마테라스오미카미의 손자)가 강림할 때 길 안내를 한 괴상한 용모의 신. 순조로운 농작업이나 풍작을 기원한다
- 히마치코(日待ち講)△ 히마치는 전날 밤부터 목욕재계하고 해맞이를 기다려 배례하는 일. 일반적으로는 정월, 5월, 9월의 길일을 택하여 행하며, 밤새워 주연을 베푼다. 농촌에서는 모내기, 가을걷이 뒤에 회식하며 여흥을 즐기는 행사. 히마치코는 이를 위한 조직
- 즈키마치코(月待ち講)△ 즈키마치는 음력 매달 13일, 17일, 23일 등의 밤에, 달뜨기를 기다려 신불에게 올리는 제물을 차려놓고, 음식을 함께하는 행사. 즈키마치코를 조직하여 행하는 경우가 많다
- 반닌코(万人講)△ 농한기의 여흥을 위해 결성된 모임. 농촌에 오락이 부족했을 때, 대표자를 뽑아 정통 가부키(歌舞伎, 일본 고유의 민중 연극) 구경을 보냈는데, 대사나 동작, 도구의 배치 등을 기억하고 와서, 마을 축제나 농한기의 여흥으로 재현하였다. 에도 시대 말, 그 연극을 신사에 봉납한 사건을 계기로, 반닌코로 계승되어 왔다
- …

○ 가부(株)△ 가부(株)란, 특정의 집단이, 그 구성원을 신분 · 자산 · 업무 등에 따라 한정하여 인정할 경우, 그 자격이 권리화되는 것을 말한다. 봉건적인 신분 제도가 확립한 에도 시대에, 신분, 격식, 업무가 세습 · 계승되어 고정되면, 그것이 가부가 되었다. 가부는 주로 사회적인 이유에 의한 것과 경제적인 이유에 의한 것의 2종류로 나눌 수 있는데, 전자에는 무사들의 고케닌(御家人, 하급무사) 가부, 고우시(郷士, 농촌에 토착해서 살던 무인) 가부, 마을 사람들의 나누시(名主, 마을 장 · 촌장) 가부, 이에누시(家主, 집을 가진 사람) 가부, 햐쿠쇼(百姓, 농민) 가부 등이 있고〈예를 들어, 햐쿠쇼 가부는 농작에 대한 권리, 마을 행사에 참가할 수 있는 권리〉, 후자에는 상인, 장인 등이 영업 상의 권리를 보호, 영위하기 위해 결성된 가부 조직 등이 있다. 가부는 권리이므로 매매, 양도가 가능했는데, 전자는 양자(養子) 상속의 형태를 취하고, 밖으로는 드러나지 않았다. 그러나, 후자의 경우는 영주에게도 공인되어, 공식적인 가부나카마(株仲間, 가부를 중심으로 뭉친 동료 조직)가 조직되었다
- 다나카가부(田中株)△ 가부명   • 그 외 4 가부(株)△

○ 사회 전승
- 돈도오시나이(トンドをしない)△ 돈도 하기의 「■행사 의례→○행사 의례1→돈도(トンド)△'를 참조
- 정월 2일 마 갈아 마시기
- 공유지 일정 지역의 주민이 특정의 권리를 가지고 공동으로 사용하면서 이익을 얻는 땅(산야, 어장 등)을 말함. 목재, 신탄, 소나 말의 사료 등을 얻음
- 오로(オロ)△ 목야 울타리를 치고 말이나 소를 방목하는 목장
- 억새 · 잔디 밭 지붕의 재료인 억새와 아궁이 속에 넣을 잔디를 얻는 밭
- 구미(組)△ 작업
  길의 관리, 보수
  수로 수선   이데(イデ)△ 수선 이데는 논의 용수(用水)를 모아둔 보
  …   모내기

■ 행사 의례

○ 행사 의례1

• 돈도(トンド)△ 소정월(1월 15일)에 마을의 경계 등에서 가도마츠(門松)나 대나무, 시메나와(注連縄), 신년 휘호 등을 모아 태우면서 신에게 올리는 제사. 그 불에 구운 떡을 먹으면 1년 내내 무병한다고 함. 가도마츠란, 정월에 집의 문 앞 등에 세우는 소나무나 대나무 장식. 옛날에는 나뭇가지 끝에 신이 머문다고 생각하여, 오곡을 지키는 신인 도시가미(年神)를 집으로 맞이하는 신구(神具)로 쓰였다. 시메나와란, 신전 혹은 신사의 장소에 불순한 것의 침입을 금하는 표시로 걸쳐 놓은 새끼줄을 말함

• 무시오쿠리(蟲送り)△ 벌레 쫓기. 농촌에서 횃불을 들고 징이나 북을 치면서 농작물의 해충을 쫓으려고 행하는 주술적 행사

• 이노코(亥の子)△ 상기의 ■음식 문화→○음식 문화2→이노코(亥の子)△, 보타모치(牡丹餅)△를 참조.

• 히나아라시(ヒナアラシ)△ 히나마츠리(雛祭)에 신불에게 올린 제물을 어린이들이 받아 걷는 일. 히나마츠리는 3월 3일 여자 아이의 행복과 성장을 비는 히나(雛)의 명절에 행하는 제례. 이날은 히나단(雛壇)이라는 제단을 설치한 후, 히나 인형(좌우 대신이나 궁녀 등을 상징하는 일본 고유의 의상을 입은 인형)을 장식하고, 생활 용품과 히시모치(菱餅, 마름이란 식물의 열매 가루를 이용하여 만든 떡으로, 홍·백·녹의 3색을 마름모꼴로 잘라 포갠 것), 백주(白酒), 복숭아 꽃 등을 올린다

• 노아소비(野遊び)△ 들에 나가 풀 베기를 즐기는 일. 혹은 들에 나가 사냥하는 일

• 단오의 명절 5월 5일. 예로부터 사기(邪氣)를 털어내기 위해 창포나 쑥을 처마에 꽂고, 지마키(띠·조릿대 잎에 싸서 찐 찹쌀떡)나 가시와모치(柏餅, 팥소를 넣은 찰떡을 떡갈나무 잎에 싼 것)을 먹는다. 근대 이후는 남자의 명절이라고 여겨져, 갑옷과 투구, 무사인형 장식하고, 정원 앞에 노보리하타(幟旗, 전국 시대에 무가의 표지로 쓴 깃발), 고이노보리(鯉幟, 종이나 천 등으로 잉어 모양을 만들어 기처럼 장대에 높이 단 것)을 세워, 남자의 성장의 축복한다. 제2차 세계대전 후는 어린이 날로서 휴일이 되었다

• 칠석 하늘의 강의 양안에 있는 견우성과 직녀성이 1년에 한 번 만난다는 7월 7일의 밤. 별에 제례하는 연중 행사가 열린다. 정원 앞에 신불에게 올리는 제물을 놓고, 대나무 잎이나 조릿대를 세워 오색 종이에 노래나 글을 써서 장식하면서, 서도나 재봉의 향상을 기원하였다

• 유스즈미(夕凉み)△ 여름철의 저녁에 시원한 바람을 쐬며 더위를 식히는 일

• 이모(イモ)△ 명월 음력 8월 보름달. 밝은 달의 모습이 이모(芋, 감자, 고구마, 토란, 마의 총칭. 본문에서는 토란을 말함)를 닮았다는 뜻에서 유래. 이날은 햇토란을 올려 달에 제사한다

• 13 참배 음력 3월13일(지금은 4월13일)에, 13세의 소년, 소녀가 성장(盛装)하고, 지혜와 행복 등을 빌기 위해, 허공장(虛空藏) 보살을 참배하는 일. 허공장 보살은 허공이 무한하게 모든 사물을 소유하는 것처럼, 그 지혜와 공덕이 무한하여, 중생의 소원을 성취하게 한다는 보살. 오른손에는 지혜의 보검(寶劍), 왼손에는 복덕(福德)의 여의보주(如意寶珠)를 들고 있다

• …

○ 행사 의례2

• 하츠모우데(初詣)△ 신년에 처음으로 신사나 절에 가서 참배하는 일

• 하나미(花見)△ 꽃 구경. 꽃(주로 벚꽃)을 보면서 여흥을 즐기는 일. 혹은, 3월 3일이나 4일, 마을 사람들이 전망 좋은 언덕 위에 모여 음식을 나누는 풍습

• 만도사마(万燈さま)△ 참회를 위해, 부처 등에게 1만 등불을 올리는 법회

• 나츠마츠리(夏祭り)△ 여름철 몸을 깨끗하게 하면서, 병마나 죄를 펼쳐내고 청복(淸福)을 기원하기 위해 행하는 제사(행사). 혹은 여름철에 행해지는 신사의 제사

• 렌게(レンゲ)△ 연꽃. 본문에서는 봄에 피는 연꽃을 즐기는 습관

• 본오도리(盆踊り)△ 본은 음력 7월 보름의 백중날 전후 수일. 지방에 따라서는 양력 7월, 8월 등으로 날이 다르다. 우라본(盂蘭盆)이라고도 함. 본오도리는 이 기간 중〈대개는 7월 13~16일의 밤에 걸쳐〉, 정령(精靈)을 맞이하고 위로하기 위해, 많은 남녀들이 모여 추는 춤. 원무식(円舞式)과 진행식(進行式)이 있으며, 무로마치 시대(1338~1573년) 말기부터는 대중의 오락으로서 발달한다

• 가구라(神樂)△ 신에게 제사 지낼 때 연주하는 일본 고유의 무악. 황거(皇居)·황실(皇室)과 관련이 깊은 신사에서 연주하는 가무와 민간 신사에서 연주하는 가무로 나뉘는데, 전자는 미카구라(御神樂)라고 하여, 민간의 것과 구분하며, 후자는 전국 각지에 여러 전통을 가진다

• 무라이리(村入)△ 다른 마을에서 이주해 온 집, 혹은 마을 안에서 새롭게 분가한 집 등이 마을의 구성원으로서 인정받는 일. 또는 그 절차 의례

• …

○ 행사 의례3

• 야기요메(ヤギ嫁)△ 야기는 염소, 요메는 신부라는 뜻으로, 가축의 교배를 위해 암컷을 맞이하는 풍습

• 마츠무카에(松迎)△ 정월에 집에 장식하는 소나무를 산야에서 채취해 오는 일. 나뭇가지 끝에 신이 머문다는 도시가미(年神, 오곡을 지키는 신)를 맞이하는 신구(神具)로 쓰였다

• 와카도시사마(若年様)△ 주로 일본의 츄고쿠(中國)지방에서 모시는 토시가미의 명칭

• 히다네(火種)△ 정월부터의 취사를 행하기 위해 신사에서 히다네를 가지고 오는 풍습을 말함. 히다네란, 불을 지피는 근원이 되는 작은 불.

• 와카미즈(若水)△ 설날 아침 일찍 긷는 정화수. 그 물을 마시면 그 해의 액을 쫓는다고 함

- 우시노모치(牛の餅)△ 첫 축일(丑日, 음력 2월 11일)에 논에서 일한 소에게 감사하기 위해 올리는 떡. 농촌에서, 봄에 산이나 집에서 빠져나가 수확이 끝나는 축일에 다시 돌아온다는 논의 신을 받들기 위한 제사에서 유래한다. 논의 가장자리에 베고 남은 12주의 벼를 막대에 걸쳐 "무겁네, 무겁네"라고 외치며 집으로 돌아오면, 집에서는 떡을 만들는데, 들고 온 보리 다발을 얹혀 놓고, 풍작을 감사 드린다

- 느이조메(ヌイゾメ) 정월에, 그 해 처음으로 재봉을 행하는 일

- 고칸니치(五卷日)△ 법화경(法華)8권을 조석으로 나누어 1권씩 4일간 강독하는 법회에서, 5권이 시작되는 3일째. 고칸노히(五券の日)라고도 함. 이날은 부처의 교화로 용녀(龍女, 용왕의 딸)이 성불하는 장면, 석가가 법화의 설법을 듣기 위해 고행을 하는 장면 등이 소개되어 인기가 있고, 악인성불(惡人成佛), 여인성불(女人成佛)에 대한 특별한 공양이 행해진다. 법화경(法華經)은, 법화삼부경(法華三部經)의 하나인 묘법연화경(妙法蓮華經)을 말함. 부처의 종교적 생명을 설명한 것으로, 모든 경전 중에서 가장 존귀하게 여겨짐

- 하나쿠사조스이(ハナクサ雜炊)△ 꽃풀 죽. 정월 7일에 봄의 칠초(미나리, 냉이, 떡쑥, 별꽃, 광대나물, 순무, 무)를 넣어서 끓인 죽. 나나쿠사가유(七草粥)라고도 함. 후에는 냉이 혹은 유재만을 사용한다. 본문에서는 이것을 만들어 먹는 행사

- 10일, 에비스(エビス)△ 1월 10일에, 주로 지방의 신사에서 에비스를 받들어 모시는 행사. 대개는 상인들이 번창을 기원하며 참배하고, 주연을 열기도 한다. 에비스는 칠복신의 하나로서 바다·어업·상가(商家)를 수호하는 신. 원손에는 도미를 오른손에는 낚싯대를 들고 있다

- 햐쿠쇼하지메(百姓はじめ)△ 직역하면 백성 시작이라는 뜻. 중세(12세기말 카마쿠라(鎌倉) 막부의 성립~16세기말 무로마치(室町) 막부의 멸망)부터, 농본주의적 이념이 침투, 보급하면서, 메이지 시대(1868~1912년, 메이지 천황의 재위 시대) 이후, 백성이란 농민을 가리키게 되었다. 따라서, 백성 시작이란 일반적으로 농한기가 끝나고 새롭게 농업이 시작되는 날을 의미하며, 그것을 위해 의식이나 행사 등이 행해졌다

- 보니(ボニ) 본(盆). 음력 7월 보름의 백중날 전후 수일. 우라본(盂蘭盆)이라고도 함. 지방마다 양력 7월, 8월 등으로 날이 다른데, 불가에서는 조령(祖靈)을 사후의 고통으로부터 구제하기 위한 법회가 열리고, 민간에서는 여러 가지 제물을 준비하여 성묘를 가거나, 타마마츠리(靈祭, 조상의 영혼을 집에 맞이하는 제사) 등을 연다. 또한, 우라본이 시작되면, 조령을 맞이하기 위해, 불을 지피고(무카에비(迎え火)라고 함), 집을 돌며 마련된 선반 앞에서 승려가 경을 읽기도 하며(타나교(棚經)라고 함), 많은 남녀들이 모여 춤을 추기도 한다(본오도리(盆踊り)라고 함). 끝날 무렵이 되면, 맞이한 조령을 보내기 위해, 다시 불을 지피며(오쿠리비(送り火)라고 함), 제사상에 올린 경단(오쿠리단고(送團子)라고 함)을 함께 먹는 습관 등이 행해진다〈도시에서는 여름 휴가 기간으로, 귀성이나 여행 등을 다녀오는 행렬로 성황을 이룬다〉

- 히간(彼岸)△ 히간은 춘분, 추분을 중심으로 한 7일간. 춘분과 추분은 태양이 정동, 정서에서 뜨고 지므로, 서방의 극락정토에 지는 태양을 배례하고, 그곳에서 환생한 선조를 공양한다는 정토 사상에 근거하여, 히간에(彼岸會) 법회를 열고, 성묘를 가거나 불단(佛壇)에 제물을 올린다. 특히, 춘분 기간에는 보타모치(牡丹餅, 모란 떡), 추분 기간에는 오하기(おはぎ, 싸리 떡)을 공양하고 먹는 습관이 있는데, 봄에는 보탄(牡丹, 모란)이 피므로 보타모치, 가을에는 하기(萩, 싸리)가 피므로 오하기라고 이름 지었을 뿐이며, 둘의 차이는 없다고 한다

- 동지 동지에는 추위를 이겨내고 신년을 건강하게 맞이하기 위해, 몸을 따뜻하게 하고 영양을 보충하는 일이 행해진다. 이날은, 신불에게 유자를 공양하여 내년 1년간의 무병을 기원하거나, 감기 예방의 의미를 곁들여 유자 탕에 몸을 담그기도 하며, 역병을 유행시키는 귀신을 떨쳐내는 의미로 팥죽을 먹거나, 중풍에 걸리지 않도록 보존해 둔 호박을 먹는 습관 등이 전한다

- 하지 하지에는 각 지방마다 여러 풍습이 보인다. 예를 들어, 오사카(大阪)에서는 문어를 먹는 풍습이 있는데, 이는 문어의 다리와 같이 벼의 뿌리가 지면에 잘 펼쳐질 수 있도록 하는 염원에서이다. 동일본에서는, 갓 수확한 벼로 구운 떡을 만들어 신에게 공양하고 먹는 풍습 등이 있다. 그 외, 이치키쿠덴가쿠(無花果田樂, 무화과를 튀긴 후, 된장을 발라 먹는 음식)를 먹는 지역도 있다

- 다나교(棚經)△ 우라본(盂蘭盆, 음력 7월 보름 전후 수일)에, 승려가 마을의 집들을 돌며, 조상의 정령을 모시기 위해 마련한 선반 앞에서 경을 읽는 일

- …

○ 행사 의례4

- 소히마치(總日待ち)△ 정월의 히마치 행사. 히마치는 『■조직→◉코(講)△→히마치코(日待ち講)△』를 참조

- 하츠우마코(初午講)△ 하츠우마는 2월의 첫 오일(午日). 교토시(京都市) 후시미(伏見)의 이나리(稻荷) 신사에 신이 내린 날로 전해져, 전국에 퍼져 있는 이나리 신사에서 제사를 올린다. 하츠우마코는 이날의 참배를 위한 모임. 이나리 신사는 오곡(五穀)의 신을 모신 곳<'이나리'가 여우의 별칭으로, 오곡의 사자(使者)로 여겨지는 것에서>으로, 풍작기원을 목적으로 하나, 근세 이후, 각종 산업의 수호신으로서 일반의 신앙을 끌어 모았다. 그 외, 하츠우마를 누에나 소, 말의 제일(祭日)로 삼는 곳도 있으며, 춥고 화재가 많은 시기이므로, 소방단원이 각 가정을 돌며 불조심을 호소하거나 부적을 나누는 곳도 있다. 나라켄(奈良縣)에서는 아이들이 상가(商家)를 돌면서 깃발 모양의 사탕을 받는 풍습이 남아 있다

- 야마노카미(山の神)△의 날 야마노카미는 산에 깃들어 있는 신의 총칭. 민간 신앙에서의 야마노카미는 가을 수확이 끝나면 가까운 산에 기거했다가, 봄이 되면 논의 신이 되어 돌아온다고 여겨진다. '야마노카미의 날'은 야마노카미의 제일(祭日)로, 이 신이 산에 깃드는 겨울철, 특히, 12월 12일, 1월 12일 등에 행해지는 경우가 많다. 숫자 12에 얽힌 경우가 많은데, 이는 야마노카미가 1년에 12자식을 낳는다고 여겨지기 때문이다〉. 이날, 산에서 생업을 하는 사냥꾼, 임업자, 숯이나 목기 제작자 등은 야마노카미를 숭배하여, 일을 하지 않고 제사를 올린다고 한다

- 소정월(小正月) 음력 정월 대보름. 혹은 그 날을 전후한 사흘 동안(14~16일). 이날 아침에는 잡귀를 쫓는다는 의미로 팥죽을 먹는 습관이 있고, 톤도 등을 행한다. 톤도에 대해서는 『■행사 의례1→◉행사 의례1→톤도(トンド)△』를 참조

- 오쿠리(送り)△ 정월 정월을 보내는 날. 서일본의 대다수 지방에서는, 2월 1일을 말함(1월 31일로 하는 지역도 있음). 특별한 행사가 있는 것은 아니나, 떡이

나 주먹밥 등을 만들어 지나가는 정월에 제사한다

- **영월팔일(卯月八日)** 4월 8일의 석가 탄신일. 혹은 그날의 행사. 사원에서는 관불회(灌佛會)가 열리고, 석가의 상(像)에 달콤한 차를 부어 내린다. 그런데, 각 지에서는 처마에 꽃을 장식하거나, 장대 끝에 꽃을 붙여 세우거나, 산에 꽃을 따러 가거나, 꽃 구경을 가거나, 불단(佛壇)이나 무덤에 꽃을 올리는 등 꽃과 관련된 행사가 많다. 이것들은 조령(祖靈)이 산을 통해 인간의 마을에 내림(來臨)한다는 사상을 배경으로, 꽃을 통해 이를 맞이하려는 것이다. 이때는 농작업의 개시 시기 이기도 하므로, 조령이 논의 신이 되어 온다는 신앙에서, 풍작을 비는 마음이 그 출발이었다고 할 수 있을 것이다
- **창포(菖蒲)의 날** 단오(5월 5일)의 다른 말. 사기(邪氣)를 털어내기 위해, 창포의 잎과 뿌리를 넣어 데운 탕에 몸을 담그는 관습이 전한다
- **모내기**
- **고샤신코(五社神講)**△ 신불 등의 덕을 찬미하기 위한 법회를 영위하기 조직
- **가미나리코(かみなり講)**△ 가미나리는 비를 내려주는 벼락. '가미나리코'는 오곡풍작의 축하를 가미나리에게 올리기 위한 모임
- **고신사마(庚申樣)**△ 고신(庚申) 날 받드는 신의 호칭. 가족의 건강과 농사의 풍작을 기원한다. 고신(庚申)에 대해서는, 상기의 ■조직→○고(講)△→고신코 (庚申講)△를 참조
- **시로미테(代滿)**△ 모내기가 끝나는 때. 축・휴일로 하여, 논의 신에게 제사를 올린다
- **하츠카(二十日)**△ 정월 정월 20일. 정월을 축하하는 마지막 날로, 떡이나 정월 요리를 다 먹고, 장식한 것들을 챙기면서 일을 쉬었다
- …

○ **어린이 놀이**
- 논 뱀장어 잡기 　　　　　　　　　　　　　　• …

○ **어린이 작업**
- **가부키리(株きり)**△ 수확이 끝난 후, 벼의 그루터기를 파내는 작업 　　　• 모내기
- 소 돌보기 　　　　　　　　　　　　　　• …

■ 석불・판비

○ **석불・판비1**
- **염신(炎神)** 사람의 안달하는 마음을 불길에 비유하는데, 그러한 마음을 고요하게 다스리기 위해 기도하는 신
- **묘신(猫神)** 고양이는 쥐를 구제(驅除)하므로 신성시되었다 　　　• **기념비(記念碑)**
- **도표(道標)**
- **법사의 무덤** 수행이나 불교 전파 등 여행 도중에 죽은 승려를 기리기 위한 무덤
- **돌 부뚜막** 옛 선조의 생활 터전으로 신성시되었다 　　　• **그 외 작은 사당**
- …

○ **석불・판비2**
- **지카라이시(力石)**△ 힘 돌. 힘을 시험해 보기 위해 들어올려 보는 돌. 흔히, 신사의 경내 등에 있음
- **지신(地神)** 토지, 땅의 신
- **지주신(地主神)** 각지에서 소유하고 있는 토지나 대지를 수호하는 신
- **도소진(道祖神)**△ 도로의 악령을 막거나, 행인이나 마을 사람을 재난으로부터 보호하는 신. 마을 경계나 네거리, 고개 등에 모셔지고, 근세에는 좋은 인연이 나 출산, 원만한 부부 생활의 신으로도 신앙되고 있다
- **지조(地藏)**△ 지장보살(地藏菩薩). 석가의 열반 후부터 세상에 미륵불이 나타나기 전까지, 무불(無物)의 세상에 살면서, 육도(六道)의 중생의 교화를 맹세한 보살. 헤이안 시대 중기에 번창하여, 가족의 건강과 번영 등을 비는 본존으로 신앙되고 있다. 상(像)은 원만하고 유화한 승려의 모습으로 만들어지며, 일반적으로 오른손에 석장, 왼손에 보주를 들고 있다
- **염불공양탑(念佛供養塔)**
- **여의륜관음(如意輪觀音)** 여의보주와 법륜으로, 중생의 소원을 이루어 준다는 관음보살
- **만인공양탑(万人供養塔)**
- **대일여래(大日如來)** 우주와 일체한다는 범신론적인 밀교(密教)의 교주. 대일경(大日經), 금강정경(金剛頂經)의 중심적인 본존. 가족의 건강과 번영 등을 비는 본존으로 신앙되고 있다
- …

○ **석불・판비3**
- **홍법대사상(弘法大師像)** 홍법대사는, 헤이안 시대 전기의 승려 쿠카이(空海, 774~835年)의 시호로, 진언종(眞言宗)의 개조. 당(唐)에서 공부하여, 진언 밀교(眞言密)를 국가 불교로서 정착시켰다. 시문에 능하고, 글씨가 뛰어나 일본 삼필(三筆)의 하나로 불렸으며, 신분에 관계없는 학교 슈게이슈치인(綜芸種智院)을 설립하였다. 진언종(眞言宗)은 불교 종파의 하나. 석가불을 넘어선 영원의 우주불인 대일여래(大日如來)야말로 진실된 부처라고 하여, 대일경(大日經), 금강정경(金

剛頂經) 등을 교리의 근거로 삼았고, 즉신성불(卽身成佛, 현세에 있는 육신 그대로 바로 부처가 되는 것)을 목적으로 한다.

- **용왕신상(龍王神像)** 용왕신은 용족의 왕. 불법을 수호하며, 밀교(密敎)에서는 비를 내리는 본존으로 받듦
- **법화총경(法華經塚)** 필사한 법화경(法華經)을 경통(經筒)에 넣어 땅 속에 묻은 흙무더기. 불경을 후세에 전하기 위한 것으로, 그 위에 오륜탑(五輪塔) 등을 세워 놓는 경우가 많다
- **오륜탑(六面塔)** 오대(五大)를 모방하여 다섯 개의 부분으로 이루어지는 탑. 밑에서부터 사각형, 원형, 삼각형, 반월형, 보주형(寶珠形)으로 구성됨. 헤이안 중기부터 공양탑, 묘탑으로 사용되었다. 돌로 만든 것이 대부분
- **보협인탑(宝篋印塔)** 다라니(阿彌陀)를 써서 넣어 둔 탑. 방형의 돌을, 밑에서부터 기단, 기초, 탑신, 삿갓 모양의 상부, 탑 꼭대기의 장식을 쌓는데, 삿갓 모양 상부의 네 귀퉁이에 장식의 돌기가 있는 것이 특징. 후에는 공양탑이나 묘비탑으로 이용되었다. 다라니(阿彌陀)는, 번역하지 않고 소리 내어 읽는 경문(經文) 으로, 이것을 외우는 것으로, 여러 가지 재액(災厄)을 제거하는 신비한 힘을 얻는다고 함
- **육면종(六面鐘)** 육각류의 솔도파(卒堵婆). 솔도파 불사리를 안치하여 공양하는 탑이나 비석. 파란 돌 여섯 장으로 탑신을 짜맞추고, 그 위에 육각형으로 된 삿갓 모양의 상부 돌을 얹은 것. 극락왕생을 빌며 공양하기 위해 세워졌다

■ 신앙, 미신

○ 신앙1

- **산바이(サンバイ)** △ 논의 신. 주로 서일본에서 쓰이는 표현
- **수신(水神)** 물의 신. 특히, 음용수, 관개용수 등을 관장하는 신
- **지주신(地主神)** 각지에서 소유하고 있는 토지나 대지를 수호하는 신
- **지신(地神)** 토지, 땅의 신
- **고진사마(荒神樣)** △ 코진(荒神)의 호칭. 실내의 이로리(네모나게 잘라낸, 방바닥에 재를 깔아 쓰는 취사용, 난방용의 장치)나 부뚜막 등 불의 사용 장소에서 섬겨지는 화재 방지의 신. 산보코진(三寶荒神)이라고도 함. 작신(作神)의 성격도 있어, 모내기 때 묘를 받치거나, 벼 베기 때 첫 이삭을 올리는 농경 의례와도 관련 이 있고, 출산이나 소와 말의 신으로 섬겨지기도 한다. 옥외의 저택 부지나 동족, 지역의 수호신으로 기능하는 지코진(地荒神)을 칭하는 경우도 있는데, 대부분이 저택 부지나 산기슭의 자연목이나 작은 사당을 신앙의 대상으로 하며, 한 구획의 숲을 신성시하는 지역도 있다. 또한, 코진은 그늘 속에서 사람을 보호하는 신으로도 믿어지므로, 산야에 기거하여 수행하는 중이나, 의사나 유생 등의 민간 종교자에 의해, 전국적으로 확대, 보급되었다
- …

○ 신앙2

- **가부(株)** △ 선조에게 올리는 제사 · 가부에 대해서는 '■조직→○가부(株)→△' 를 참조
- **감주제**
- **아타고사마(愛宕樣)** △ 아타고의 존칭. 아타고에 대해서는 '■조직→○코(株)→△→아타고코(愛宕講)→△' 를 참조
- **여행 승려의 무덤** 수행이나 불교 전파 등 여행 도중에 죽은 승려를 기리기 위한 무덤
- **법인 · 태부(法印 · 太夫)** 법인은 승려에 준하는 칭호, 태부는 높은 관직. 특히 오품에 해당하는 관위나 상급의 예능인을 말함. 본문에서는 신불에게 쓰여질 수 있는 높은 신분의 사람이 되도록 정진하며 비는 것
- **아마고이(雨乞い)** △ 기우(祈雨). 신불에게 비가 내리도록 비는 일
- …

○ 신앙3

- **집의 신** 집 곳곳에 신들(물 신, 불 신, 부뚜막 신, 대지 신, 우물 신 등)이 깃들어 있다고 믿는 신앙
- **창고의 신** 소유물이나 중요한 물건, 서적 등을 저장해 두는 창고를 지키는 신. 창고는 번영의 상징으로 신성시 되었다
- **에비스사마(エビス樣)** △ 에비스의 존칭. 에비스에 대해서는 '■행사 의례→○행사 의례3→10일, 에비스 (エビス)△' 을 참조
- **야기토(家祈祷)** △ 가정의 번영을 신에게 비는 일. 일년 간 가정의 안전과 행복을 위해, 또는 마귀(나쁜 일)를 쫓기 위해, 집에 살고 있는 신들(물 신, 불 신, 부뚜막 신, 대지 신 등)께 기도하는 것. 새로 전입하거나 건물을 새로 지을 경우에도 행하여짐. 신사(神事)를 집도하는 사람의 형편이나 가정에서 열리는 번거로움을 피하기 위해, 마을 사람들이 공동으로 제사를 올리는 경우도 있다
- **13 참배** '■행사 의례→○행사 의례1→13 참배' 를 참조
- **오카모사마(オカモ樣)** △ 카모(鴨, 오리)의 존칭. 겨울철에 날아오는 오리를 식용하던 습관에서 숭배되었다
- …

○ 신앙4

- **벼락 바위** 기우(祈雨) 시의 기도 장소로, 소원이 이루어질 때, 큰 빛과 굉음을 발한다고 전함
- **사마귀 신** 몸에 생긴 사마귀를 없애준다는 신. 시즈오카켄(靜岡縣) 카모도(諏訪) 신사에서는 뒤쪽을 흐르는 미타라시(御手洗) 강의 물을 발라 사마귀를 치료 했다고 전함(현재는 신사 안의 미타라시 신수(神水)를 바름). 야마나시현(山梨縣) 호후쿠인(寶福院)에서는 정문 좌측에 산가이반레토(三界萬靈塔)라는 사마귀 신의 석비를 세우고 있는데, 석비 앞의 돌로 된 물 대접에 고인 물을 바르면, 사마귀가 낫는다고 한다
- **가가리(カガリ) 당집** 카가리란 화톳불이나 화톳불을 피우는 쇠 바구니. 농산촌에서는, 일반적으로 산의 신을 받들며, 산에서의 안전 작업과 풍작 기원을 행하는 신사(神事)를 행한다. 어촌에서는, 난파나 파선 등으로 죽은 사람을 위로하는 사당으로 쓰이며, 해안의 높은 곳에 설치하여 낮에는 바람의 상태나 난파선

등을 살피고, 밤에는 화톳불을 일으켜 선박 왕래를 안내하는 등대 역할도 수행했다

- **와코사마(若子樣)**△ 본래는 좋은 집안의 남자 아이를 존경하여 이르는 말. 자손 번영의 차원에서 어린 아이를 소중히 여겼다
- **족왕님** 다리나 허리의 고통, 병을 낫게 한다는 족왕신(足王神)의 호칭. 나아가, 여행의 무사를 기원하는 신앙. 오카야마켄(岡山縣) 오카야마시(岡山市)의 노방에는, 다리가 나은 사람들이 감사의 예로 짚신과 각반을 바쳤다는 족왕신의 작은 사당이 남아 있다. 니가타켄(新潟縣)에서도 이와 유사한 기록이 있으며, 참배나 여행으로 집을 떠난 사람의 무사한 귀가를 위해, 짚신을 제사 선반에 올려 놓았다는 내용도 확인할 수 있다(『여행과 교통의 민속』, 北見俊夫)
- **산조사마(山上樣)**△ 일본의 슈겐도(修驗道)의 시조 엔노오즈누(役小角). 하늘과 산야를 뛰어 다니며, 이상한 힘을 구사하여 귀신을 자유롭게 부렸다고 함. 본문은 그를 받들어, 탄광이나 채벌, 밭일, 버섯 채취 등의 작업 시의 안전을 기원하는 신앙. 슈겐도는 일본 불교의 한 종파. 일본의 옛 산악 신앙에 근거하는 것으로, 본래는 산 속에서 수행하여 주술적인 힘을 획득하는 것을 목표로 했으나, 후세의 교의에서는 자연과의 일체화에 의한 즉신성불(即身成佛)을 중시했다
- **살모사 신** 살모사는 산의 신이나 주인, 혹은 선조의 환생이므로, 죽이지 않는다고 하는 신앙
- **거북 돌** 만년 산다는 거북을 닮은 돌로, 무병장수를 기원
- **송어 공양** 식용되는 송어에게 감사하는 의식

○ 신앙5
- **사이(さい)△의 신** =도소진(道祖神). '▣석불・판비→○석불・판비2→도소진(道祖神)△' 을 참조
- **지조(地藏)**△ 지장보살(地藏菩薩). '▣석불・판비→석불・판비2→지조(地)△'를 참조
- **대일(大日)님** 대일여래(大日如來)의 존칭. '▣석불・판비→○석불・판비2→대일여래(大日如來)' 를 참조
- **즈지도(辻堂)**△ 노방에 세워져 있는 작은 불당
- …

○ 신앙6
- **이치노미야(一宮)△님** 이치노미야(一宮)의 존칭. '▣조직→○코(講)→이치노먀코(一宮講)△' 를 참조
- **관음당(觀音堂)**
- **대사 순례** 일반적으로 대사란 홍법대사(弘法大師), 대사 순례란 시코쿠(四國) 지방에 있는 홍법대사의 성지(聖地) 88개소를 참배하는 것을 말한다. 타 지역에서는 이와 유사한 88개소의 성지를 만들어 참배하는 의식이 존재한다. 홍법대사에 대해서는, 상기의 '▣석불・판비→○석불・판비3→홍법대사상(弘法大師像)' 을 참조
- **원조 대사님** 홍법대사. '▣석불・판비→○석불・판비3→홍법대사상(弘法大師像)' 을 참조
- **금비라(金毘羅) 신앙** 금비라는 인도의 '간디즈 강' 에 사는 악어가 신격화되어 불교에 도입된 것. 물고기의 비늘에 뱀의 형상을 하고, 꼬리에 보옥(寶玉)을 가지고 있다고 함. 일본에서는 항해 교통의 수호신으로 신앙되어, 일반적으로 큰 항구가 내려다보이는 산 위에 모셔지고 있다. 가가와켄(香川縣)에는 금비라를 받드는 코토히라(金刀比羅) 궁이 있어, 매년 10월 10일, 큰 행사가 열린다
- **다이바사마(ダイバ樣)**△ 다이바를 존양하여 부르는 말. 다이바는, 요충지에 경비를 위해 설치한 포대(砲台). 변하여, 비교적 높은 곳에 위치하면서, 지세가 좋고 평평하여 물 순환이 잘 되는 옥토를 뜻함
- **오카모사마(お鴨樣)**△ '▣신앙, 미신→○신앙3→오카모사마(オカモ樣)△' 을 참조
- **허공장(虛空藏)님** 허공장 보살. 허공장 보살에 대해서는, '▣행사 의례→○행사 의례1→13 참배' 참조
- **치노(茅野)△의 권현(權現)** 치노는 지명. 권현이란, 중생을 구제하기 위해, 부처나 보살이 여러 모습으로 변하여 나타나는 것. 본문은 이것을 믿는 신앙
- **용왕님** 용왕신(龍王神)의 호칭. '▣석불・판비→○석불・판비3→용왕신상(龍王神像)' 을 참조
- …

○ 미신
- **다치아이(タチアイ)△를 만나다** 타치아이는 사람에게 나쁜 피해를 입히는 신. 이키아히 바람, 토오리가미(通り神)라고도 함. 타치아이를 만나면, 산 속이든 배 안이든 몸 상태가 나빠지는데, 그럴 경우는, 할머니에게 반야심경(般若心經)을 읊어 받으면 낫는다고 함. 반야심경은, 불경의 하나. 여러 가지 역본이 있지만, 당(唐)의 현장(玄奘)의 역본에 2문자를 더해 262자로 구성한 것이 일반적
- **나마메스지(ナマメスジ)**△ 나마메는 사람을 괴롭히는 악마나 요괴, 귀신으로, 나마메스란 이것이 지나는 길(장소)이란 뜻. 이곳에 있으면 가족 등에게 나쁜 일이 생긴다고 함
- **이키아이(イキアイ)**△ 마주침, 만남이란 의미로, 악령이나 귀신, 지신(地神)을 만나, 뜻밖의 재난을 만난다는 뜻
- **굿카케(クッカケ)△의 소나무** 오케하자마(桶狹間)의 옛 전투장에 소나무를 새롭게 심었는데, 말라 죽었다는 전설. 처절한 죽음을 당한 원혼이 지금도 떠돌고 있기 때문이라고 함. 작물을 심어도 자라지 않는 빈약한 토지를 비유할 경우 등에 쓰임. 오케하자마는 현재 아이치켄(愛知縣) 나고야시(名古屋市)에 해당하는 지역.

■ 자연 이해 · 이용

○ 자연 전승

• 작은 새 죽이기 삼 · 사월, 따뜻해진 날씨에 방심한 작은 새를 덮칠 정도로 급하게 내리기 시작하는 눈. 갑자기 추위〈삼한사온〉가 찾아오는 것을 경계한 말

• 춘분 지나 일곱 번의 눈 춘분이 지난 후에도 일곱 번 눈이 오므로, 방심하지 말라고 경계하는 말

• 오키니시카제(沖西風)△ 오키(넓게 펼쳐져 있는 논밭이나 들판의 먼 곳, 혹은 앞바다)의 서쪽에서 불어 오는 바람. 이 바람이 불면 날씨가 맑다고 함

○ 작점(作占)

• 정월의 날씨 연초의 날씨가 그 해의 농작물의 상태를 암시한다는 말

• 고부시(コブシ) 꽃 고부시는 목련의 한 종류로, "고부시 꽃이 많은 해는 비나 천둥이 많다", "고부시 꽃이 위를 향해 피면 햇볕이 내리쬐고, 옆을 향해 피면 장마", "고부시 꽃이 밑을 향해 피는 해는 비가 많다" 등의 말이 전한다

• …

○ 기상 속담

• 인노쇼(院庄)△의 기적(汽笛) 먼 곳에서 기적이나 전차 소리가 들려오면, 구름이 낮게 깔린 것으로, 비가 멀지 않다고 함. 인노쇼는 먼 곳에 해당하는 지명

• 북동의 산 안개 산 안개는 습한 공기가 산의 사면을 상승할 때 생기는 것으로, 한동안 산 봉우리나 중턱에 걸쳐 있으면, 날씨가 나빠지는데, 본문에서는 북동쪽에 산 안개가 머무르면 비바람의 징조가 보인다는 뜻

• 서쪽 산에 얇은 구름 얇은 구름은 악천후의 징조. 곧 비가 온다는 뜻

• …

• 춘분 지나 일곱 번의 눈 '■자연 이해 · 이용→○자연 전승→춘분 지나 일곱 번의 눈'을 참조

• …

○ 약용 식물

• 뜸쑥 뜸질용으로 말린 쑥. 이것을 피부의 국부, 경혈 · 구혈에 올려놓고, 불을 지펴, 그 열기로 병을 치료함

• 자주쓴풀 줄기와 뿌리는 건조시킨 후, 달여서 소화제나 위의 기능을 돕는 약제로 사용한다

• 범의귀 관상용으로도 재배되며, 잎은 동상이나 기침을 멈추게 하는데 유효하다

• 황벽 나무 껍질에서 황색을 띠고 쓴맛이 나는 성분을 추출하여, 위의 소화나 기능을 돕는 약제나 화상 의약품, 황색의 염색제로 사용하며, 목재는 광택이 있어 가구나 세공품으로 쓰인다

• …

○ 수목 이용

• 아사도리(アサドリ)△ 오카야마켄(岡山縣)이나 야마구치켄(山口縣) 등지에서 사용하는 수유나무의 방언. 과실은 식용하고, 목재는 강하여 농구 · 공구의 몸체가 된다. 새싹으로는 차(茶)를 만드는데, 이를 '아사도리챠' 라고 한다

• 산뽕나무 양잠용으로 재배하기도 하고, 과실은 식용하며, 목재는 견고하여 건축이나 세공품으로 쓰인다

• 아타마하게(アタマハゲ)△ 대머리란 뜻으로, 철쭉의 방언. 정원수로도 사용하며, 수분이 많고 말랑한 과실은 식용한다

■ 전통적 품종

○ 벼 〈이하는 품종명〉

• 아이코쿠(愛國)△
• 히노데(日之出)△
• 가시노보(樫の棒)△
• 고쿠료미야코(穀良都)△
• 미호센(美穗選)△
• 긴토키모치(金時餅)△

• 가메지(龜治)△
• 기비노호(吉備穗)△
• 고텐구(小天狗)△
• 고메이니시키(光明錦)△
• 아사아자야카(朝鮮)△
• 신리키(神力)△

○ 보리 〈이하는 품종명〉

• 하쿠토우(白トウ)△
• 자이라이탄보(在來短芒)△

• 미시마(三島)△
• 고바이(紅梅)△

- 아마하즈(天笿)△
- 신도(神堂)△
- 고빈카타기(コビンカタギ)△
- …

- 야네하다까(屋根裸)△
- 하타케다코무기(畑田小麥)△
- 진코(チンコ)△

○ 그 외
- 재래 콩
- 좁쌀
- 감 여러 가지

- 재래 메밀
- 피
- …

표 2. 사상(事象)의 기능별 분류표

1. 지역 인지에 이바지하는 기능	① 자연 인지	○ 경관	■ 생업	■ 자연 이해·이용
	② 지역 인지	○ 경관	○ 사회 전승	■ 행사 의례
	③ 시설 인지	○ 시설 전승	○ 생업1	○ 신앙1
2. 사회 유지에 이바지하는 기능	① 지역 사회 관계의 유지	○ 구미(組)	○ 가부(株)	○ 고(講)
		○ 사회 전승	○ 신앙2	○ 행사 의례4
	② 주민 커뮤니티의 배양	○ 행사 의례2		
	③ 시설 인지	○ 행사 의례3	○ 신앙3	
3. 지역 개성의 표현에 이바지하는 기능	① 지역 고유의 것	○ 석불·판비1	○ 신앙4	○ 자연 전승
		○ 기상 속담	○ 미신	
	② 지역을 확정하는 것	○ 석불·판비2	○ 신앙5	○ 행사 의례1, 4
	③ 마을의 시간을 표현 (농촌다움)	■ 생업	■ 행사 의례	
4. 교육 기능	① 현재의 생활 기반 학습	○ 경관		
	② 선조의 생활 학습 (역사)	■ 생업	■ 음식 문화	
	③ 실습으로서의 학습 (농촌 체험)	○ 행사 의례1	○ 어린이 놀이	○ 어린이 작업
5. 지역 간 교류에 이바지하는 기능	① 관광 자원	○ 행사 의례2	○ 경관	
	② 광역에 걸친 자원	○ 석불·판비3	○ 신앙6	
	③ 지역 간에 연대감을 유지하는 자원	○ 석불·판비3	○ 신앙6	
6. 기술적 문화 자원	① 농업 생산 유지·고품질 농산물 생산	■ 전통적 품종	○ 생업1	
	② 특산품 생산	○ 생업2	■ 음식 문화	
	③ 생태계 보전	■ 생업	■ 자연 이해·이용	

■는 표 1에서 대항목, ○는 중항목이다.

또한, 이러한 개개의 사상은 표에서와 같이, 각각이 서로 결합되어 몇 개의 커다란 스토리를 구성하고 있는 경우가 있다. 마을에 전승되어 온 이야기, 유래를 거슬러 올라가는 것으로, 평소 아무렇지도 않게 간과하고 있는 것에도, 중요한 전통 문화로서의 가치가 존재한다는 것을 알게 된다.

〈농업공학연구소 야마시타 유사쿠(山下 裕作) 씨 작성〉

'새로운 담당자'를 지역 사회 전체가 지원한다 … STEP2

'전통 문화' 그 자체의 평가만으로는 그것이 지역에서 숨쉬는 것도, 자연스럽게 유지·계승되는 것도 불가능하다. 그러나, 최근, 예전의 연대·성별·사회적인 입장에 따른 역할의 분담과 지연 관계를 넘어선 NPO 등의 기능 집단인 '새로운 담당자'가 출현할 조짐이 보이기 시작하고 있다.

지역 안에 반드시 존재하는 '전통 문화'의 '새로운 담당자'의 재평가와 그것을 지역 사회 전체에서 지원해 가는 구조 만들기, 더하여 '새로운 담당자'를 발견·발굴·창출해 가는 지역 사회의 분위기 만들기가 중요해진다.

'전통 문화'의 새로운 담당자(지역 사회 내부의 담당자)

전통 문화의 유지·보전은 지금까지의 담당자만으로는 곤란한 것이 사실이다.

차세대에게 전해가야 한다고 평가된 지역의 고유한 문화가, 종래의 전통적인 계승 시스템의 문제로 인해 소멸의 위기에 처한 경우 등은, 그 구조의 단순한 부활이 아니고, 새로운 담당자의 발견·발굴·창출이라는 작업이 필요하게 된다.

이러한 상황 속에서, 최근, 전국 각지에서, 예전의 연대·성별·지역 사회 안에서의 입장에 따른 역할 분담, 혹은 한班이나 구미組 등의 지연 관계 등을 고집하지 않고, NPO와 같이 그 활동의 목적을 한정한 기능 집단, 즉 '새로운 담당자'의 출현을 많이 볼 수 있게 되었다.

지역 사회 안에서 입장상 정해진 역할을 수행하는 것이 아니라, 활동 내용이나 기능에 따라, 뜻을 같이 하는 사람들이 개인의 의지로 활동 주제를 선택하여, 주체적으로 참가할 수 있는 상황이 생겨나고 있다.

그것들은 종래의 전승 관례에 어긋나는 방법이거나, 유지·보전·계승되는 전통 문화가 본래의 형태와는 다소 다른 모습이 될 수도 있다 라는 과제도 포함한다.

그렇지만, 지역 사회 전체가 소중히 해나가야 할 대상물·담당자·지원 방법 등을 검토하면서 일련의 활동을 실천해 가는 과정 자체가 중요하고, 그것이 활력 있는 지역 사회의 재형성에 연결되어 가게 된다.

예전의 연령이나 성별, 역할 분담, 지연 관계를 넘어선 NPO적 '새로운 담당자'

〈보존회 결성에 의한 축제의 부활〉	〈소방단의 활성화〉	〈초등·중학교의 수업에서 지역 주민이 선생님으로〉	〈도시 주민의 참가와 교류〉
…멤버: 남녀노소를 불문하고 관심이 있는 지역 주민, 도시에 나가 있는 그 지방 출신자나 뜻이 있는 사람	…관행의 계승: 젊은 세대의 지역 주민, 인근 마을로 옮겨 간 출신자	…2002년 창설의 생활 과목, '총합적인 학습': 그 지방의 전통 문화를 주민이 선생님이 되어 어린이들에게 계승	…계단식 논 보전 프로젝트(벼농사 체험), 오너 제도* 등 *: 35쪽 '주12' 참조.

금후, 지역 사회 전체로서 활동을 응원해 가는 분위기 만들기가 중요

'전통 문화'의 외부 담당자, 지역 사회의 응원단

또한, 새롭게 뜻을 같이 하는 조직에서는 가마 나르기, 계단식 밭의 수확과 같은 축제에 지역 밖의 도시 주민이 가담하여 힘을 발휘하는 장면도 드물지 않게 되었다.

전통 문화의 담당자로서, 여러 가지 활동을 지역 사회가 주체가 되어 진행해 간다고 해도, 외부의 응원단의 존재는 큰 활력이다.

특히, 가장 강력한 응원단은 도시에 전출해 있는 그 지방의 출신자일지도 모른다. 함께 가치를 발견하고, 역할 분담을 해두는 것으로, '장래 U턴'이 촉진되고, 중요한 담당 주체가 양성되어 간다.

'전통 문화'의 담당 역할은 지역 사회가 주체

도시 주민이나 지역 밖의 NPO 등을 지역 사회의 응원단으로 하여 힘을 빌리는 것도 중요하지만, 결국, 전통 문화를 숨쉬게 하는 '새로운 담당자'는 지역 주민 자신이라고 인식하여, 스스로 활동해 나가는 주체성이 가장 중요하다. 그러한 인식 속에서, 기존의 지연 조직을 활용하거나, 새로운 NPO 조직을 그 활동의 거점으로 하고, 나아가 행정이나 외부 전문가, 도시 주민을 응원단으로서 더하는 것으로, 보다 매력적인 지역 사회가 재생되고, 유지 · 계승된다. 지역 사회 전체로 응원해 나갈 수 있는 분위기 만들기가 중요한 것이다. 전통 문화의 '새로운 담당자'의 창출과 지원, 새로운 유지 · 계승의 시스템의 도입은 지역 사회 전체가 지역의 장래를 파악하고, 주민들 자신이 판단 · 결단을 해가기 위해 중요한 조건이 되는 것이다.

'전통 문화'를 활용한 지역 활동에서 '새로운 담당자'가 될 수 있는 사람 · 조직

주체 현역의 지역 주민이 참가하는 지역 사회 · NPO적 조직		응원단이 될 수 있는 사람들
고령자, 어린이들, 오랫동안 살아 온 사람들, 지역을 가장 잘 아는 사람들〈→가까운 전통 문화의 가치를 깨닫기 어려움〉	지역 외 거주 경험자 (U,J,I 턴¹의 거주자), 밖에서 지역을 평가한 경험이 있는 계층〈→외부로부터의 시점을 가지므로 가치를 깨닫기 쉬움〉	주체에 가까운 응원단: 행정이나 학교 조직, 현재는 도시에 전출해 있는 출신자〈'본(盆)'² 연말 등의 귀성자로, '장래 U턴'³의 가능성을 가짐〉
		그 외의 응원단: 도시 주민, 지역 외 NPO적 조직, 전문가 등

1: 12쪽 '주2' 참조.　2: 음력 7월 보름 전후 수일. 79쪽 '주38' 참조.　3: 출신지로 되돌아오는 것.

'전통 문화' 담당자의 재발견, 발굴, 창출 지원

'전통 문화'를 차세대에 전하는 담당자(사람들 · 조직)는 지역 안에 존재한다.

'전통 문화'의 '새로운 담당자'를 지역 사회 전체에서 지원해 가는 것이 중요!	종래의 공동 작업이나 활동 형태의 단순한 부활이 아닌, 유지 · 계승의 담당자의 재발견, 발굴, 창출	'전통 문화'의 활용 능력이 있는 지역 사회가 농산어촌의 총체적인 매력을 주도해 간다.

때로는, 외부 응원단의 활력에 의해 '교류 효과(지역 활성화의 효과)'를 만들어낸다.

'새로운 담당자'를 지역 전체에서 지원하고, '전통 문화' 그 자체의 '유지·보전'의 차원을 넘어선, 지역 사회에 의한 '재생·창조'도 시야에 넣어 가면서, '전통 문화'를 활용해 가는 활동을 계획하고 진행시켜 간다. 이러한 일련의 경과가 '전통 문화'가 숨쉬는 지역 사회, 매력적인 농산어촌으로 발전해 가는 중요한 계획 요건이 된다.

'전통 문화'를 활용한 재생·창조란

지역 고유의 전통 문화 그 자체의 '유지·보전'도 매우 중요한 것이지만, 그것에 머무르지 않고, '새로운 담당자'를 지역 사회 전체가 지원하면서, 현대를 사는 우리들이 전통 문화를 활용한 활동에 적극적으로 참가할 수 있도록 조정해 가는 '재생·창조'의 존재 방법에 대한 모색도 매력 있는 지역 만들기를 향한 도전의 하나다.

향토 요리라는 전통 문화라면, 종래의 요리의 맛이나 관례를 전승한다고 하는 중요한 사명감 외에, 새롭게 그 고장의 소재를 활용한 요리를 늘려가는 것으로, 전통 문화에 정취를 더할 수 있다. 물이 땅에서 솟는 용수湧水라는 천혜의 자연 조건이 전통 문화라면, 지역 회유성을 고려한 재정비를 실시하는 것으로, 도시 주민에게도 인지되어 중요한 교류 자원이 되고, 지역 내외가 소중하게 다루는 전통 문화로 성장해 갈 것이다. 또한, 축제라는 전통 문화의 부활이나 재생에서는 홈페이지를 활용한 홍보 활동으로, 지금까지는 상상도 할 수 없었던 거대한 지원 체제를 획득할 수도 있을 것이다.

이것들은 단지 하나의 예다. 지역 고유의 전통 문화를 '재생·창조'하는 수법은 무한하게 존재한다. 또한, 지역마다 각각의 독자적인 방법을 찾아간다는 것은 안이한 타지역의 복제가 아니라, 지역 사회 자신이 평가 한 전통 문화를 활용하여 지역 고유의 디자인 코드를 발굴하고, 질높은 표현 방법을 모색하는 일이기도 하다.

'전통 문화'의 재생·창조가 가져오는 지역의 활성화

전통 문화의 재생·창조란, 지역 고유의 문화를 현대에 재구축하는 일이며, 이러한 작업은 지역 사회의 활성화에 직접적으로 연결된다.

나아가, 지역 주민이 주체가 되어 실시하는 일련의 활동은, '지역의 활성화를 위해서'라는 압박감이나 의무감에 의해서가 아니고, 한 사람 한 사람이 즐겨서 참여해 나가는 것이 무엇보다 중요하다. '지역을 위한, 지역 사회 안의 의무 작업'이라는 특별한 사명감이 아닌, 특기를 살려 지역에서 뜻을 같이 하는 그룹에서 시작한 활동이, 생각하지도 않았던 새로운 아이디어나 창조성을 만들어내고, 결과적으로 지역 사회의 활성화로 연결되는 사례도 적지 않다.

전통 문화가 숨쉬는 지역 사회를 배경으로, 어른들이 즐겁게 사는 모습은 차세대를 짊어질 아이들에게 지역의 매력이 자연스럽게 전해져 가는 가장 효과적인 방법이다.

지역의 여성 조직에 의한 〈향토 요리〉의 '재생·창조'

농가 레스토랑 '마-돈나'* 〈야마가타켄 시라타카마치〉
전통적인 향토 요리의 전승 효과는 물론, 현지 농산물을 활용한 새로운 창작 요리 만들기에도 힘을 쏟고 있다. 아래는 시험 제품인 뽕나무 젤리.

* : '글쎄, 어떤'의 일어 발음으로, 유명 가수의 이름을 비유한 장난끼 섞인 상호(商號).

현지 농산물 가공 공장 〈오이타켄 다케타시〉
지역의 부인회를 기반으로 구성된 '와카바(어린 잎) 모임', 현지산 '기요미도리(대두의 일종)'를 이용한 생두부〈아래〉나 주문 도시락을 만드는 풍경〈위〉. 인근 도시의 백화점에도 출하 중.

〈촬영: 시미즈 나츠키(清水 夏樹) 씨〉

지역 고유의 〈건축 재료 · 기술〉의 '재생 · 창조'

지역의 지방 특색 산업을 활용하여 초등 · 중학교 건물을 개축. 일본 3대 기와 중의 하나인 '세키슈(石州) 기와' 의 산지에서는 지역 주민의 요망에 의해, 초등 · 중학교의 지붕에 반드시 이 기와가 사용된다. '전통 문화' 가 현대 건축의 디자인 코드로 활용되고 있는 사례. 우측은 어린이가 그린 '나의 학교' 〈시마네켄 하마다시〉

천혜의 자연 자원 〈용수(湧水)〉의 '재생 · 창조'

'용수(涌水)' 를 지연 조직에서 활용하는 관행을 계속 계승하여 재정비. 여름에는 맥주를 식히고, 소면을 헹구는 지역 사회 공유의 냉장고. 〈시마네켄 히키미초〉

'용수' 를 순회할 수 있도록 지역 회유성을 고려하여 재정비. 마을 안의 수십 개소에서 행해졌고, 인근 도시 주민도 물을 긷기 위해 방문하므로, 주민과의 교류도 이루어진다. 〈야마가타켄 야마노베마치〉

옛 민가 〈술 창고〉의 '재생 · 창조'

주조 기술을 계승하면서, 다이쇼 시대(1912~1926) 건축의 술 창고와 인접한 우체국을 하나로 개축하여 교류 시설로 재생. 현지산의 유자나 포도를 원료로 한 와인 등을 새로운 특산품으로. 〈이바라키켄 나카마치〉

전통 있는 〈축제〉를 '재생·창조'

준비 위원회(자치구장)의 면면

전회(前回). 1931년의 사진

여러 가지 자료를 기초로, 7일간 왕복. 75 km, 500명 이상의 대행렬을 재현

헤이안 시대(794~1192년)부터 72년에 1번 열리는 대제례(大祭禮)를 2003년에 개최. 유지자(有志者)로 구성된 '대제례(大祭禮)를 지원하는 청년의 모임'에서는, 현지의 씨족 중심의 준비 위원회를 지원하기 위해, 홈페이지를 구사하여 협력자를 모집함과 동시에 홍보 작업을 담당. 현대의 정보 미디어를 최대한 활용하여 축제를 지원.

〈이바라키켄 가나사고우마치〉

타지역으로의 정보 발신·정보 교환, '전통 문화'를 활용한 지역 활동의 경위와 효과를 후세에

지역 사회에 의한 '전통 문화'를 활용한 활동의 성과는 그 활동이 궤도에 오른다고 끝나는 것이 아닙니다. 그 후에도, 타지역으로 정보 발신·정보 교환을 해나가는 것으로, 타지역의 참고가 되고, 외부로부터의 평가를 자신의 지역으로 되돌리는 등, 지역에 더욱 적절한 활용수단으로 개량해 갈 수 있다.

'전통 문화'의 활용을 계기로, 지역 사회가 지역을 활기차게 하는 관리 능력을 몸에 익히며, 매력 있는 아름다운 농산어촌이라는 재산을 후세에 전하게 된다.

'전통 문화'를 지탱하는 지역 사회의 관리

지역 주민이 주역이 되어, 필요에 따라 행정의 지원, 다른 조직과의 제휴, 지역 밖 응원단의 협력 등을 얻어가면서, 지역의 전통 문화의 가치를 재검토하고, 담당해 나가는 체제를 궁리하고, 그런 식으로 지역 사회를 활용하는 재생과 창조의 활동을 실시하는 것을 통하여, 지역 사회 고유의 문화를 관리해 가는 능력을 길러 나갈 수 있다.

매력 있는 지역 고유의 문화를 숨쉬게 하고, 활용해 가는 지역 사회의 유지·계승은, 농산어촌에 존재하는 다양한 지역 자원의 보전과 관리를 지역 사회 주체로 담당하기 위한 메니지먼트, 그 자체라고 할 수 있다.

'전통 문화'의 정보 발신과 지역 사회의 성장

또한, STEP4에서는 현상 유지에만 머무르지 말고, 전통 문화를 후세에 계승하는 방법 등을 정리하여, 다양한 지역으로 정보를 알리거나 교환하는 것을 시도해 나가는 것이 효과적이다.

지역 고유의 문화에 대한 가치 발견의 방법, 새로운 담당자의 창출과 지원 방책, 문화의 재생과 창조 등, 독창성이 넘치는 과정과 그 효과를 전통 문화와 함께 알려 나가는 것으로, 새로운 지역 간의 교류가 생겨날 것이다. 동시에, 그 지역의 시행 방식은 외부의 평가에 의해 새로운 과제에 직면하게 될지도 모른다. 하지만, 여러 가지 형태의 정보 교환으로 인해, 타지역의 노하우나 새로운 정보를 얻는 것에도 연결되므로, 그 지역에 더욱 적절하고 매력적인 매니지먼트의 수행 능력을 얻게 되어, 지역 사회는 성장해 갈 것이다.

또한, 힘차고 활기 있는, 안정된 지역 사회의 유지·계승과 발전, 그곳에서 활발하게 활동하는 어른들의 모습은 반드시 차세대 아이들에게 전해져, 안심하고 살 수 있는 지역 만들기로 연결된다.

전통 문화가 숨쉬는 지역 사회의 유지·계승은 아름다운 농산어촌의 총합적인 매력을 이끌어낼 것이다.

V
농산어촌의 매력을 활용한 도시와의 교류

1. 국민 공통의 재산으로서의 농산어촌 경관

일본인의 아이덴티티의 근거로서의 농산어촌 경관

아름다운 농산어촌은 일본인으로서의 아이덴티티를 길러내는 국민 공통의 재산이다. 농산어촌의 경관은 많은 일본인이 공유하는 원풍경(原風景)으로서, 사람들에게 향수나 친근감을 품게 한다. 그러한 농산어촌 경관이 아름답게 존재하는 것은 국민 전체의 입장에서 소중한 일이다.

일본인의 아이덴티티로서의 농산어촌 경관

현대 생활은 도시화·근대화를 이루었지만, 일본의 역사는 농경 사회를 초석으로 하고 있으므로, 그 역사적인 흐름 속에서 일본인의 마음 속에는 농산어촌 경관이 깊게 뿌리 내리고 있다고 할 수 있을 것이다. 농산어촌은 일본 사회의 고향으로서, 많은 사람들에게 향수와 친근감을 품게 한다. 그러한 농산 어촌의 아름다운 경관은 일본인의 아이덴티티를 길러내는 근거가 되는 한 가지라고 할 수 있다.

도시와는 다른 농산어촌의 매력

경제가 성장하고, 사람들의 관심이 물건의 풍족함에서 마음의 풍족함으로 바뀌어 가면서, 위안이나 평온함을 추구하는 사람이 늘고 있다. 이에 따라, 자연의 리듬에 준거하면서 오랜 시간에 걸쳐 위안과 안락함의 공간으로 구축되어 온 농산어촌에서의 생활에 강한 관심을 품고, 마음의 평안과 풍부함을 추구하는 삶의 방식이나 자신다움을 되찾으려고 하는, 새로운 라이프 스타일을 누리는 사람들이 늘고 있습니다.

근대적인 고층 건축이나 대규모 구조물이 늘어선 도시 경관의 아름다움은 기술미에 의해서 구성되고 있다. 〈도쿄토 다이바, 신주쿠〉

도시에도 개방된 아름다운 농산어촌 만들기

　많은 일본인을 매료한 농산어촌은 개방된 사회일 필요가 있다. 일본의 고향인 농산어촌은 지역 주민만의 것이 아니고, 국민 전체가 그 가치를 인정하고, 그 훌륭함을 체험할 수 있는 개방된 공간이어야 한다. 이것은 한편으로, 농산어촌을 매력 있고 아름다운 공간으로 보전·창조해 나가는 노력이 지역 주민에게만 부과된 것이 아니라, 넓게 국민 전체가 협력하면서 대처해야 할 과제임을 시사하고 있는 것이다.

　지역에 사는 주민은 도시 주민, NPO, 기업, 학교, 행정 등, 다양한 주체와 제휴하면서 매력 있고 아름다운 농산어촌 만들기를 진행시켜 나가는 것이 중요하다.

도시에서 생활하고 있는 사람들은 위안과 평온함을 추구하여, 마음의 고향으로의 회귀를 갈망하고 있다.

일본인의 대부분은 농지, 숲의 초록, 차분한 분위기의 마을, 대지(大地)의 향기나 물방아, 연날리기, 낚시 등의 원풍경을 마음 속에 새기고 있다.
농산어촌은 일본인의 공통된 재산으로서, 든든히 지키고 길러나가지 않으면 안된다.

주민의 자긍심으로서의 아름다운 농산어촌

일본의 원풍경으로, 많은 사람에게 꾸준히 사랑받는 아름다운 농산어촌으로 존재하기 위해서는, 그곳에 사는 사람들이 스스로의 생활 공간과 삶에 대해 자긍심과 자신감을 갖는 것이 중요하다. 자신들의 평소 생활이 일본인의 아이덴티티의 근원이 되고 있다는 점을 자각하고, 국민 공통의 재산을 지키고 있는 것에 대한 자신과 자부심를 갖는 것으로, 많은 사람들에게 사랑받는 아름다운 농산어촌 만들기의 활동이 움직이기 시작한다.

아름다운 농산어촌을 생활의 무대로 하고 있다는 자긍심과 자신감

아름답고 매력 있는 농산어촌이라는 것은, 무엇보다도 그곳에 사는 사람들의 자랑이며 자긍심이기도 하다. 아름다운 농산어촌은 그곳에 사는 사람들에게 충실한 인생의 무대가 되는 질 높은 생활 공간이며, 각각의 지역에서 길러온 지역다움으로 채색된 개성 있는 국민 공통의 재산이라고도 할 수 있는 존재다.

이것은 한편으로 농산어촌으로 많은 사람들의 시선이 모아지고 있다는 것을 의미한다. 농산어촌이 쓰레기 산으로 변하여, 황폐하고 추악한 양상을 보이고 있다면, 그곳에 사는 사람들의 생활의 질이 저하될 뿐만 아니라, 도시 사람들의 흥미와 관심은 줄어들어 농산어촌을 국민 공통의 재산으로 보전하려는 의욕이나 찬동 의식은 사라져 갈 것이다. 그러한 상태로는 농산어촌을 지원하려고 하는 사람들을 잃어 버리게 된다.

지역에서의 생활이 풍부하고, 쾌적하여, 인간 본연의 삶을 만끽할 수 있는, 그러한 질 높은 생활이 실현 가능한 농산어촌은 지역 사람에게도, 외부 사람에게도, 사랑받고 살고 싶은 땅으로도 매력이 넘치는 장소가 될 것이다.

질 높은 농산어촌 생활에 대한 동경

풍부한 자연과의 공생, 흙이나 물을 접하는 농림어업의 영위, 전통을 현대에 계승해 가는 생활의 지혜와 기술, 조화를 이룬 차분한 마을의 정취, 그리고 주민이 주인공이 되어 공들여 만들어 온 평온함과 위안 등, 역사나 자연 환경을 느끼게 하는 공간에서 인생을 보낸다는 라이프 스타일의 가치가 새롭게 검토되고 있다. 이러한 공간은 농산어촌에서 발견할 수 있다. 그것은 지역에 사는 사람들에게 당연한 것이라고 여겨질지도 모르지만, 도시 사람들에게 있어서는 훌륭한 생활 무대로 비추어지는 것이다. 그러므로, 아름다운 농산어촌을 지키는 일이 외부 사람들의 동경과 매력을 유발한다는 점을 이해한다면, 농산어촌에 사는 사람들은 스스로의 생활 공간에 대한 자신감과 자긍심을 되찾을 수 있을 것이다.

지금, 자신감과 자긍심을 가질 수 있는 매력 있는 농산어촌 만들기를 강력하게 전개해 나갈 필요가 있다.

도시 주민은 동경의 마음으로 농산어촌의 생활을 응시하고 있다.

웃음이 흘러 넘치는 얼굴은 농촌에서 살고 있는 것에 대한 기쁨의 증거 〈이와테켄 기타카미시〉

자연과 전통 문화를 느낄 수 있는 생활은 농촌에서밖에 맛볼 수 없는 사치 〈후쿠오카켄 아사쿠라시〉

아름다운 경관이 일상 생활의 캔버스 〈시즈오카켄 고텐바시〉

교류로 빛나는 농산어촌의 매력

농산어촌으로의 관심의 고조는 방문이나 이주, 혹은 계단식 논이나 마을 산에 대한 보전 활동에 참가하는 등, 구체적인 행동이 되어 나타나고 있다. 외부 사람들의 시선이 몰리는 것을 통해, 농산어촌의 귀중한 자원이 재검토되고, 본래부터 지역이 가지고 있던 좋은 점이 재평가됨과 동시에, 더욱 세련되어져 지역의 매력은 한층 더 높아져 간다.

도시와의 교류를 추진해 가는 것은 매력 있는 농산어촌 만들기의 중요한 요소인 것이다.

도시와의 교류가 만드는 농산어촌의 매력

국민의 공통 자산으로서의 아름다운 농산어촌에 대한 관심이 고조됨에 따라, 도시 사람들이 농산어촌을 방문할 기회도 증가했다. 지역의 문화나 경관은 외부의 관심을 받아들여, 지역의 매력을 갈고 닦는 노력 속에서 한층 더 좋은 것으로 고양되어 간다. 따라서, 아름다운 농산어촌 만들기에 있어서 도시와의 교류를 추진하는 것은 매우 효과적인 일이라고 할 수 있다. 도시 주민을 비롯한 지역 외부 사람들이 농산어촌을 방문하는 것으로, 새로운 시점이나 새로운 양식이 들어오고, 이것이 문화나 경관에 좋은 자극이 되어, 보다 높은 수준에서, 지역 만들기를 향한 과제가 발견되는 경우도 있다.

도시와 농산어촌과의 교류의 추진이 매력 있는 아름다운 농산어촌 만들기에 가져오는 효과를 정리하면, 첫째, 외부의 관심이 들어오게 되는 것으로, 지역 주민이 미처 깨닫지 못했던 지역 자원을 새롭게 평가할 수 있는 조건이 갖추어져, 보다 풍부한 공간의 창조를 촉진하게 된다는 점이다. 둘째, 교류는 지역에 새로운 부가가치를 만들어낸다는 점이다. 도시 주민의 입장에서 매력 있는 농산어촌의 농림수산물은 생산 활동의 건전성에 대한 신뢰를 더하는 것으로, 타지역과 차별화되어, 생산물의 고부가가치를 이루게 된다. 지역 농림어업의 진흥에 교류 활동이 크게 공헌하는 것이다.

지역은 지역 자원의 보전·복원의 파트너로 도시 주민이나 NPO와의 연계를 도모하는 것으로 변화하게 된다. 〈미야자키켄 난고무라〉

도시와의 교류는 지역 주민을 건강하게 하고, 활기에 넘친 경관을 창출한다. 〈야마가타켄 요네자와시〉

외부로부터 아름다운 농산어촌 만들기의 응원단을 얻는 의의

　교류 활동의 추진을 통해, 외부 사람의 입장에서 지역 자원이 재평가되는 것으로, 지역 주민이 깨닫지 못했던 일들을 새롭게 인식할 수 있는 것 외에, 지역의 응원단이라는 동료를 획득할 수 있다. 아름다운 농산어촌은 국민 공통의 재산이기에, 지역 주민만이 아니고, 도시 주민이 서로 협동하여 유지해 가는 것이 필요한 것이다. 교류 활동을 통해서, 농산어촌의 아름다움, 생산물의 안전성, 그곳에서 생활하는 지역 주민의 인격 등, 지역의 매력을 도시 주민과 지역 주민이 공유하는 것으로, 도시와 농산어촌 사람들 사이에 상호 이해가 형성되고, 계단식 논의 보전 활동이나 초가 마을의 보전 활동 등에서 보여지듯이, 협력하여 보전하려는 기운이 드높아진다. 이렇게 외부 사람들과의 협동 · 협력을 통한 농산어촌 만들기가 전개되는 것으로, 지역의 생활이나 생산물 등에도 부가가치가 생겨나고, 그 보전에도 여러 가지 좋은 영향을 주어, 농산어촌의 매력이 한층 더 높아져 가게 되는 것이다.

〈나가노켄 호타카마치〉

지역의 수변도
도시 주민이 방문하는 것으로 새로운 표정을 만들어간다.

2. 농산어촌의 매력을 활용한 도시와의 교류 전개

아름다운 농산어촌에 대한 관심의 고조를 새로운 비즈니스 활동을 통한 지역 활성화의 찬스로 파악할 수도 있다. 이 경우, 농림어업만이 아니라, 농산어촌의 공간 전체가 자아내는 매력을 활용한 활성화 전략이 필요하다.

아름다운 농산어촌 만들기의 한 수단인 도시와의 교류를 주제로 한 것으로, 농촌어촌 자원의 관광 활용을 도모한 그린 투어리즘[45] 등의 농촌 관광, 지역을 초월한 담당자의 연계 네트워크 만들기, 환경 교육 현장으로서의 공간 활용 등, 새로운 지역 진흥을 전망할 수 있게 된다.

농산어촌을 활용한 도시와의 교류

아름답고 매력 넘치는 농산어촌에 대한 국민의 관심 고조는 농산어촌의 입장에서, 지역 재생을 향한 커다란 순풍이라고 할 수 있다. 오늘날, 농산어촌이라고 하는 공간 그 자체를 가치 있는 것으로 파악하는 견해가 국민들 사이에 넓게 양성되고 있다. 그러한 매력의 보전에 적극적·행동적으로 참가하려고 하는 사람들이 늘고 있는 것이다. 농산어촌은 그러한 요구에 응하여, 한층 더 매력 있는 공간 만들기를 전개하면서, 도시와의 교류를 적극적으로 추진하는 것이 중요하다.

도시와의 교류를 통한 지역의 활성화

농산어촌을 활용한 도시와의 교류의 주된 것으로는, 아름다운 농산어촌 경관을 소재로 한 그린 투어리즘의 전개, 지역 자원의 보전 관리를 도시 주민이나 NPO 등 지역의 범위를 넘어선 연계에 의해 대처하는 그라운드 워크[46] 활동, 농산어촌만이 지닌 자연과의 만남을 지역 자원의 체험과 환경 교육의 장으로 활용하는 방안 등을 생각할 수 있다. 이러한 활동은 교류 인구의 증대, 지역 생산품의 소비 확대, 지역 자원의 보전에 이바지하는 재

다양한 주체가 참가하는 그라운드 워크 활동

---

45 12쪽 '주1' 참조.

46 Ground work. 1981년, 영국 리버플 시의 교외에서 시작된 시민 운동, 도시와 그 주변 지구의 환경 개선과 정비를 시민과 행정, 기업의 삼자가 협력하여 행하는 활동. 상세 내용은 116쪽 참조.

정적·인적 원조의 확보 등의 눈에 보이는 경제적 효과
뿐만 아니라, 지역에서 사는 사람들이 지역에 대한 자긍
심을 높이고, 향토의 가치를 새롭게 느끼게 하며, 자신
을 가지고 농산어촌 생활을 보내게 한다는 것에도 효과
적이라는 점에 주목할 필요가 있다. 농산어촌이 가지고
있는 여러 가지 매력을 활용한 교류 활동을 전개한다면,
도시 주민은 더욱더 농산어촌에 매료되어, 지역의 든든
한 응원단이 되어 줄 것이 틀림 없다. 또한, 교류 활동에
의해 수많은 사람들이 지역을 방문하는 것으로, 지역의
매력은 더욱더 정제되어, 지역 주민의 지역에 대한 자긍
심이나 향토애가 높아져 갈 것이다. 그것이야말로, 지역
을 내발적内發的인 발전으로 이끄는 중요한 활동이라 할
수 있겠다.

환경 교육의 장으로서 새로운 가치 창조

아름다운 농산어촌을 무대로 한 그린 투어리즘의 전개

그린 투어리즘이란, 신록이 풍부한 농촌 지역에서, 자연, 문화, 사람들과의 교류를 즐기는 '체류형'의 여가 활동을 말한다. 그린 투어리즘은 ① 직산 등 농산물의 판매를 통한 것이나 고향 축제 등의 이벤트로부터, ② 시민 농원, 모내기, 벼베기 등 농사일에 참가하는 농업 · 농촌 체험, ③ 학교 교육을 통한 것까지, 넓게는 도시와 농산어촌과의 교류 일반을 가리키는 것이다. 아름다운 경관을 필드로 농산어촌의 매력을 살려, 도시 주민 등과의 활발한 교류를 촉진한다는 명확한 목적을 가지면서, 아름다운 농산어촌 만들기를 착실하게 진전시키는 것이 중요하다.

그린 투어리즘의 특색과 의미

도시 주민들 사이에서 안전하고 안심할 수 있는 음식, 심신의 스트레스로부터 해방되는 건강한 공간, 자기 실현이라는 라이프 스타일의 희구希求 등, 생활의 질적 충실에 대한 요구가 고조되면서, 그린 투어리즘의 참가자가 증가하고 있다. 농산어촌이 그러한 수요를 충족할 수 있는 공간이 된다면, 그린 투어리즘의 전개 등을 통해 지역이 활성화될 기회를 가지게 되는 것이다.

그린 투어리즘을 농산어촌의 입장에서 본다면, 지역 특산물의 제조 판매, 시민 농원의 설치 등으로 새로운 비즈니스 찬스가 창출되고, 취업 기회가 확대되어 경제적 이익이 증가될 뿐만 아니라, 도시 주민 등과의 교류로 농림어업에 대한 이해와 친밀감이 양성되며, 아름답고 풍부한 농산어촌을 지역 내외 아이들의 환경 교육 장소로 활용할 수 있는 등, 다방면에 걸쳐 지역의 내발적인 발전을 초래하게 된다. 따라서, 국가의 시책에 있어서도 그린 투어리즘을 적극적으로 지원하고 있으며, 앞으로의 농산어촌 만들기에 있어서 꼭 필요한 활동의 주제가 되어 가고 있다.

그린 투어리즘을 추진할 때의 배려점

그린 투어리즘을 받아들일 경우, 다음 사항에 대한 충분한 배려가 필요하다.

① 무엇보다도 그곳에 사는 사람들에게 기여하는^{지역의 농림어업 · 환경 · 문화 · 생활이 향상하}는 것이라고 인식한다.
- 지역의 농림어업의 진흥, 농지 · 삼림이나 자연 환경뿐만 아니라, 지역 문화의 보전에 기여하는 활동으로 파악한다.
- 지역 내발형의 비즈니스 찬스로 파악한다.

② 도시 주민의 수요를 파악한다^{기대되는 공간 기능을 예측한다}.
- 일상적인 도시 생활에서 경험할 수 없는 것을 농산어촌에서 체험하게 한다.
- '고요함', '안락함', '풍부한 자연', '유 · 무형의 문화', '지역의 음식'을 체험한다' 등, 지역의 매력을 살리는 궁리를 한다.

③ '농산어촌 휴가형'의 투어리즘을 목표로 한다^{도시 주민의 '제2의 고향 만들기'}.
- 지역의 농림어업 관계자를 받아들이는 측의 주체로 하여, 반복해서 방문하고

싶어지는 매력을 갖춘 지역 단위의 투어리즘을 전개한다.

- 지역 자원을 유효하게 활용한다농가 민박 등.

④ 어느 정도의 공간 규모로 받아들일지를 명확하게 한다공간적인 범위.

- 지역 내에서의 연계 체제나 방문하는 사람들의 속성가족·학교 등의 단위, 이동 수단 등
에 적절한 투어리즘 지역을 설정한다.

콘셉트의 설정이 열쇠

농산어촌에는 도시 주민을 매료하는 여러 가지 매력어메니티이 존재한다. 그것들을 환경 점검 등을 통해 찾아내는 것이 필요하다. 그러나, 그린 투어리즘의 전개에서는 그 후가 문제다. 예를 들어, 지역의 매력 요소를 '리스트'로 만든 방대한 자료를 작성했다 하더라도, 지역을 방문한 적이 없는 사람들에게 요소 리스트 그대로는 매력으로 다가오지 않을 것이다. '이것도 있고, 저것도 있다'가 아니고, 그것들을 정리하여, '여기는 이러한 매력이 있는 곳이다'라고, 이미지를 알기 쉽게 표현하기 위한 콘셉트의 설정이 중요하다. 그러기 위해서는 '이것이다!'라고 생각하는 지역의 특징을 한 개나 두 개 정도 채택하고, 그것을 깊게 파고들어가 보는 것도 하나의 방법이다. 그때, 주의하지 않으면 안 되는 것은 콘셉트를 다른 곳에서 빌려와 보았자 효과가 없다는 것이다. 지역의 진짜 매력을 활용한 그린 투어리즘의 전개가 중요하다.

지역의 경관이나 환경을 기본으로

그린 투어리즘의 추진에 있어서, 농림어업 체험 등을 위해 시설을 정비하는 일도 있을지 모른다. 그러나, 지금까지의 시설 정비에서는 시설이라고 하는 도면에만 지나치게 의식이 집중되어, 주변의 경관이나 환경이라는 땅과의 조화를 배려하지 않거나전원 경관에 어울리지 않은 동화풍의 시설 정비 등, 부지 안의 한정된 구역에서만 경관이나 환경에 대한 정비가 이루어졌거나 하는 사례가 적지 않게 보였다.

시설의 정비는 펼쳐진 지역의 경관, 환경을 기본으로 하면서, 그 보전·복원과 관련시켜 진행하는 시점이 중요하다.

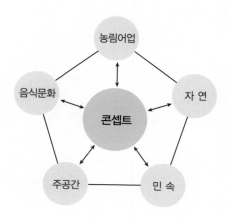

지역이나 속성을 넘어선 파트너 만들기

국민 공통의 재산으로서의 농산어촌 공간의 보전·관리는 지역 주민만이 아니고 국민 전체가 담당하는 것이 바람직하다. 도시 주민이나 NPO, 기업이나 학교 등을 끌어들인 폭넓은 사회적인 연계를 바탕으로, 농산어촌 매력의 원천인 풍부한 자연, 긴 시간에 걸쳐 배양된 전통 문화, 아름다운 경관의 보전을 도모해 가는 것이 중요하다. 아름다운 농산어촌 만들기는 지역이나 속성을 넘어선 파트너를 양성해 가는 것으로 지속적인 전개가 가능하게 된다.

파트너십으로 지키는 농산어촌의 매력

오늘날, 도시 주민이나 NPO, 기업이나 학교 등 다양한 주체가 참가하는 자연 환경이나 역사 문화를 보전하는 활동을 전국의 농산어촌에서 볼 수 있게 되었다. 이러한 활동에 참가하는 사람들은 영리 등을 목적으로 결합된 것이 아니고, 자연이나 전통 문화와의 만남을 통한 자기 실현을 목표로 자연파생적으로 연대를 이루고 있는 것이 특징이다. 따라서, 그러한 모임은 소속 지역이나 속성에 사로 잡히지 않고, 농산어촌의 가치를 보전해 갈 수 있는 새로운 파트너로 기대된다.

그러나, 모처럼의 파트너도 농산어촌 측에서 그것을 받아들일 수 있는 구조가 갖추어져 있지 않으면, 서로 연결될 수 없다. 이에 부응할 수 있도록, 아름다운 농산어촌 만들기에서는 지역이나 속성을 넘어 다양한 주체와 연계할 수 있게 하는 '교류 활동의 담당 체제 만들기'라는 시점이 필요하게 된다.

그러한 담당 체제로서는, 그라운드 워크 활동, 오너 제도, NPO와의 협동 등을 도입하는 것이 효과적이다.

파트너 십의 여러 가지 형태

① 그라운드 워크 활동

지역을 구성하는 주민, 기업, 행정, 학교 등이 협력하여 전문 단체를 만들고, 주변 환경을 재검

그라운드 워크 활동의 3요소

지역주민 시민단체
- 만족감·달성감
- 마음의 풍성함의 획득
- 지역에 대한 자긍심·애착심
- 행동력 상승
- 새로운 지인(知人)·동료의 획득
- 지역 행정이나 기업과의 일체감
- 어린이들에 대한 환경 교육
- 지역 커뮤니티의 재생

기업
- 기업 이미지의 향상
- 사회 공헌·지역 공헌의 실천·실현
- 주변 주민이나 행정과의 일체감
- 지역 네트워크의 확대
- 비즈니스 기회의 증대
- 기업 시설·토지의 효과적인 이용
- 종업원의 활성화 효과
- 사는 보람의 창출

행정
- 재정난 속, 작은 부담으로 효과적인 사업을 전개
- 마을 만들기, 지역 만들기의 새로운 돌파구
- 주민이나 기업과의 일체감
- 행정에 대한 호감도 상승
- 지역 자립도의 향상
- 가치관의 다양화에 대한 대응

토하는 등, 스스로가 땀을 흘려 지역 환경을 개선해 나
가고자 하는 운동이라 할 수 있다.

농산어촌에서 그라운드 워크 활동을 실시하는 것으
로, 지역의 여러 사람들의 의향을 반영할 수 있는 구조
가 생기고, 다양한 조직에 의한 상호 연계가 이루어지므
로 지역으로서의 연대 형성을 도모할 수 있게 된다.

그라운드 워크 활동은 지역 주민, 기업, 행정, 학교 등
이 파트너 십을 구성하여, 지역 환경 개선을 향한 기초
적 환경의 관리를 행하는 것을 말한다. 기초적 환경의
관리란, 물이 괴어 있는 웅덩이나 장구벌레의 발생원인
사용하지 않는 공유지, 쓰레기가 난잡하게 방치되어 있
는 공장 앞의 사유지, 단지 아스팔트 포장만으로 정비된
학교 용지, 빈약한 재배만이 겨우 행해지고 있는 소공
원, 하수구 웅덩이처럼 되어 있는 용수湧水의 분출 지점
등, 지극히 가까운 생활 환경을 개선하여 아름다운 환경
으로 바꾸어 가려고 하는 활동을 말한다. 이러한 활동은
지역 주민과 기업과 행정의 파트너십에 의해 가장 효과
적으로 실현되는 것들이다.

또한, 그라운드 워크 활동에서는 지역에서 파트너십
을 조직하고, 기초적 환경의 관리나 환경 교육의 프로젝
트를 기획하며, 이것을 운동화해 나가는 전문가 단체가
설치된다. 이러한 단체가 설치되는 것으로, 그라운드 워
크 활동을 중심으로 지역에 관계하는 여타 조직이나 단
체 등이 연계되어, 지역 전체가 대처하는 아름다운 농산
어촌 만들기 운동을 강력하게 추진할 수 있는 것이다.

즉, 그라운드 워크 활동을 도입하는 것으로, 지역의 다
양한 주체의 의향을 반영하는 것이 가능해지고, 또한 각
종 환경정비 사업의 원활한 추진이 도모됨과 동시에, 시
설의 적절한 유지 관리가 지속되게 된다. 이 활동을 통
해, 주민은 지역에 대한 애정이 깊어지고, 새로운 지역
연대를 길러 가게 된다.

시즈오카켄 미시마시에서는 그라운드 워크 활
동을 통해 아름다운 지역 경관 만들기에 임하
고 있다.

② 오너 제도

오너 제도는, 농산어촌에 사는 지역 주민과 도시 주민과의 교류를 촉진하는 가운데, 도시 주민의 시점에 의한 농산어촌의 매력 발견이나, 이것을 받아들인 지역 주민의 자긍심이나 애착의 양성 등을 통해서 이루어지는 도시와 농산어촌 간의 새로운 교류 형태다.

계단식 논이나 사과, 매화 등 여러 가지 농산물을 대상으로, 이른바 오너 제도가 전국 각지에서 행해지고 있다. 도시 주민의 입장에서 본 오너 제도의 매력은, 먼저 안전하고 안심할 수 있는 농산물을 염가로 입수할 수 있는 것이 떠오르지만, 그것만이 아니다. 오너 제도는 농지라고 하는 장소를 끼고, 농촌의 농가에 거주하는 지역 주민과 직접 교류할 수 있다는 것이 커다란 매력이다. 아울러, 농림어업의 생산 장소를 보전, 관리한다고 하는 특성을 가지므로, 개인적인 이익을 넘어, 지역 사회 혹은 국토의 보전이라는 높은 목표에 참가하고 있다는 것에 대한 만족감도 얻을 수 있게 된다. 실제로 계단식 논의 오너 제도를 실시하고 있는 대부분의 사례에서는, 생산된 농산물인 쌀도 커다란 매력이긴 하지만, 그것만이 아니고, 계단식 논에서 영농을 계속하는 것에 의해, 계단식 논의 경관 보전에 관여하고 있다는 것에 대한 의의가 참가자들의 중요한 동기가 된다.

지역 주민에게도 농산물의 판로가 확보된다는 측면뿐만 아니라, 유휴 농지의 새로운 담당자가 생긴다 라는 측면도 있고, 외부로부터의 시점에서 자신들의 지역을 재평가해 주는 구조가 생긴다 라는 측면도 있다. 이렇게 오너가 가져오는 외부로부터의 자극을 받아들이면서, 지역 주민 자신이 스스로의 지역에 대한 장점을 새롭게 깨달을 수 있게 되므로, 결과적으로 애착심과 자긍심을 양성하는 계기가 된다.

앞으로, 오너 제도는 지역 주민과 외부 방문자 쌍방의 입장에서, 아름다운 농산어촌의 매력을 인식하고, 그 보전·형성에 관여하기 위한 상호 교류적인 구조로 자리잡고, 농촌에 대한 도시로부터의 평가와 지역 주민에 의한 내발적인 참여라는 도시와 농산어촌의 교류의 새로운 형태로서, 그 활동의 확대가 기대된다.

③ NPO

NPO는 농산어촌과 도시와의 교류와 연계를 촉진시키는 파트너라고 할 수 있다. 동시에, 도시나 농산어촌에 사는 각각의 지역 주민의 입장에서, 환경 배려 등의 의지를 조직적으로 이루어내기 위한 담당 체제가 되며, 그것을 지속적인 운동으로 유지한다.

농산어촌에서의 지역을 뛰어넘은 파트너 만들기라는 관점에서 보면, 다음과 같은 역할이 기대된다. 첫째로는, 농산어촌의 바깥쪽에서 농산어촌의 장점에 대해 평가하는 것으로, 지역 주민 스스로의 깨달음을 촉진시키고, 이것을 지켜내기 위한 구조 만들기에 관해 조언을 제공하는 역할이다. 농산어촌의 자연, 경관 등의 자산을 유지 · 보전하기 위해서는, 도시와 농산어촌이 파트너십을 엮고 연계하면서 농산어촌의 지역 만들기를 행하여 가는 것이 반드시 필요하지만, 보통은 누구와 어떻게 연계하면 좋은 것인지, 연계의 파트너와 함께 그것에 접근하는 수단조차 보이지 않는 것이다. 이러한 경우, 도시와 농산어촌 양쪽에 축을 가지고 활동하는 NPO를 조언자로 활용할 수 있다.

둘째로는, 가까운 환경뿐만이 아니라, 보다 넓은 환경의 보전에 이바지하고 싶다는 도시 주민의 의지를 도시와 농산어촌과의 교류와 연계로 이끌어내고, 운동체로 지속하기 위한 담당 체제로서의 역할이다. 환경 의식의 고양 속에서, 무상으로 환경 보전에 기여하고 싶다는 도시 주민의 사회 봉사도 상당수 증가하고 있지만, 어떻게 농산어촌의 필드를 찾고, 어디로 연락하면 좋은지, 개인 수준의 활동에서는 간단히 파악할 수 없는 것이 보통이다. 이렇게 자유로운 의지와 시간을 가진 개인이 NPO를 결성하게 되면, 체계적인 조직으로써의 활동이 가능하게 된다. 또한, 다른 NPO를 비롯해, 학교, 행정 등 여러 가지 외부 조직과의 상호 교류를 깊게 할 수 있으며, 이러한 활동을 통해 NPO도 서로 자극을 주고 받으므로 운동을 지속적으로 행할 수 있게 한다.

현재, NPO의 활동은 계단식 논의 보전이나 삼림의 간벌間伐, 나무 밑 잡초 베기 등의 현장 작업의 지원에서, 작업을 행하는 조직 만들기에 대한 조언, 학식이 있는 자 등에 의한 전문적인 지견의 제공, 도시와 농산어촌의 각 활동 주체가 되는 그룹 상호 간의 중개 등, 다방면에 이르고 있어, 장래적으로도 농산어촌의 환경 보전을 위한 다양한 역할이 기대되고 있다. 나아가, NPO를 다양한 네트워크를 구성하기 위한 창구로 자리매김하고, 이벤트 등을 통한 정보의 발신과 공유, 전문적인 지견을 갖고 있는 조언자 등과의 인적 교류를 실시한다면, 앞으로 농산어촌이 유지해야 할 자연이나 경관 등의 자산에 대한 공동 관리나 보전을 다양한 NPO와의 연계를 통해 도모할 수 있게 된다.

농촌 지역에 있어서의 NPO활동〈도야마켄 도나미(富山県 砺波) 가이뇨 클럽〉

'가이뇨' 란 주택 부지의 숲을 말한다. 가이뇨 클럽에서는 지역의 전통적인 경관을 구성하고 있는 주택 부지의 숲을 통하여, 지역 자연과 문화의 보전, 전통적인 지혜의 계승, 폭넓은 연령층의 교류에 의한 커뮤니티의 증진 등을 목표로 하는 활동을 전개하고 있다.

발족 의도와 사업 내용

1 발족의 의도(취지서)

1) 가이뇨에 구애되고, 가이뇨와 함께 하며, 가이뇨의 충실을

2) 가이뇨와 교류하여, 문화를 표현하고 육성한다.

3) 전세대, 전지역에 가이뇨 생활을 보급

4) 가이뇨 풍토, 가이뇨 공원의 선전

2 사업 내용(사례)

1) 가이뇨의 보전 – 수목을 심어 기른다. 체험 활동. 묘목 교환. 손질 방법 강습. 노인의 경험을 통해 배운다.

2) 가이뇨로 즐긴다 – 사생 대회, 죽순 채취, 군고구마 모임, 음악회, 고기 파티 모임, 촬영회, 강연회, 꽃구경, 가이뇨 견학, 조류 관찰

3) 정보, 안내, 의견 교환, 회보

4) 그 외, 회원의 희망 사항을 임원회에서 구체화

5) 연 1~2회 개최한다.

3 그 외, 약속 사항

1) 모두 자원 봉사일 것

2) 사업 경비는 그때그때의 행사 참가자가 부담

3) 불화의 책임은 각자가 짐

4) 어떤 행사도 회원에게 안내하고 출·결석 상황을 확인회원부터 연락한다

5) 회원 간 연락 체제를 만든다.

도나미 가이뇨 클럽 회칙

제1조 (명칭 및 사무국)

도나미 가이뇨 클럽이라고 칭한다.

제2조 (목적)

도나미 산거散居촌47의 가이뇨 풍토와 문화의 충실, 발전에 기여한다.

제3조 (사업)

(1) 목적 달성을 위해, 다음 사항을 유의하여 실행한다.

(2) 자각적 · 자발적으로 가이뇨에 다가서서 교제하는 일.

(3) 가이뇨를 중심으로 한 체험, 견문, 교류를 넓히는 일.

(4) 회원 상호의 정보 교환, 연계를 도모하는 일.

(5) 그 외 목적 달성을 위해 필요한 일.

제4조 (회원 · 회계)

(1) 회원은 가이뇨의 유무, 지역, 연령에 관계없이, 모임의 취지에 찬동하고, 연회비 일천 엔을 준비하여 신청한 사람으로 한다.

(2) 본회의 경비는, 회비, 기부금 등으로 충당한다.

(3) 회계 년도는 매년 5월 1일에 시작하여 다음 해의 4월 말일에 끝난다.

제5조 (임원 및 총회)

(1) 다음의 임원을 설치한다. 대표 간사 1명, 간사 수 명, 사무국장 1명, 감사 1명.

(2) 임원의 임기는 2년으로 하고, 유임을 인정한다.

(3) 총회는 연 1회 개최한다.

제6조 (부칙)

이 회칙은 1997년 4월 12일부터 실시한다.

---

47 주위에 수전을 경작하는 집들이 100m정도 간격으로 분산되어 입지한 주거 형식.

어린이들의 교육의 장으로서의 매력

농산어촌에는 배워야 할 자산으로서의 아름다운 경관·다양한 역사 문화가 존재하고, 이것을 전승하기 위한 인재와 구조가 존재하므로, 체험 학습의 장소로서 이상적인 공간이라고 할 수 있다. 농산어촌에 있어서 적극적인 체험 학습을 전개하는 것으로, 아이들이 농림어업에 대해 오감을 사용하여 이해할 수 있고, 부모 세대를 포함한 도시 주민도 농산어촌이 지닌 매력과 다면적인 가치를 재발견하고, 재인식할 수 있다.

배움의 장소로서의 농산어촌

최근, 농산어촌만이 지닌 매력 있는 자연 환경, 전통문화 등을 활용한 체험 학습이 전국 각지에서 전개되기 시작하고 있다. 이것은 동시에 농산어촌이 본래부터 가지고 있던 영농이나 지역의 자연, 생활 속의 다양한 기술과 지혜에 관한 배움과 전승의 장치를 효과적으로 활용하고 있다는 것이기도 하다.

이러한 배움과 전승의 장치는 농산어촌의 풍부한 자연 환경이나 역사 문화를 배경으로 하면서, ① 지혜와 기술을 전승하는 인재로서의 지역 주민과 ② 영농을 기초로 하는 농산어촌의 생활에 의해 구성되어 있다.

그곳에 사는 지역 주민은 농산어촌의 지혜와 기술을 전승하는 인재로 파악될 수 있다. 지역 주민은 아이들에게 체험 학습 등을 행할 경우, 지역에서 계승되어 온 기술과 지혜를 전승하는 교사로서의 역할을 담당하게 되고, 이러한 활동을 통해, 자신들이 가지고 있는 전통 문화에 대한 자신감과 자긍심이 양성된다.

농산어촌의 체험 학습이 가져오는 효과

영농을 기초로 한 농산어촌의 생활 속에서, 아이들이 지역 주민과의 교류와 체험을 통해, 스스로의 오감을 사용하여 농산어촌에 대한 배움을 심화시키는 것으로, 농산어촌의 새로운 매력에 접할 수 있게 된다.

농산어촌에서의 학습은 학교의 책상 위에서와 같이 교과가 정해져 있는 것이 아니라, 체험을 통해 문제의 발견 능력이나 해결 능력이 길러진다. 체험을 통해, 농산어촌의 생활이나 문화, 산업 등에 대한 흥미나 관심 등도 환기할 수 있으며, 지역 주민과의 만남 속에서 풍부한 인간성이나 사회성을 획득하여, 커뮤니케이션 능력이 높아지는 효과도 얻을 수 있다. 농산어촌을 둘러싼 환경이나 인재인 지역 주민에게, 스스로 깨닫고, 스스로 배우려는 자세가 필요하기 때문에 감성도 닦이게 된다.

한편, 부모 세대의 도시 주민에게 있어서도, 농산어촌은 아이들에게 이상적인 체험 학습의 필드라는 인식이 퍼져갈 뿐만 아니라, 아이들의 활동을 통해, 농산어촌의 새로운 매력이나 식료 생산 이외의 다면적인 가치에 대해서도 재인식할 수 있게 된다. 농산어촌의 입장에서 보면, 아이들의 즐거운 목소리가 울리게 되어, 지역이 성황을 이루고, 아이들과 그 부모와의 교류를 통해, 농산물의 판매나 농가 민박 등의 경제적인 효과도 기대할 수 있기 때문에, 앞으로도 농산어촌과 도시가 적극적으로 연계하여, 인재 교류나 체험 학습 등의 활동을 추진해 가는 것이 중요하다.

교육의 장으로서의 활용

마을 산을 활용한 체험 학습

마을 산인 수림지(樹林地)에서의 '은신처 만들기' 체험을 통해, 톱의 사용법, 로프의 매듭법 등을 배우고 있다. 수림지 내에 있는 나무 밑부분의 가지(풀) 등을 이용하여 은신처를 만드는 것이다. 기술의 습득뿐만이 아니라 수림지의 환경 보전에도 도움이 된다는 점에 대해서는 미리 강습을 받은 후에 실시되고 있다.

논의 학교

논이나 수로, 저수지 등은 농촌의 자연 환경을 구성하는 중요한 요소이면서, 농업에 반드시 필요한 생산지기도 하고, 영농 기술의 결정이라고도 할 수 있다. 논의 학교는 이러한 농업용 시설논이나 수로, 저수지 등에서의 놀이나 배움의 체험이, 환경에 대한 풍부한 감성이나 견식을 지닌 사람의 양성, 지역에 계승된 영농 기술과 지혜에 대한 이해, 도시와 농촌의 교류, 자연과 인간과의 공생으로 연결되어 가는 것을 목적으로 하고 있다.

논의 학교 활동은 전국 각지에서 다양한 사람들이 자유로운 의지로 시작하고 있다. 농가나 도시 주민, 학교, PTA[48], NPO 등 다양한 입장을 가진 그룹이, 각각의 시점에서 농촌이나 농업용 시설을 재검토하면서, 필드나 그룹의 특성을 살린 활동을 전개하고 있다. 따라서, 그 활동 내용은 수로나 논의 생물 조사, 마을 산의 수목 환경 관리에 대한 지원 등, 자연 환경에 관련된 것에서부터, 농촌의 의식주나 행사 등 생활에 관련된 것, 농촌에 남아 있는 '가구라'[49]나 '노'[50] 등을 소재로 한 전승 문화에 관련된 것 등, 다방면에 걸친다. 여기서, 공통된 점은 이러한 활동이 모두 자발적으로 이루어지고 있다는 것이다. 자유로운 의지를 가지는 개인들이 동호인을 모집하여 소그룹이 형성되고, 그룹이 서로 교류·연계하면서 자극을 주고 받는 것으로, 활동의 고리가 넓어지고 있다. 현재는, 지역 유지나 지식을 가진 사람, 박물관이나 대학의 전문가 등과 연계된 것도 있고, 일부에서는, 행정의 지원을 받아 활동이 전개되기도 한다. 이러한 각지의 활동은 지역이나 농촌의 생활 및 전통적인 기술이나 예능 문화 등에 관한 재평가, 농촌 지역 내 및 도시와 농촌 등 폭넓은 지역·세대 간의 교류 촉진, 환경 보전 활동에 대한 의식의 고양이나 총합적인 학습 시간으로의 이용 등에 많은 성과를 거두고 있다.

---

48 Parent-Teacher Association, 즉, 학부형과 교직원에 의해 조직된 교육 관계 단체를 말한다. 각자가 임의로 입회하는 단체로, 일본에 있는 대부분의 초·중·고 학교에 설치·운영되고 있으며, 개개의 학생들의 성장보다는, 기부금을 모으거나 교직원을 지원하, 학교 전체나 어린이들에게 이익이 돌아갈 수 있도록 활동한다. 미국, 캐나다, 영국 등에서도 'PTA'라는 호칭이 사용되며, 한국에서는 '육성회'가 이에 준한다.

49 26의 '주7' 참조.

50 26의 '주6' 참조

VI
농산어촌의 공간적인 조화를 향하여

1. 농산어촌에 있어서의 공간 조화

농산어촌의 공간적인 조화를 향하여

아름답고 매력있는 농산어촌은 공간적인 조화가 실현되고 있다. 농림어업, 자연 환경, 전통 문화, 도시 교류 등과 관련한 경작지, 수로, 가옥이라는 여러 가지 공간의 구성 요소가 각각의 역할을 충분히 발휘하여, 서로 대립·견제하는 것이 아니라, 조정·조화를 이루면서 연결되고 총합화되어 일체적인 공간을 구성할 때, 농산어촌은 아름다움과 매력을 발현하게 된다.

공간 구성 요소가 전체로 통합되는 것으로 창출되는 농산어촌의 아름다움

논밭과 택지가 뒤섞이고, 전신주와 간판이 무질서하게 난립하고, 건물의 색이나 형태, 크기 등이 제각각인 상태의 공간은 아름다운 경관이라고 할 수 없다. 오히려, 농지는 농지로 통합되고, 주택은 마을 안에 세워지며, 전신주와 간판은 정리·정돈되어, 색과 형태도 일정 범위 속에 통일된 공간이 보는 사람에게 안심감과 안도감을 주는 아름다운 경관을 제공하게 된다. 예를 들어, 홋카이도 비에초의 아름다운 풍경은 넓게 정리된 밭 공간에 의해 제공된 것이며, 교토후 미야마초의 초가 지붕 마을이 자아내는 아름다운 풍경은 초가가 한데 모여 있다는 것과 억새를 지붕 재료로 삼은 통일감에 의해 성립된 것이다. 이러한 공간적인 아름다움이란, 공간을 구성하고 있는 여러 가지 요소가 한데 어우러져, 통합, 정리·정돈됨으로써 창출되는 것이다.

다양한 공간 구성 요소가 조화롭게 맞어지는 것이 가져온 아름다움

농산어촌은 실로 많은 요소가 엮이고 짜맞추어짐으로써 성립하고 있다. 각 요소는 독립해 있는 것이 아니고, 다른 요소와 기능적으로 관련하면서 존재하고 있다. 농

밭의 경관 〈홋카이도 미에초〉
밭이 연속해서 넓어지는 풍경은 공간이 통합된 느낌이나 일체감을 창출한다.

초가 지붕의 마을 경관 〈교토후 미야마초〉
연속된 초가 지붕으로 연속성·통일성이 배양되어 마을 공간이 아름답게 연출된다.

산어촌을 구성하고 있는 경작지, 농림도農林道, 수로, 마을 산, 하천, 가옥, 건물, 어항 등은, 각각의 역할을 가지고 있지만, 개체로서 역할을 발휘하는 일은 곤란하고, 일정한 공간 범위 안에서 다른 요소와 밀접하게 맺어지는 것으로 그 기능을 완수하게 된다. 예를 들어, 농로農路는 밭과 농가가옥 등과 일체가 되어 처음으로 농로로서의 기능을 다할 수 있고, 그렇게 하여 처음으로 공간 구성 요소로서의 의미를 가지게 된다.

또한, 요소를 맺는 방법이 지역의 풍토에 적합하고, 지역 주민 생활의 질적인 향상에 공헌하고 있다면, 공간 구성 요소는 전체로 통합되고, 통일, 정리·정돈된 공간 상태가 되어 아름다운 경관을 길러내게 된다. 예를 들어, 교토후 미야마초 초가 민가의 아름다운 풍경은, 억새의 가옥만으로 성립되어 있는 것이 아니고, 채마밭, 돌담, 소나무가 있는 정원, 마을 산과 논 풍경이 초가 민가와 전체로서 조화되며, 통합되어 있는 것으로 성립하고 있다. 초가 가옥이 마을 내에 무수히 점재한다고 하더라도, 채마밭이 황폐해졌거나, 콘크리트 벽으로 둘러싸여 있거나, 밭 안에 폐차를 방치해 둔 곳이 있다고 한다면, 결코 아름다운 풍경이 될 수 없는 것이다.

각 요소가 따로따로 있어도 독립한 것처럼 존재하는 것이 아니고, 전체로서의 통합·조화를 지향하여, 각각이 엮어지고 연계되어 기능을 충분히 발휘하고 있는 것으로 아름다운 경관이 창출된다.

가옥과 농지와 마을 산이 하나가 된 농촌 경관 〈교토후 미야마초〉
마을을 형성하고 있는 각각의 공간 구성 요소가 서로 독립해 있는 것이 아니라, 서로가 관련하고 결합하는 것으로 전체로서의 일체감이 배양되어, 아름다운 경관을 성립시킨다.

농산어촌에 있어서의 조화로운 공간만들기의 대상은, 공간이 보이는 방식에 따라, 3가지 레벨로 상정할 수 있다. 제1의 레벨은 지역 공간의 조화를 파악할 수 있는 원경의 레벨. 제2의 레벨은 주민의 일상적인 시선에서 마을을 인식하는 근경의 레벨. 제3의 레벨은 원경과 근경을 엮어내는 레벨. 조화로운 공간만들기에서는 각각의 세 가지 레벨마다 독자적인 진행 방법이 제시된다.

공간을 입체적으로 파악하는 일

주민의 입장에서 평소에 눈으로 보고 있는 경관은, 가옥, 가옥 대지, 가옥 대지의 주변, 그리고 통근과 일상의 필요에 따른 길가 경관 등 매우 한정된 공간이다. 게다가, 평소에는 경관이나 경관을 성립시키는 공간에 대해 그다지 신경쓰지 않는다고 할 수 있다. 단, 그러한 일상적인 생활 공간 속에서, 쓰레기의 불법 투기나 무성한 잡초, 난립해 있는 간판이나 불법 주차 등으로 불쾌한 생각이 든면, 생활 공간을 새롭게 개선하려고 할 것이다. 그렇게 해서 처음으로 신변의 공간이 여러 가지 건물이나 수목, 시설이나 토지의 사용 방식에 의해 구성되고 있는 것을 알아차리게 된다. 이것이 공간을 경관으로 인식하는 일인 것이다.

그것은 생활 공간이 보는 장소에 따라 여러 가지 경관을 형태짓는다는 것에 대한 깨달음이라고도 할 수 있겠다. 남쪽으로 향했을 때의 경관과 북, 동, 서로 향했을 때의 경관은 다르다. 시선을 위아래로 바꾸는 것만으로도

동심원 상에 확장되는 생활 공간

경관은 다른 양상을 보인다. 보는 장소를 마을에서 멀리 떨어진 지점을 찾아 마을을 바라보면, 자신이 살고 있는 생활 공간을 객관적으로 볼 수 있다. 예를 들면, 가까운 산 중턱에서 마을을 바라보면, 마을 안에서 자신의 가옥이나 가옥 대지가 있는 위치, 주변의 가옥 대지를 비교할 수 있다.

생활하고 있는 공간은 이렇게 실로 다양한 모습으로 보일 수 있다는 것이지만, 조화로운 공간을 실현하기 위한 활동은, 이와 같이 공간을 여러 가지 시점에서 파악하여, 평면이 아닌, 입체적으로 생각해 가는 것이 중요하다.

우리가 생활을 영위하고 있는 공간은, 개인을 중심으로 동심원상으로 퍼져간다고 할 수 있다. 우선, 자기 자신의 신변에 있는 공간이다. 다음으로 자신의 집과 가옥 대지의 공간이 있다. 그리고, 가옥 대지를 에워싼 이웃집들로부터 이루어진 근린 공간, 근린 공간을 에워싼 일상적으로 생활하는 마을 공간, 그 마을의 바깥에 농지나 마을 산이 펼쳐지고 있는 지구 공간, 그리고 지구 공간과 산이나 하천, 혹은 서로 이웃한 지구로 구성된 지역 공간과 같이 공간은 넓어지고 있다. 이렇게 동심원상으로 확장된 공간은 각각이 독립된 것이 아니고, 서로 포개져 공간 전체를 완성하고 있다.

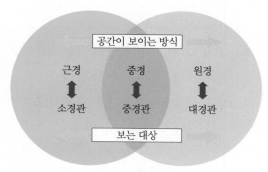

공간의 보이는 방식과 보는 대상

3가지의 레벨로 성립되는 생활 공간

조화로운 공간을 만들기 위해서는, 이렇게 공간이 입체적이고 중층적임을 인식하고, 각각의 공간 레벨에 응하여 공간이 어떻게 보이는가를 인지할 필요가 있다. 이 경우, 신변의 생활 장소인 마을의 상태를 이해할 수 있는 공간 범위의 레벨과 자신이 생활하고 있는 마을과 마을을 둘러싼 상황을 전체적으로 이해할 수 있는 지역으로서의 범위 레벨, 두 가지 레벨에서 파악해 나가는 것이 중요하다. 경관에서는 전자가 근경, 후자가 원경이라 불린다. 이 두 가지 공간이 보이는 방식을 공간 이해의 두 가지 극이라 하고, 원경은 지역 공간 전체의 일체감이나 통합이라는 관점에서 생활 공간이나 생산 공간, 자연 공간 등의 연속성이나 통합감을 평가하며, 근경에서는 주택 부지의 주변이나 마을 환경에 있어서의 공간 구성 요소가 조화롭게 연속해 있는가를 확인해 나가게 된다. 기본적으로는 이 두 가지의 공간 평가에 의해 공간 조화를 향한 활동의 과제를 찾아낼 수 있지만, 구체적인 조화를 실현하기 위해서는, 근경과 원경과를 조합한 공간 인식의 시점이 필요하게 된다. 마을이라는 틀 속에서 가옥 등, 건물의 색채 사용이나 높이, 연속성 등을 평가하는 중경이라 불리는 레벨이다.

3개의 공간 인식 레벨은 각각이 공간 조화를 향한 역할이 존재한다. 원경 레벨은 나의 고향이라는 감동을 갖게 하는 시점이며 생활 공간의 아이덴티티를 길러준다. 이 레벨이 대상으로 하는 경관보는 대상은 대경관이라고 불리는 것으로, 고향 풍경의 골격을 이루는 풍토 보전의 측면에서, 지역 전체의 토지 이용을 크게 바꾸어 버리는 대규모 개발대형 택지 조성이나 광역 교통망의 정비 등을 검토, 규제하는 시점을 제공한다. 근경 레벨은 일상 생활의 쾌적성을 획득하기 위한 시점이며, 또한 주민 개개인이나 공동체가 조화로운 공간을 실현하기 위해 추진하는 현실적인 활동의 대상이 되는 레벨이다. 여기에서는 가옥·가옥 주변, 직접 보이는 도로나 수로 등의 소경관이 대상이 되고, 개별 요소에 대한 규제나 개별 시설의 디자인에 관해 조작하는 시점을 제공한다. 중경 레벨은, 마을, 밭, 마을 땅, 마을 산 등의 각 토지 이용의 통합이나 일체성을 인식하는 시점이며, 마을 전체나 밭의 전개라고 하는 중경관을 대상으로 한다. 여기에서는 전체적인 공간 조화를 향해 공간 구성 요소의 배치나 연계 방식을 평가하는 시점으로서의 역할을 갖게 된다.

원경은 지역 전체의 경관, 즉 대경관을 인식하는 것이다. 지역 공간의 골격이나 지형적 특징을 인식할 수 있는 것이 원경이다. 〈나가노켄 나라가와무라〉

중경은 마을이나 농지를 통합하여 인식할 수 있는 중경관의 시점이다. 공간 구성 요소의 조화나 일체감에 대해서 평가할 수 있는 것이 중경이다. 〈니가타켄 다카야나기초〉

근경은 일상 생활에서 보이는 소경관을 인식하는 것이다. 공간 구성 요소 하나하나의 상세한 부분까지 인식할 수 있는 것이 근경이다. 〈니가타켄 다카야나기초〉

공간 조화를 목표로 하기 위한 세 가지 방침

조화로운 공간을 목표로 하기 위해서는, 공간 전체의 조화를 생각하는 방침과 공간 구성요소 개개의 존재 방식에 관련된 방침, 그리고 공간 전체와 개개의 구성 요소를 연결하는 방침을 기초로 하는 것이 중요하다.

공간 조화를 향한 세 가지 방침

공간의 조화를 지향하기 위해서는, 공간 전체를 파악하는 시점과 공간을 꾸미고 있는 개개의 구성 요소를 바라보는 시점, 그리고 개개의 구성 요소와 공간 전체를 연결하는 시점에서 조화의 방식을 검토해 가지 않으면 안 된다. 이것을 공간 레벨에 대응시키면, 대경관을 대상으로 하는 것이 큰 공간 조화의 방침, 소경관을 대상으로 하는 것이 작은 공간 조화의 방침이 되고, 중경관은 대소 어느 방침에 있어서도 대상이 된다. 또한 대경관과 소경관을 엮어내는 공간 조화의 방침은 대 · 중 · 소 경관을 총합화하는 조사 방침이라고 할 수 있다.

이렇게 3가지의 방침이 있다는 것은, 공간의 조화는 단일 시점에서 생각해서는 안 된다고 하는 것을 나타내고 있다. 예를 들면, 수로를 정비할 경우, 소경관으로서의 수로와 그 바로 옆 환경과의 조화만를 고려하면 공간 조화가 실현된다는 것이 아니라, 바로 옆의 환경과 그 주변 환경과의 조화^{중경관}, 그 주변 환경과 공간 전체와의 조화^{대경관}에 대해서도 함께 고려해야 할 필요가 있다는 것이다.

그리고, 공간 조화의 존재 방식을 생각해 나가기 위해서는, 우선 큰 공간 조화와 작은 공간 조화의 존재 방식에 대해 검토하는 것부터 시작하고, 다음으로 두 가지 방침을 대조하여 대와 소를 연결하기 위한 존재 방식을 고려해 가는 순서를 밟도록 한다.

큰 공간 조화의 방침

큰 공간 조화의 방침은, 각각의 공간 구성 요소에 있어서의 조화를 고려해 나갈 경우의 전제 혹은 기본 방침이 된다. 따라서, 공간 조화를 향해, 가장 먼저 검토하지 않으면 안 되는 것이 큰 공간 조화의 방침이다.

이 방침은 공간 전체를 대상으로 하여, 공간 이용의 존재 방식에 대해 평가 · 검토 · 제안한다. 공간 전체를 시야에 넣고 있는 방침이므로, 대경관의 공간 인식에 근거하여, 지역 전체의 지형과 토지 이용에 있어서의 조화 방식이 문제가 된다. 지형에 적합하게 토지를 이용했는지, 이용 토지 간에 조화를 이루고 있는지 등의 관점에서, 공간의 이용 상황을 파악하고, 이용상의 문제점 등을 분석하여, 공간 전체의 조화를 향한 활동 방침을 제시해 나가게 된다. 그것을 위해서는 공간 전체를 이용 내용별로 통합해 가는 조닝^{zoning}이라 불리는 공간 평가 수법이 효과적이다.

작은 공간 조화의 방침

작은 공간 조화의 방침은, 한 채의 가옥, 한 동의 창고 벽이나 지붕, 혹은 수로가 무너지지 않도록 보호하거나 법면, 도로의 포장면 등, 공간 구성 요소 하나하나에 대해서, 그것들이 공간 조화를 향해 어떤 식으로 존재하면 좋은가를 지적하는 것이다. 공간 조화를 향해 구체적·직접적인 수법을 검토하는 것이 이 방침인 것이다.

소경관을 대상으로 하므로, 여기에서는 구성 요소의 색채, 형태, 소재의 존재 방식이 문제가 된다. 개개의 요소 바로 옆의 주변 환경과의 조화로운 색 사용, 크기나 형상의 존재 방식, 표면결의 존재 상태 등에 대해, 구체적인 기술 선택의 방침이 제시되게 된다.

기술의 선택에 있어서는, 주변 환경 속에서 디자인 코드라고 불리는 디자인상에서의 약속 사항을 찾아내는 것이 필요하다. 소경관 안에 있는 디자인 코드를 간파하면서, 개별 시설의 색채·형태·소재의 기술적인 선택 방침을 제시하는 것이 작은 공간 조화 방침의 역할이다.

대와 소를 엮는 공간 조화의 방침

대와 소를 연결하는 공간 조화의 방침은, 대경관과 소경관 및 중경관을 엮어내는 것을 목적으로 한다. 여기에서는, 대·중·소 경관의 상호 관계가 문제가 된다. 각 공간 레벨의 경관이 다른 레벨의 경관과 엮어졌을 경우에 어떠한 경관이 될 것인가라는 시점에서, 각 경관 레벨이 연속해서 존재하는 방식을 제시해 가게 된다. 방침으로서는 각각의 경관이 보이는 방식에 유의하면서 소경관에서의 중경관·대경관, 중경관에서의 대경관을 바라보았을 때의 경관 구도에 대한 사고가 제시되며, 특히 스카이라인 보전에 대한 대처가 큰 과제가 된다.

공간 조화를 목표로 하기 위해서

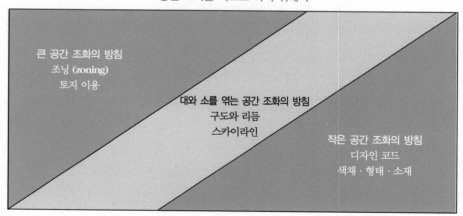

조화로운 공간을 실현하기 위한 기본적인 시점

공간 구성 요소를 조화롭게 엮어 가기 위해서는, 제거, 보전, 창조라는 기본적인 세 가지 사고를 바탕으로 하는 것이 매우 중요하다.

경관의 질을 저하시키는 요소를 없애는 '제거'

밭 안에 폐차가 야적되어 있는 농지 경관, 폐가가 썩은 채 방치되어 있는 마을 경관, 잡초가 무성해 쓰레기가 불법 투기된 수로나 저수지의 시설 경관 등은, 농산어촌의 경관을 악화시키고 있다. 그것들은 공간 구성 요소로서 다른 요소를 소외하고, 요소 간의 연계를 단절시키는 것이라고 할 수 있다. 예를 들어, 야적된 폐차가 있는 것으로, 밭의 농업 생산으로서의 기능이 소외됨과 동시에, 농지로서의 정리감이나 일체감이 손실된다. 방치된 폐가는 마을의 위생상이나 안전상에 지장을 초래함과 동시에, 집이 늘어서 있는 풍경의 연속성을 중단시킨다. 잡초나 쓰레기의 불법 투기도, 혹은 자전거나 자동차의 불법적인 주륜이나 주차 등도 그 장소의 본래의 기능을 저해함과 동시에, 어수선하고 정돈되지 않은 인상을 준다. 이것들은 공간 구성상 불필요한 요소이며, 그것이 존재하는 것으로 공간 전체의 질이 현저하게 낮아진다.

제거라고 하는 공간 조화의 사고는, 이렇게 공간의 질을 저하시키고 있는 요소를 배제하고, 없애고, 혹은 규제하는 것으로, 마이너스의 공간 구성 요소를 제거하려고 하는 것이다. 그런 만큼 공간 조화를 실현해 가는 데 있어서 가장 기본적인 시점이라고도 할 수 있는 것이다.

조화가 이루어진 상태를 유지하고 관리하는 '보전'

역사를 거쳐 형성되어 온 농산어촌 공간은, 긴 시간을 거치는 동안에, 공간 구성 요소의 조화가 도모되어 왔다고도 말할 수 있다. 교토후 미야마초의 초가 민가가 늘어선 마을 풍경이나 후쿠이켄 미야자키무라의 격자 모양 벽과 '기리즈마切妻 지붕' 48을 한 집이 늘어선 풍경 등은 역사적으로 형성된 공간의 조화라고 할 수 있다. 혹은 홋카이도 비에이초의 정리된 밭, '도나미 평야'나 '이즈모出雲 평야'의 농지 안에 점재한 가옥과 저택림이 펼치는 풍경 등도, 공간 구성 요소의 연계 방식이 긴 세월 속에서 지역 풍토에 적합하도록 절차탁마切磋琢磨해 온 과정 속에서 조화를 이루어 낸 것이라고 할 수 있다. 이러한 조화는 계속해서 흐르는 역사에 의해 성립하고 있는 것인 만큼, 한번 그 계속성이 단절되면 쓸모가 없게 된다. 앞으로도 장래를 향해 조화를 유지해 가는 것이 중요한 것이다.

이외에도 정리된 농지, 가지런한 어항, 풀이 베어져 관리가 두루 미치고 있는 마을

---

48 지붕의 용마루를 경계로 양방으로 흐름을 갖고, 책을 반으로 펼쳐서 엎어 놓는 것 같은 형태의 지붕. 맞배 지붕.

산이나 삼목림, 깨끗히 청소되어 있는 사당의 경내 등도 공간 구성 요소의 조화가 이루어진 공간인데, 이러한 상태가 계속 유지되는 일이 중요하다. 정리되어 있고, 가지런하고, 관리가 두루 미치고 있다는 것은, 공간 구성 요소의 연계 방식이 무리가 없게 서로 조정되고 균형을 이루고 있는 것으로 실현되고 있다고 할 수 있다. 이러한 상태 속에, 요소 간의 배치를 아무 맥락도 없게 변경하거나, 혹은 공간 이용을 면밀하게 하지 못한다면, 공간 조화는 무너져 버리고 경관을 악화시키게 된다.

생산·생활 활동이 일어나는 가운데, 차례차례 새로운 공간 구성 요소가 창출되고 있다. 가옥의 신축, 도로의 신설 혹은 확장, 공공 시설의 건설, 생산 기반의 정비 등은, 기존의 공간에 새로운 구성 요소를 등장시키게 한다. 예를 들어, '기리즈마 지붕'의 가옥들로 통일되어 있는 마을에 콘크리트 단층집 건물이 등장하면, '기리즈마 지붕'의 연속성이라는 조화가 깨지게 된다. 혹은 정리된 농지 공간을 분단하 듯이 도로가 신설되면, 농지의 정리감이라는 조화 역시 무너져 버린다. 새로운 요소의 등장은 자칫하면 지금까지의 공간 조화를 부술 수도 있는 것이다. 이렇게 새로운 공간 구성 요소가, 그 등장 방법에 있어서, 독단적이고, 제멋대로인 자기 주장을 하게 된다면, 이것들 또한 공간의 질을 크게 저하시키는 요소가 되어 버리는 것이다.

현시점에서 조화가 잡힌 공간으로 구성되어 있다면, 그것을 어지럽히거나 깨뜨리거나 하는 것을 방지하는 일은 공간 조화를 실현하는 중요한 시점이 된다. 보전이란, 지금 있는 공간 조화를 유지하고 지키기 위해, 조화를 흩뜨리는 요소나 요인의 개입을 막는, 또는 그 요인을 조화롭게 하는 것으로 현상을 유지해 가려는 공간 조화의 기본적인 시점인 것이다.

깨끗하게 청소된 도로. 공간 조화는 일상의 청소나 관리의 반복과 축적으로 유지된다. 〈교토후 후쿠치야마시〉

공공 공간은 자칫하면 눈이 미치지 않게 되어, 쓰레기장이 되기 쉽습니다. 주민 참가로 관리해 가는 것도 하나의 방법이다. 〈후쿠이켄 다카오카시〉

새롭게 요소를 부가하는 것으로 새로운 공간 조화를 만들어내는 '창조'

지붕 형상이 통일된 집들이 늘어선 마을에서, 가옥 대지를 두른 담이나 벽을 토담이나 생울타리로 통일한다, 사당을 둘러싼 펜스를 그 지방의 목재를 사용한 목담으로 바꾼다, 혹은 신설하는 공공 건축물을 그 지방의 목재나 도기를 활용해 정비한다, 정리감 있는 농지의 주변부에 재배를 실시한다, 기존의 공공 시설을 지역의 전통적인 양식에 맞추어 개축한다라는 것이 창조라는 사고다.

현재 상태에서의 공간 구성 요소의 연계 방식을 조화롭게 하기 위해서, 새로운 공간 구성 요소를 부가하여 공간 조화를 실현한다고 하는 것이다. 역사적으로 길러져 온 공간적인 조화 속에서, 한층 높은 레벨에서의 조화를 실현하기 위해 시설이나 수목 등의 새로운 요소를 더한다는 방법이다.

새로운 구성 요소가 독단적인 자기 주장을 하는 내용이라면, 종래의 공간 조화를 흩뜨릴 수밖에 없지만, 그 지역이 전통적으로 길러 온 조화의 방식을 확실히 이해하고, 그것을 능숙히 안배하면서 부가해 나간다면, 보다 높은 공간의 질을 실현하는 지극히 효과적인 발판이 된다. 즉, 새롭게 부가되는 구성 요소는 새로운 조화를 이끌어내는 장치가 되어, 지역의 새로운 경관 심볼이나 쾌적성을 제공하게 된다. 그런만큼, 부가되는 방법이 중요한 포인트가 된다. 그것이 디자인이라 불리는 것이다. 공간 조화를 향해 새로운 요소를 부가할 때의 디자인 방식으로는, 친숙하게 하는 디자인 '통일의 미', 주역과 보조역의 디자인 '강조의 미', 대비의 디자인 '난조亂調의 미'의 세 가지 개념이 있다. 어느 디자인을 사용할지는 지역 특징을 충분히 파악한 다음 검토 · 선택하지 않으면 안되지만, 구체적인 디자인 기법에 대해서는 전문가의 충고가 불가결한다.

창조라고 하는 시점은, 공간 조화를 실현해 가는 데 있어서, 이른바 고도의 사고 방식이라고 할 수 있다. 우선은 제거, 보전이라는 시점에서 실현을 도모하고, 그 다

주택 부지 주변이나 마을 주변부에 예쁘게 전정된 식재를 베푸는 것으로, 질이 높은 생활공간이 창조된다. 〈사이다마켄 히다카시〉

음으로 한층 더 높은 공간의 질을 지향하려고 할 때 창조라는 시점에서의 대처가 요구되게 된다.

조화로운 공간 만들기를 향한 행동 지침을 검토한다

주민의 공간에 대한 평가는, 처음은 개개인 각자의 감상에 머물고 있다. 개인의 생각으로는, 조화로운 공간을 실현해 나가는 실천력으로 결실을 맺을 수 없기 때문에, 지역 주민으로서 그러한 생각을 공유해 나가는 것이 필요하게 된다. 그러므로 환경 점검 활동이나 공동 학습회 등을 도입하여 지역 공간에 대한 개개인의 평가를 주민 전체가 공유하도록 한다. 공간 평가의 공유화가 이루어진다면, 다음으로 평가를 내린 이유를 생각해 나가지 않으면 안 된다. '왜 불쾌하다고 느끼는가', '왜 보기 흉하다고 느끼는가' 등등의 평가를 내린 배경, 즉 공간 구성 요소의 연계 방식을 해독하여 간다. 이 경우, 전술한 세 가지의 시점제거·보전·창조이나 공간을 파악하는 세 가지의 레벨이라는 사고를 도입하는 것으로, 자신들이 공간 조화 만들기를 향해 어떤 식으로 대처하면 좋은가를 검토할 수 있게 된다.

즉, 공간 조화를 흩뜨리고 있는 요소를 없애면 좋은 것인지, 새롭게 요소를 부가하여 조화를 만들어내갈 것인지, 또는 이것이 자신들의 일상적인 생활 속에서 대처할 수 있는 것인지, 행정과 연계하는 것이 필요한지 라는 활동의 방법이나 방법의 확장을 이끌어낼 수 있다. 원경 레벨에서의 큰 공간 조화를 향한 활동은 행정적인 대응이 필요해지지만, 근경 레벨의 가까운 생활 공간에서의 조화 만들기는 주민의 손에 의한 청소 활동이나 식재 활동 등에 의해서 실천될 수 있다.

어찌 되었건, 조화로운 공간 만들기의 실천 주체는, 무엇보다도 그곳에서 살고 있는 지역 주민이며, 지역 주민의 주체적인 공간 인식, 공간 평가, 대처 방책의 검토, 그리고 구체적인 실천이라는 일련의 미화 운동을 중심으로 하여 전개해 나가야 하는 것이다.

자신들이 생활하고 있는 공간을 재확인하고 재평가해 보자. 거기서부터 아름다운 농산어촌 만들기가 시작된다.

2. 큰 공간 조화의 방침

대경관은 산맥이나 마을, 농지 등, 그것이 지역 전체의 공간 안에서 어떤 역할이나 의미를 가지고 있는지를 파악할 수 있는 경관이다. 지역 전체를 부감한 대경관은, 주민이 갖는 지역 주체성의 기초가 되는 것이므로, 대경관을 크게 변화시킬 수 있는 인위적 행위에 대해서는 충분한 검토가 필요하게 된다.

지역 전체의 토지 이용을 인식하는 대경관

대경관은 고개에서 아래를 내려다보는 형태에서의 전망展望이나 부감俯瞰, 혹은 대지大地에 서서 먼 산맥 등을 보았을 경우의 조망眺望 등의 원경에 의해 파악되는 경관을 가리킨다.

대경관에서는, 산맥, 산림이나 하천, 바다나 해변, 저수지나 호수, 농지, 마을 등이 서로 통합됨으로써, 공간을 구성하는 요소로서 파악되고, 그것들의 배치나 연계 상태를 이해하게 된다. 그러나 한편으로, 각각의 요소를 구성하고 있는 세부적인 지형이나 식생, 가옥 · 건물, 포장 상태나 옹벽의 모양 등, 하나하나의 디테일을 분별하는 것은 불가능하다.

즉, 대경관은 지역 전체의 경관이며, 지역 공간의 전체적인 조화나 질서에 대해 생각하기 위한 경관이라고 할 수 있다. 지역 안에서 농지가 어떻게 배치되어 있는가, 그 안에 마을은 어떠한 위치 설정으로 구성되어 있는가, 하천의 흐름에 대해 농지나 마을은 무리없이 배치되어 있는가, 산과 농지의 연계 상태, 해변 · 어항과 마을의 연계 상태 등에 관해서, 지역 전체라는 관점에서 검토할 수 있는 것이다.

큰 공간 조화 방침의 대상

고개에서의 전망 〈이바라키켄 야사토마치〉

높은 장소에서의 부감 〈홋카이도 히가시카와시〉

먼 산의 조망 〈이바라키켄 이나와시로마치〉

풍토에 적합한 토지 이용의 아름다움

지역 전체의 토지 이용 방식을 파악할 수 있는 대경관은, 지역에서의 풍토와 토지 이용의 적합 상태를 평가할 수 있다. 그리고 농산어촌의 대경관의 아름다움은 마을, 농지, 삼림 등의 토지 이용이 지역의 풍토에 적합하도록 배치되는 것으로 양성되는 것이다. 예를 들어, 추고쿠와 시코쿠四國 지방의 중산간中山間에 많이 보이는, 산기슭에 마을이 들러붙은 경관은, 적은 평야부와 완만하게 비탈진 산이 엮어내는 지형에 적합하고, 마을은 마을 산의 기슭에, 농지는 마을의 전면에 배치하는 것으로, 풍토에 적합한 매력 있는 풍경을 빚어내고 있다. 지역의 전체적인 지형에 적합한 토지 이용은 아름다운 농산어촌의 기반이 되며, 농산어촌은 본래부터 그러한 토지 이용을 행하여 온 것이다.

그렇지만, 지형을 대규모로 개변시킬 수 있는 기술의 개발이 진행됨에 따라, 지형을 고려하지 않는 개발이나 정비가 도입되어, 농산어촌의 대경관이 손실되는 사례가 많아지고 있다. 농산어촌의 대경관이 손실된다는 것은 첫째, 산을 깎거나 대규모 도로가 지형의 선형을 무시하여 정비되거나 하는 것에 의해 경관의 골격을 파괴하는 경우, 둘째, 택지나 시설이 제멋대로 확장됨에 따라 농지나 녹지 등의 토지 이용을 침식하는 경우, 셋째, 적절한 관리가 두루 미치지 않은 삼림이나 오염된 바다 등이 자연을 악화하는 경우 등의 경관 황폐를 말한다.

농산어촌은 도시와는 달리, 지역의 지형이나 기후라는 풍토에 직접 영향을 받는 대경관을 가지고 있다는 것이 특징이다. 그것은 생활을 풍토에 잘 적합시켜 온 역사적인 공간 이용의 산물로서, 지역 주체성의 기반이 되기도 하는 것이다. 따라서, 아름다운 농산어촌 만들기를 추진하기 위해서는 지금까지 소중히 지켜져 온 대경관의 보전에 대한 배려가 필요하게 된다.

지형에 적합한 토지 이용이 만드는 아름다운 농산어촌의 경관

〈홋카이도 가미후라노초〉

〈니가타켄 야마코시무라〉

〈나가노켄 기나사무라〉

대경관으로서의 공간 조화를 실현하기 위해서

공간 조화를 실현하기 위해서는, 대경관의 성립 과정을 이해하는 것부터 시작하지 않으면 안된다. 먼저, 자신들이 살고 있는 지역이 어떠한 지형과 기후 조건 속에 있는지, 지역은 어떠한 공간 요소로 구성되어 있는지, 그것이 어떻게 배치되어 있는지를 확인한다. 그 위에, 주민 입장에서 특별한 의미를 가지고 있는 산이나 강, 혹은 건조물에 대해, 그것이 지역 공간 전체 속에서 어떻게 자리잡고 있는지를 확인한다. 이렇게 지역 공간을 이해하는 것으로, 대경관을 구성하고 있는 골격을 파악할 수 있게 된다. 대경관의 보전은 바로 이 골격을 보전하는 것이지만, 그것을 위해서는 두 가지의 시점이 필요하게 된다.

제 1의 시점은 전술한 세 가지 경우를 배제하는 것이다. 우선, 대규모 개발 등에 의한 지형 개변을 가능한 한 회피하는 것이 바람직하다. 특히, 주민에게 고향 의식을 양성하고 있다고 여겨지는 산맥을 파괴하는 것은 절대 피해야 한다. 또한, 송전선 등의 철탑도 때때로 지역의 스카이라인을 분단하기 때문에 주의가 필요하다. 다음으로 택지 개발이나 공장, 대형 점포 등의 개발도 공간 전체의 조화에 충분히 배려할 필요가 있다. 지형이나 주변 공간을 고려하지 않는 개발은 엄하게 규제해야 하는 것이다. 그리고, 산, 하천, 해변은 대경관의 골격이라고도 할 수 있는 요소이므로, 소중하게 유지할 필요가 있다. 조방화粗放化되어 황폐하면, 참혹한 대경관이 되므로 적절한 관리가 필요하다.

제 2의 시점은 주민에게 대경관을 인식하게 하는 것이다. 대경관은 지역 아이덴티티의 기반이지만, 대부분의 경우 주민이 대경관을 전망하는 기회는 적다. 그러나, 대경관은 주민에게 지역 아이덴티티를 환기시키고, 혹은 양성시키는 대상이다. 자신들이 살고 있는 마을을 하나의 통합체로 파악하여, 나아가 지역 전체 속에서 어떻게 자리 매겨지고 있는지를 파악하는 것은, 아름다운 농산어촌 만들기에 대한 주민들의 적극적인 참가 태도를 형성하는 데에 기여하는 것이다.

그것을 위해서는, 지역 전체를 전망, 부감할 수 있는 장소, 아름다운 대경관을 바라볼 수 있는 포인트를 설치하는 것이 효과적이다. 그것은 자신들이 대경관을 확인할 수 있게 함과 동시에, 자신들의 지역을 아름답게 보여주는 장소로, 지역 활성화 자원으로서의 역할도 수행하는 것이 된다.

대경관으로서의 공간 가이드라인은 풍토에 적합한 지역 공간 만들기를 목표로 하는 것이며, 그것을 위해서는 공간의 골격을 저해하는 요인을 배제한다는 시점과 주민 자신이 직접 대경관을 인식한다는 시점에서 공간의 조화를 실현해 가는 것이다.

대규모 개발에 의한 산맥의 혼란

지역 전체의 공간 조화를 도모하기 위해서는, 공간을 구성하고 있는 제반 요소를 기능별 통합체로 구분해 정리 (zoning)할 필요가 있다. 조닝을 하는 것으로, 현재의 지역 공간의 존재 방식에 대한 평가가 가능하게 되며, 또한 전체 공간의 조화를 향한 지역의 토지 이용 방향도 제시할 수 있게 된다.

현재 지역 공간의 올바른 이용 방식을 파악하기 위한 조닝

지역 전체의 공간 조화를 도모하기 위해서는, 우선 공간 이용의 존재 방식에 관해서 파악하는 것이 필요하다. 그것을 위해서는, 지역의 전체 공간을 자연·지형산악, 하천, 호소나 평야, 구릉 등, 토지 이용생산적·생활적·사회적 이용 등, 지역 자원역사·문화 자원이나 레크리에이션 자원 등이라는 관점에서 구분조닝한다. 지도와 같이 평면적으로 파악하기 십상인 전체 공간을 특성이나 이용이라는 관점에서 복수의 층으로 구분하는 것으로, 지역 공간의 입체적인 구조를 이해할 수 있게 되는 한편, 지형에 적합한 생산적 이용이 행해지고 있는지, 지역 자원의 분포와 사회적 이용은 맞물려 있는지 등, 각 층이 적절한 관계 속에서 포개져 있는지를 명료하게 평가할 수 있다.

토지 이용에 의한 조닝의 중요성

공간 조화를 향해, 지역 전체 공간에서의 과제를 찾아내기 위해서는 현황 파악을 위한 조닝 중에서도 특히, 토지 이용에 의한 조닝에 주위를 기울일 필요가 있다. 토지 이용은 풍토에 대한 인위적인 활동이기 때문에, 풍토에 적합한지 아닌지의 척도가 토지 이용의 존재 방식이라고 해도 지장이 없는 것이다. 토지 이용의 종류는 크게 생산적 이용농지, 농업 시설, 농로, 수로 등, 생활적 이용마을, 상업지, 시가지 등, 사회적 이용공공 시설, 레크레이션 시설, 공장, 도로 등으로 나눌 수 있다. 토지 이용의 조닝에서는, 첫째로 이러한 토지 이용이 자연·지형의 조닝과 적절하게 대응하고 있는지를 평가할 필요

가 있다. 토사 붕괴가 일어날 것 같은 장소에 생활적·사회적인 토지 이용이 전개되고 있지 않는가, 농업 생산에 적절한 넓은 토지 안에 공장 단지나 상업지가 설치되어 있지 않는가 등에 대해서 살펴 간다. 이 평가가 풍토에 적합한 토지 이용인지 아닌지를 검토하는 직접적인 재료가 된다. 둘째로 토지 이용종 간의 관계를 평가 하지 않으면 안된다. 여기에서는 용도 구분, 통합이라는 관점에서, 농지의 통합체 안에 택지나 공장 단지라고 하는 비농업적인 토지 이용이 벌레 먹은 것처럼 침식하고 있지 않는가 등에 대하여 평가가 이루어지게 된다. 이것은 토지 이용 질서의 강약에 관한 관찰이라고 할 수 있다.

경관 보전을 주제로 한 조닝

토지 이용의 조닝을 평가하는 것으로, 지역 전체의 공간 조화를 향한 기본적인 방향을 검토할 수 있게 되지만, 보다 구체적인 방침을 이끌어내기 위해서는 경관 보전을 주제로 하는 조닝을 도입하는 것이 효과적이다.

지역 공간의 전체상을 나타내는 대경관은 지역 아이덴티티의 기반을 이루는 것이므로, 그곳에서 지역 주민에게 사랑받고 있는 장소나 공간을 찾아낼 수 있을 것이다. 가장 높은 산, 물새가 날아드는 호수와 늪, 단풍이 아름다운 마을 산, 벚꽃나무 길, 고향 신사의 숲이나 성지 등의 고적, 역사 깊은 가도街道 등은, 대경관 중에서는 점적인 요소이지만, 지역 주민에게 있어서는 큰 의미를 가진 요소인 것이다. 지역 전체의 공간 조화를 도모함에 있어서, 이러한 점적인 요소는 장래

에도 보전되어야만 하는 지역으로 파악되지 않으면 안된다. 그 외에도 농지와 마을 산이 일체화되어 있는 장소, 단층이 보이는 벼랑, 연속한 산의 능선과 그것을 전망할 수 있는 장소 등도, 아름다운 농산어촌 만들기에서는 빠뜨릴 수 없는 요소라고 할 수 있다. 이러한 장소도 가능한 한 보전해 가는 것이 바람직하다.

경관 보전을 주제로 한 조닝은 이러한 지역 주체성을 양성하고 있는 요소나 아름다운 경관 형성에 공헌한 요소 등에, 경관 보전 혹은 경관 형성이라는 역할을 주어 구역zone으로 구분해 나가는 것이다. 또한, 국도변에 대규모 점포가 진출하고 있는 장소, 시가지와 농지가 접하고 있는 장소, 농지 안에 새로운 택지가 점재하면서 건축되어 있는 장소 등은, 공간 전체의 조화를 어지럽혀 대경관을 황폐시키는 요소이며, 경관 보전이라는 관점에서는 제거하거나 경관을 정돈할 필요가 있는 지역으로 구분하게 된다.

토지 이용 조닝에 의해, 지역 전체 공간의 조화를 향한 커다란 방향성을 검토하고, 경관 보전을 주제로 한 조닝에 의해, 조화를 위한 전략을 그리는 것으로, 조화가 도모된 지역 공간 실현을 향한 대략적인 요강이 제시되게 된다.

지역 전체의 공간 조화를 실현하는 규제와 유도

조닝에 의해 지역 공간에 있어서의 조화를 실현하기 위한 방향이 제시되면, 그것에 따라 공간 구성 요소를 정연하게 정리해 가지 않으면 안된다.

대경관에서의 공간 조화의 실현은, 주로 공간 이용에 대한 규제와 유도에 의한 것이 된다. 규제는 공간 조화에 맞지 않은 토지 이용을 억제하거나 혹은 금지하는 것으로, 지형을 크게 개변시키는, 통합된 농지·녹지 등을 분단하거나 벌레 먹

은 것처럼 만드는, 또는 경관 자원을 쓸모 없게 만드는, 지역 주체성을 양성하고 있는 조망을 가로막는 개발 행위 등이 대상이 된다. 이러한 행위를 사전에 살피고 막기 위해서는, 예를 들어, 구마모토켄의 '간판 규제 조례'나 군마켄 니이하리무라의 '경관 조례' 등과 같이, 개발 행위를 행정 기관이 사전에 체크하는 조례나 협정의 체결이 효과적인 방법이다. 또한, 평상시의 지역 공간에 대한 불법적인 이용을 감시하기 위해, 관민이 일체가 되어 공간 패트롤 등을 병행한다면, 한층 효과적이다.

규제가 어느 쪽인가를 말하면 수세(守勢)의 수법이므로, 아름다운 농산어촌 만들기는 보다 적극적인 공간 조화의 실현을 목표로 해야 한다. 개발 행위나 시설 정비를 공간 조화의 방향으로 유도하는 수법의 도입이다. 경관 보전을 주제로 한 조닝을 본보기로 하여, 공간 이용의 존재 방식을 제시하고, 제시된 내용에 따라 공간 이용을 지도해 가는 것이다. 예를 들면, 경관 보전 지역에서는 현황의 경관을 보전하는 것을 취지로, 가능한 한 이질적인 요소를 도입시키지 않는다, 경관 배려 지역에서는 새로운 시설이나 개발을 행할 경우 주변 공간과의 조화에 충분히 배려하게 한다, 경관 형성 지역에서의 개발은 양질의 디자인에 유념한다고 하는 것을 공간 이용 규칙으로 정하여 행위를 유도해 가는 것이다.

대경관을 대상으로 한 공간 조화의 실현은 대상이 거대한 것인 만큼 주민이 담당하기에는 한계가 있다. 여이 경우에는 행정이 책임을 가지고 주도해 가는 것이 필요하다.

공간을 입체적이게 하는 오버 레이

　공간 이용의 존재 방식을 기능이나 이용 내용별로 구분하고, 각각을 한 장의 도면레이어에 정리하여, 현상의 공간을 다층의 도면으로 분해하여 파악하려는 방법이 도면중첩overlay이다.

　아래 그림은 도면중첩의 수법으로 지역 공간의 이용 구조를 살펴본 것이다. 지역 공간의 이용 상황을 생활적 토지 이용을 정리한 레이어layer, 역사·문화 요소를 담아낸 레이어, 생산적 이용 내용을 정리한 레이어, 자연의 지형이나 요소를 나타낸 레이어로 분해한 것으로, 각 공간 이용의 모습이 다르게 보인다.

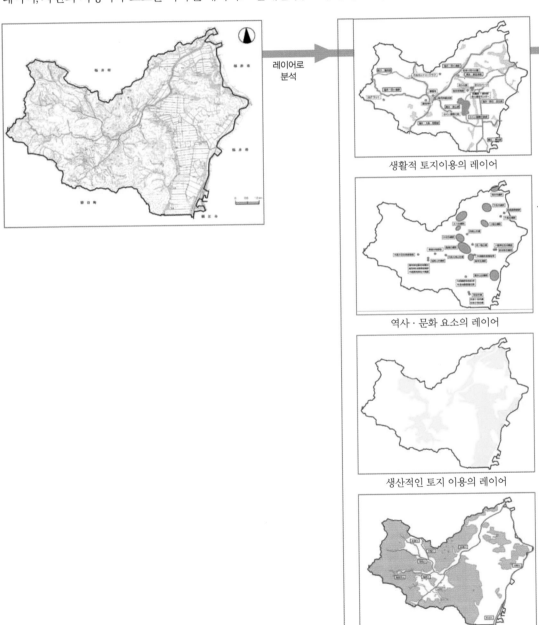

레이어로
분석

생활적 토지이용의 레이어

역사·문화 요소의 레이어

생산적인 토지 이용의 레이어

자연 지형이나 요소의 레이어

레이어를 겹친다
(도면중첩)

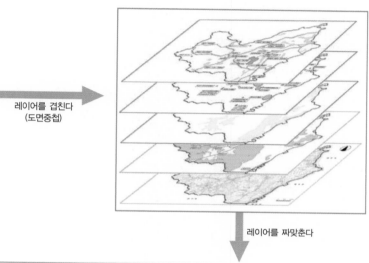

레이어를 짜맞춘다

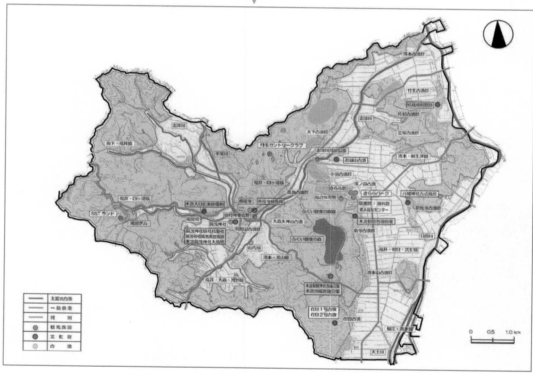

공간 이용이 복합된 조닝을 위한 기본도를 완성한다. 이 도면을 바탕으로 하여 공간 조닝을 검토하는 것으로 공간 조화를 향한 과제가 파악되고, 대처 방침을 제시할 수 있게 된다.

3. 작은 공간 조화의 방침

소경관은 주민의 일상 생활이 드러난 경관이며, 경관을 구성하고 있는 제반 요소가 어떠한 연계 방식을 하고 있는지, 각 요소가 어떻게 편성되어 일상적인 생활 공간을 구성하고 있는지를 이해하게 한다.

소경관으로서의 가이드라인은 경관 구성 요소를 어떻게 파악해 갈 것인가를 제시한다.

일상 생활의 경관을 분석한다

농산어촌은 마을 산이나 하천, 마을이나 농지, 수로·저수지 등 각각이 기능적인 독립성를 가진 구성 요소에 의해 형태지어지고 있다. 대경관은 이러한 요소를 지역 전체라고 하는 범위 속에서 부감적으로 파악하는 것이지만, 소경관은 구성 요소 그 자체에 대해서 상세한 내용을 파악할 수 있는 경관이다.

그것은 지역 주민이 일상적인 생활 속에서 평상시에 보는 경관이며, 가옥, 벽, 담, 나무들, 수로, 도로, 지방의 사당, 방화 용수 등 여러 가지 요소로 구성되어 있다. 이러한 구성 요소는 주민에게 있어서 일상적인 풍경으로 녹아들고 있어, 요소를 하나 하나 확실하게 인식하는 일은 거의 없다. 그러나, 경관은 이러한 요소가 각각의 기능을 발휘하면서 서로 결합되어 형성되고 있는 것이므로, 아름다운 농산어촌 만들기에서는 당연하다고 느끼고 있는 일상 생활의 경관이 어떤 식으로 구성되어 있는지를 분해하고 이해하는 시점이 필요하게 된다.

경관 요소를 상세하게 파악한다

단순히 가옥이라고 하더라도, 주택 안과 주택 주위에서는 그것을 구성하고 있는 요소가 다르다. 주택 안은 안채, 별채, 정원 등으로 구성되고, 주택 주위에는 담, 문, 도로, 수로 및 옆집 등이 있다. 또한 안채라고 해도 벽, 지붕, 창, 마루 등으로 분해할 수 있다. 소경관은 보면 볼수록 경관을 구성하고 있는 요소를 상세하게 구분해 나갈 수 있다. 이러한 요소는 단지 그곳에 존재하는 것이 아니라, 각각 공간 속에서 역할을 하면서, 서로 관련하여 경관을 성립시키고 있는 것이지만, 그 연계 방식이나 배치 방법은 지역에 따라 다르다. 지붕 양식, 기와 형태, 가옥 내 요소의 배치 방법, 가옥 대지와 도로의 접속 방법, 늘어선 집들의 색조, 재배 수종 등등은, 홋카이도와 오키나와에서 크게 다르고, 이웃한 마을에서 대문을 꾸미는 장식 방법이 다른 경우도 있다. 이러한 요소의 존재 방법, 연계 방식은 지역 아이덴티티를 구현하는 것이기 때문에, 소경관의

생울타리 안에 설치된 대문은 마을의 풍경에 풍격을 준다. 평소는 아무렇지도 않게 지나치는 문, 담, 벽 등을 새롭게 주시하는 것으로, 마을 아이덴티티의 근원을 재발견할 수 있다.

가이드라인에서는, 우선 일상 생활의 경관이 어떠한 요소로부터 성립되고 있는지 경관 구성 요소를 분별해내는 것이 기본이 된다. 일부러 의식하여 일상 생활의 경관을 재검토해 보는 것이다.

요소 간의 연계 방식을 평가한다

경관 구성 요소를 파악했다면, 그러한 요소가 어떻게 묶여져 있는지, 요소의 조합 형태를 발견하는 것이 필요하다.

요소의 조합에는 요소가 모이는 범위라는 것이 있다. 안채를 구성하고 있는 요소의 집합, 주택을 구성하고 있는 요소의 집합, 집들을 구성하고 있는 요소의 집합과 같이, 개개의 요소는 모여들면서 서서히 결합되어 범위를 넓혀 간다. 그리고, 조화가 있는 공간이라면, 각각의 결합 범위에 있는 요소의 연계 방식에 일정한 약속 사항이 있음을 발견할 수 있다. 안채를 세우는 방식, 재료, 방향 등, 주택 구조에 있어서의 건물의 배치, 문을 만드는 방법, 생울타리의 형태, 집들에 있어서의 각 가옥의 방향이나 크기, 도로로의 접속 방법 등이 일정한 약속에 따르고 있다면, 그 소경관은 아름다움을 자아내게 된다. 역으로, 그것들이 무질서하게 구성되어 있다면 아름다운 경관이 되어 있지 않을 것이다. 소경관의 가이드라인에서는 이러한 요소 간의 연계 방식을 파악하고, 그것을 평가할 필요가 있다.

요소의 연계 방식은 지역의 자연 조건, 역사적인 경위, 전통 문화를 배경으로 하고, 지역에 적합한 생활을 실현하기 위해 지역에 특유한 질서를 만들어내오고 있는 것이다. 현재 일상 생활의 경관 안에서, 이러한 질서를 찾아내고, 그것을 보전하며, 혹은 그 질서에 근거하면서 새로운 질서를 엮어내 가려고 하는 시점이 소경관으로서의 가이드라인이 된다. 그것은 가옥을 신축할 때, 공공 시설을 건설할 때, 도로를 부설하고 수로를 정비할 때, 그 형태, 색채, 소재의 선택 방법을 지적하고 제시하는 것이다.

안채를 구성하는 요소는 이 지역에 공통된 안채의 건조 방식이라는 약속 사항에 들어맞는 형태나 색·소재가 선택되므로 주변 공간과 조화로운 경관을 창출한다.

집들을 구성하는 요소 또한, 지역에 공통하는 가옥 양식이라는 약속 사항에 적합하므로, 아름답고 매력 있는 경관을 만들어내게 된다.

공간 구성 요소를 전체로서 통합하는 디자인 코드

공간의 디자인에 있어서는, 구성 요소 개체의 디자인보다는 다양한 요소의 관계를 총체적으로 통합해 가는 것이 중요하게 된다. 각각의 요소가 전체로서 통합되기 위해서는 요소를 엮어내는 일정의 규칙, 즉 디자인 코드가 필요하게 된다. 지역에는 지역 고유의 디자인 코드가 있으며, 공간 디자인에서는 이 코드를 간파하여, 각 구성 요소를 적절하게 엮어낼 필요가 있다.

개성 있는 요소와 요소의 연계 방식으로 형성된 개성 있는 경관

아름답고 매력있는 농산어촌은 개성이 풍부한 경관을 보여주고 있다. 오키나와의 마을에서는 빨간 기와 지붕의 집들로 통일된 특유의 마을 경관이 보는 사람의 마음을 끌어들인다. 이즈모出雲 평야에서는, '즈이지마츠築地松'57라는 소나무에 둘러쌓인 주택지가 논 안에 흩어져 있는 전원 풍경이 매력적이다. 니가타켄 다카야나기초는 전통 색채가 풍부한 억새 초가 민가가 늘어선 풍경이 특징이다. 지역이 지역다움을 유감없이 발휘하고 있다면, 매력 넘치는 아름다운 경관을 만들어내게 되는 것이다.

그런데, 이렇듯 지역 개성을 발휘하고 있는 경관을 분석해 보면, 그 경관을 만들어내고 있는 공간 구성 요소 하나하나에 지역성이 보임과 동시에, 그것들의 연계 방식에도 지역 특유의 결합 방법이 있는 것을 이해할 수 있다. 오키나와의 독특한 풍경은 빨간 기와 그 자체에 지역 특유의 소재가 사용되고 있으면서, 기와 위에는 '시사'50가 앉아 있으며, 가옥을 '류큐琉球'라는 석회암의 돌담으로 감싸고, 문으로 들어서면 '힌푼'51이 서 있는 가옥 대지가 연속하는 것으로 만들어진 공간이라고 할 수 있다. 즉, 빨간 기와, 시사, 석회암의 돌담, 힌푼이 통합되어 창출되는 것이며, 단지 빨간 기와만으로 '빨간 기와 풍경'이 생겨난 것이 아니다.

본래, 지역에는 오카나와의 빨간 기와 풍경과 같이 지역 특유의 공간 구성 요소의 연계 방식이 존재한다. 후지 산을 전망할 수 있는 마을에서는, 후지 산의 전망을 방해하지 않게 각 공간 구성 요소가 연계되고 있는 경우가 있다. '갓쇼즈쿠리合掌造'52 민가가 많이 남아 있는 마을에서는 농지와 마을 산과 갓쇼즈쿠리가 일체되어 지역 특유의 경관을 만들어내고 있다.

경관은 공간의 조망이고, 그 조망을 성립하게 만든 것은 공간 구성 요소와 그것들이 연계된 방식이지만, 때때로 연계 방식은 간과되기 쉽다. 그러나 공간 디자인에 있어서는 연계 방식에 주의를 기울이지 않으면 안된다. 공간 전체로서 정리되고, 통합된 경관이야말로 공간 디자인이 지향하는 것이다.

---

49 이즈모 평야 등에서 볼 수 있는 흑송의 방풍·방수림을 말함. 다 자란 수목은 건축 재료나 연료 등으로 쓰인다.

50 오키나와에서 기와 지붕에 설치하는 소박한 토기의 '사자상'. 귀신을 쫓는 기능을 가진다고 한다.

51 오키나와에서 집 입구와 안채 사이에 세우는 석조의 벽. 악귀 등의 침입을 막기 위한 것이라고 전해진다.

52 거대한 합장(合掌)을 뼈대로 한 민가 양식의 하나. 억새로 두껍게 이은 가파른 지붕이 특징이며, 지붕의 안 쪽에 3, 4층의 누에치는 잠실을 설치함. 대가족제 주거이며, 기후켄 시라카와(白川) 지방 등에 많이 남아 있다.

구성 요소의 연계 방식으로서의 디자인 코드

공간 구성 요소의 연계에 있어서, 일정한 약속사항을 디자인 코드라고 한다. 디자인 코드는 공간 구성 요소 간의 약속 사항이므로 오키나와를 예로 들면, 집의 건조 방법과 빨간 기와와의 관계, 집 부지의 구성과 빨간 기와의 관계가 약속이 된다. 오키나와에서는 태풍이나 여름의 뜨거운 햇볕이라고 하는 자연 조건에 적합하도록 집의 건조 방법이 궁리되었고, 그러한 궁리의 일환으로 빨간 기와가 선택되어 왔습니다. 또한, 풍수라는 오키나와의 전통적인 종교성으로부터 시사나 힌푼이 가옥 대지 내에 배치되었고, 마을에서 가옥의 배치도 풍수적인 사고에 입각하여 이루어지고 있다. 이러한 공간 구성을 배경으로 빨간 기와 집들의 풍경이 성립되어 있는 것이다.

결국, 오키나와의 특징인 빨간 기와 풍경은 단순히 기와의 색조라고 하는 것이 아니라, 집의 건조 방법, 가옥 대지 내의 구성, 마을의 공간 형태가 일체되어 성립되어 온 것이다. 그것은 오키나와의 풍토성에 적합한 공간 구성 요소의 연계 방식인 것이다. 여기서, 빨간 기와는 집의 건조 방식과 가옥 대지의 구성, 그리고 마을 구성의 존재 방식을 가리키는 디자인 코드라고 할 수 있으며, 빨간 기와를 성립시켜 온 디자인 코드가 보전되어 있다면, 그곳의 공간은 조화를 이루게 되고, 개성적이며 매력 있는 경관을 형성하게 된다.

각각의 지역에는 그 지역 고유의 디자인 코드가 존재한다. 그것은 지역의 외부에서부터 제공 혹은 강요된 것이 아니고, 지역의 풍토나 생활의 필요에 응하여 지역 주민에게 자연히 전승되고 지켜져온 건축 작법이나 공간 이용의 존재 방식이기 때문에, 때로는 쉽게 잃고 잊혀져 간다. 아름다운 경관이 되어 있지 않은 곳은, 공간 구성 요소가 조화를 어지럽히고 전체적으로 정리되어 있지 않은 것에 원인이 있는데, 그것은 디자인 코드를 상실 혹은 무시한 결과다. 그러한 곳에서는, 그 지역이 본래 가지고 있던 디자인 코드를 발굴하거나, 혹은 이전의 디자인 코드를 현대적으로 바꾸어 가면서 공간 구성 요소를 재편성해 나가는 것이 필요한 것이다.

〈오키나와켄 다케토미지마〉   〈오키나와켄 기타나카구스쿠손〉

빨간기와, 힌푼, 석회암의 돌담으로 구성된 가옥 대지는 오키나와 지역의 매력 있는 마을 풍경을 창출하고 있다.

지역 특유의 디자인 코드를 간파하기 위해서

조화로운 공간을 지향하기 위해서는, 공간 구성 요소 전체가 일체성을 띨 수 있도록 관련짓고 결합하는 디자인 코드에 따라서 구성되지 않으면 안된다. 그러기 위해서

지역에 계승되어 온 공간 이용의 작법

긴 역사를 갖는 농산어촌에는 지역 고유의 디자인 코드가 존재하고 있다. 초가 민가의 가옥, 산이나 바다의 조망에 배려한 마을 공간의 구성, 농법과 결부된 가옥 대지의 구조 등 거기에는 긴 시간에 걸쳐 풍토에 적합하고 생활의 필요에 부응한 디자인 코드가 구축되어 오고 있는 것이다.

이와테켄 도노시 남부의 마가리야曲屋53, 이사와膽澤 평야, 도나미 평야, 이즈모 평야에 있어서의 에구네54, 가이뇨55, 즈이지마츠築地松와 산거56의 가옥, 북관동의 예전에 양잠이 성황을 이루던 지역에 보이는 지붕 밑에 누에방이 있는 건축 양식 등은 각 지역의 디자인 코드를 나타내고 있다. 남

는 지역 고유의 디자인 코드를 간파함과 동시에, 그것을 현대 생활의 필요에 적합하도록 배치하여, 공간 디자인의 존재 방식을 유도해 나갈 필요가 있다.

부의 마가리야는 안채와 마구간이 직각으로 만나는 건축 양식으로서뿐만 아니라 농경마에 의한 영농 양식도 표현하는 디자인 코드이며, 에구네·가이뇨·즈이지마츠는 가옥 대지를 둘러싼 양식을 보여주는 것 외에 그 지역에 있어서의 식재의 존재 방식이나 수종 등에 대해서의 약속 사항을 나타내는 것이라고 할 수 있다. 또한, 누에방을 지붕 밑에 설치한 건축 양식은 농지, 삼림이 일체된 중산간 지역에서의 생활 방식을 가리키고 있다.

지명, 마을명에 있어서, 후지미富士見, 도오미遠見 등의 명칭도, 후지 산이 보이고, 바다가 보이는 것이 그 마을의 아이덴티티가 되어 가옥의 방향

---

53 24쪽 그림 설명 참조.
54 미야기켄의 방언으로, 이사와 평야의 민가 주위에서 볼 수 있는 삼나무나 졸참나무 등의 방풍림을 일컬음.
55 도나미 평야의 민가에 보이는 방풍·방설림으로 과수나 약초 등을 심음. 120쪽 참조.
56 43쪽 '주17' 참조.

마가리야는 이 지방의 농법, 생활 양식에 적합한 건축 양식이므로, 가옥 대지의 공간 구성은 미래에도 계승하고 싶은 디자인 코드라고 할 수 있다.

〈이와테켄 도노시〉

산거 경관만이 갖는 저택림은 그 지역에서만 볼 수 있는 공간 이용 작법으로, 식재의 존재 방식이나 가옥 대지를 에워싸는 법을 나타내는 디자인 코드인 것이다.

〈도야마켄 도나미시〉(상)
〈시마네켄 히카와초〉(하)

이 후지 산이나 바다 쪽으로 향하고, 건물의 높이가 일정하게 유지되며, 도로가 건물들과 나란히 뻗어 있어 조망성을 확보하고 있는 등, 공간 구성의 중요한 디자인 코드가 되었다는 것을 알 수 있다.

디자인 코드는 생활의 필요에 응하도록 공간 구성 요소가 서로 관련하고 결합하는 과정에서 생겨온 것이다. 이렇게 구축된 디자인 코드는 전통적인 건축기법으로, 또는 건물이나 도로의 배치 방식이라고 하는 전통적인 공간 이용의 작법으로 지역에 계승되어 오고 있는 것이다.

지역 고유의 디자인 코드 간파법

지역 고유의 다자인 코드를 간파하기 위해서는, 먼저 지역의 지형·기후·식생 등의 풍토를 알아야 한다. 풍토적인 개성이 디자인 코드를 만들어내고 있는 기초가 되기 때문이다. 적설량에 따라 가옥의 건축 양식은 변한다. 평지와 산간지에서는 가옥 대지의 구조가 다르다. 따뜻한 곳에서는 광엽 수림, 추운 곳에서는 침엽수림이라고 하는 식생의 차이는 건축 소재의 차이가 되어 나타난다. 이렇게 풍토적인 특징을 아는 것으로, 디자인 코드를 읽어내는 안목이 자란다.

풍토적 특징을 파악할 수 있었다면, 다음으로 지역 안의 공간 이용의 존재 방식을 살펴본다. 가옥의 방향, 건축 소재, 색조 등을 하나하나 분석하여 간다. 기리즈마 지붕이나 요세무네즈쿠리寄棟造57, 지역 고유의 흙을 원료로 한 기와 지붕, 온색계·한색계라는 색 사용 등에 있어서, 공통된 건조 방식은 그 지역의 고유한 디자인 코드다. 또한 마을에서의 원경을 여러 가지 장소에서 바라보는 것도 유효하다. 원경이 보이는 방법에서 일정한 리듬을 찾을 수 있다면, 거기에는 공간 이용의 디자인 코드가 존재한다고 하는 것이다. 이번

에는 역으로 마을 밖에서 마을을 바라보는 것으로 마을 공간 전체를 덮고 있는 디자인 코드를 파악할 수 있다. 집들을 통합하고 있는 형태나 색조, 건물의 높이나 크기 등의 범위는 디자인 코드라고 할 수 있는 것이다.

결국, 전체 공간을 구성하기 위해 공간 요소가 어떻게 관계하고 결합되어 있는지, 공간의 일체감이나 통합감을 이루기 위해 구성 요소는 어떠한 방향이나 경향으로 정리되어 있는지, 그러한 것을 발견하는 것이 디자인 코드를 간파한다고 하는 것이다. 공간을 바라보았을 때, 통합되어 있고, 연속되어 있고, 서로 융화되어 있는, 혹은 아름다운 매력이 있다고 느끼는 곳이 있다면, 그 곳에서 반드시 디자인 코드를 찾아낼 수 있을 것이다.

57 네 방향으로 경사진 지붕을 짜맞춘 형식. 혹은 그러한 지붕 형식을 가진 건물을 말함.

기리즈마 지붕의 집들이 특징적인 마을에서는, 지붕이 갈라진 방향이 통일되어 공간 전체의 통합을 연출하고 있다. 이러한 것은 마을에서 집을 세울 때 디자인 코드로 답습되는 것이 바람직하다.

〈후쿠이켄 미야자키무라〉

디자인 코드

디자인 코드는 공간의 조화를 도모함에 있어서 기본적인 확인 사항이고, 디자인을 하기 위해 기본이 되는 방침이나 기준을 의미한다. 디자인 코드는 제멋대로 창출되는 것이 아니고, 간파하는 것이다. 농산 어촌은 긴 역사 속에서 배양되어 온 공간 이용의 작법이라고도 할 수 있는, 토지 이용의 존재 방식, 도로의 접합 방식, 집들의 배치, 가옥 대지의 구조, 저택림의 구성 방식, 건물의 재료나 울타리를 만드는 방식 등등의 양식을 지역마다 풍토에 적합한 형태로 구비하고 있을 것이다. 이러한 이용의 작법이나 양식 속에 그 지역의 독자적인 디자인 코드가 나타나고 있는 것이다.

① 집들이 늘어선 곳의 디자인 코드

후쿠이켄 미야자키무라나 교토후 미야마초京都府 美山町는 집들이 늘어선 모습이 통일된 것으로 아름다운 마을 경관을 형성하고 있다. 이곳에서는 가옥이 일정한 방향으로 정돈되어 있다는 점에서 디자인 코드(왼쪽 사진의 붉은 부분, 오른쪽 사진의 노란 선과 같이 각각이 일정한 방향으로 갖추어져 있다)를 읽어낼 수 있다. 새롭게 집을 세울 때는 이 디자인 코드를 답습하는 것으로 조화를 유지할 수 있게 된다.

② 가옥 대지 외관의 디자인 코드

전통적인 농가의 분위기에서는 여러 가지 디자인 코드를 읽어낼 수 있다. 푸르게 색을 입힌 돌담은 돌을 쌓는 방법에 대한 디자인 코드, 초록으로 색을 입힌 생울타리는 울타리에 대한 디자인 코드, 주황색으로 색을 입힌 지붕은 지붕의 구배나 재질, 혹은 가옥의 방향을 나타내는 디자인 코드다. 이러한 디자인 코드를 활용하는 것으로 공간 조화가 이루어지게 된다.

디자인 코드의 기본으로서의 '유용성과 미'

'기소 가도木曽 街道'역참 마을의 목조 가옥이 늘어선 아름다운 거리, 한 장 한 장의 논이 겹쳐 하늘로 올라가는 계단식 논의 장려함, 뱃머리가 바다를 향해 정연하게 늘어선 후나야舟屋58의 연속됨이 자아내는 정취 등은, 처음부터 아름다움을 의식하여 집을 세우거나 논을 갈거나, 배의 격납을 고려한 것이 아니다. 생존하기 위해, 혹은 지형이나 기후에 적합하도록 하기 위해 라는 생활의 필요에 따른 결과로 형성되고 양성되어 온 것이다. 디자인 코드는 이렇게 각각의 지역에서 오랜 시간을 들여 생활의 필요에 부응하도록 공간의 존재 방식을 궁리해 온 결과, 지역에 뿌리내린 공간 이용의 작법을 나타내고 있는 것이다.

생활의 필요에 적합하다라는 것은, 생활이 요구하는 것에 소박하고 순수하게 응해 간다고 하는 것으로, 역참 마을은 숙박이라는 기능을 위해 처마 끝을 길 쪽으로 길게 늘여 손님이 쉽게 들어오도록 궁리한 여인숙이 줄지은 결과, 통일된 거리 풍경이 형성되었고, 계단식 논은 경사지에 물을 가득 채운 평면을 만들기 위해서 계단 형태로 논을 펼친 결과, 경작하여 하늘에 오른다고 칭해지는 경관이 창출되었으며, 좁은 토지 안에 먹고 자는 장소와 배의 격납을 가능하게 하기 위해 집과 배의 창고가 하나된 후나야가 바다에 면하여 늘어선 집들의 풍경이 출현하게 되었던 것이다. 생활해 나가는 데 있어서 유용성을 추구해 나가는 것으로 미가 배양되어 가는 것, 이것이 유용성의 미라고 불리는 것이며, 디자인 코드의 본질이라고 할 수 있다.

이러한 디자인 코드에 근거한다라는 것은 지역 생활에 있어서 정말로 필요한 것인가를 되묻는 것을 시작으로 하며, 디자인을 위한 디자인, 대상의 본질과는 관계가 없는 디자인, 유용성을 소외하고 방해하는 디자인을 배제할 수 있는 안목을 기르고, 기능성이나 편리성만에 사로 잡히지 않는 것, 모방이나 거짓을 삼가하는 것, 지역에 전통적으로 구비되어 온 디자인을 재검토한다는 마음가짐으로 공간 만들기에 대처해 나간다고 하는 것이다.

디자인 코드를 밟아 공간 디자인을 진행하는 것으로, 유용성과 미가 조화를 갖춘유용성 안에서 미가 발견된다 농산어촌 공간이 형성되게 된다.

---

58 바다를 향해 세워진 건물로 1층이 배의 격납고, 2층이 거주 공간으로 구성된다.

유용성과 미
보는 사람을 매료하는 이러한 풍경은 의식적으로 조형된 것이 아니고, 그 지역에서 생활해 가는 데 있어서 필요에 적합하 도록 만들어진 결과의 산물이다. 유용성을 순수하게 추구하면 그곳에서는 저절로 아름다움이 양성되어 간다.

〈좌: 나가노켄 난기소마치, 우: 교토후 이네쵸〉

현대 생활을 향한 디자인 코드의 배치

디자인 코드는, 각 시대마다 생활의 유용성에 적합하도록 구성되어 온 것이다. 답습하는 것만이 아니고, 그것을 현대 생활의 필요에 적합하도록 배치하며, 공간 디자인의 존재 방식을 유도해 갈 필요가 있다.

현대 생활의 필요에 맞춘 디자인 코드의 배치

오랜 시간을 거치면서 길러져 온 디자인 코드는, 그 과정에서 그 당시 생활의 필요나 기술의 존재 상태의 변화에 따라 그 내용을 맞추어 온 것이다. 디자인 코드는 결코 고정된 불변의 것이 아니고, 어디까지나 생활의 유용성과 연계하여, 유용성의 변화에 대응하면서 구성 요소의 관련이나 결합 방법도 적절히 배치했기에 계승될 수 있었던 것이다.

현대의 농산어촌은 유래가 없는 큰 변화를 맞이하고 있다. 기계화가 진행된 근대적인 농업 기술의 도입이나 도시적인 생활 양식의 침투에 의해, 라이스 센터나 컨트리엘리베이터라는 생산 시설, 철근 콘크리트로 지은 가옥이나 공장, 대형 점포, 혹은 자동차를 사용한 행동 양식, 직선으로 구분된 밭이나 도로, 수로 등, 지금까지 존재하지 않았던 새로운 이질적 공간 구성 요소가 출현해, 공간 전체의 통합 방식이나 일체감의 양성에 있어서도 새로운 연계 방식이 필요하게 되었다.

가옥의 건축 소재나 건축 기술도 이엉에서 흙 기와, 콘크리트제 기와로, 목재에서 철근 콘크리트, 합성 수지로, 공법에서도 많은 양식이 도입되는 등 기술 적용의 선택이 폭넓어지고 다양해지고 있다. 생산 기반도 수작업에 의한 정비에서 대형 기계에 의한 대규모 정비가 가능해지고 있다. 모든 건축 재료나 기술도 간단히 도입할 수 있도록 되어 있다. 이러한 기술 혁신은 공간 만들기의 수법을 크게 변화시키기 때문에, 공간 구성 요소를 조화롭게 엮어가는 디자인 코드의 내용도 그것에 응하여 갱신되어 가지 않으면 안된다.

가옥 대지 만들기에 있어서 소재가 흙이나 나무에서 콘크리트나 철로 바뀌는 경우의 디자인 코드 배치는, 새로운 소재를 흙이나 나무와 닮게 한다는 것이 아니고, 새로운 소재와 지금까지 계승되어 온 주택의 형태나 가옥 대지 안의 색조를 조합하는 것, 예를 들면, 소재에 의한 색조의 변화가 피할 수 없는 것이라면, 주택의 형태는 가능한 한 남겨둔다거나, 색조의 변화를 눈에 띄지 않게 식재 등으로 덮어 가는 등의 디자인 코드를 엮어낼 필요가 있다.

즉, 디자인 코드 배치는 계승되어 온 디자인 코드를 단순히 유지하는 것만이 아니고, 남길 것과 바꿀 것 사이에서의 새로운 결합 관계를 창출해 가려고 하는 것이다. 곡선으로 구성되어 있던 논이 기계화된 농법에 적합하도록 정비되어 직선으로 구획된 공간으로 변모하는 것은, 경작지 공간에 있어서의 디자인 코드가 곡선에서 직선으로 변화하는 것밖에 되지 않는 것이다. 단, 그렇다고 해서 맹목적으로 경작지와 마을 산이 접하는 주변부까지도 직선으로 구획한 것은 마을 산과 경작지를 엮는 디자인 코드가 성립되어 있지 않다는 것을 말한다. 마을 산과 경작지의 관계에서는, 경작지를 넘어선 공간의 확장 속에서 자연과 근대화된 농업과의 새로운 연계 방식이 제시되지 않으면 안된다. 예를 들면, 접합부에 완충 지대로서 산책로나 친수 수로를 설치하는 것으로, 경작지와 마을 산의 새로운 연계 방식이 구축되게 된다. 이것은 공간 전체의 디자인 코드 배치의 예라고 할 수 있다.

디자인 코드는 새로운 기술이나 공간 이용 방법을 종래의 공간 구성의 존재 방식 속에서 조화롭게 반영시켜 나가는 중개 역할을 하는 것이다. 계승되어 온 각 지역의 디자인 코드를 간파하고, 그것들과 새로운 기술이나 소재, 공간 이용과의 존재 방식을 조정하면서 디자인 코드를 배치해 가는 것으로, 구체적 · 실천적인 공간 디자인의 전개 방식이 보이게 되는 것이다.

지역 주민 활동과 전문가의 활용

지역 고유의 디자인 코드를 간파하고 그러한 디자인 코드를 활용한 농산어촌 경관의 보전과 계승에는, 지역 주민이 참가한 지역의 재평가와 경관의 보전 · 계승 등에 관계된 합의 형성이 꼭 필요하다. 동시에, 이러한 활동을 추진함에 있어서는, 외부로부터 공간 조화, 경관 형성 등에 관련한 전문가를 초대하여, 전문가에 의한 정보 제공어드바이스을 받아가면서 주민 참가 활동을 행하는 것으로, 경관 조화의 수법 등에 대한 선택의 폭을 늘릴 수 있다. 동시에, 전문가로서의 견해를 주민이 공유하는 것으로, 현재 경관에 대한 새로운 평가 시점깨달음을 얻을 수 있다. 전문가를 적절하게 활용하는 것으로, 주민만으로는 달성할 수 없었던 보다 높은 수준의 합의 형성을 도모할 수 있다.

나고시의 시청사는 지역의 디자인 코드인 빨간 기와와 시사*를 현대 건축 양식 속에서 배치하여 활용하는 것으로, 근대적인 건물이 지역 공간 속에서 조화를 이루며, 새로운 경관을 제시하는 데 성공한 좋은 예다. 빨간 기와의 색과 소재를 사용한 벽돌로 건물의 벽을 장식했으며〈위〉, 시내에 있는 시사의 형태를 전부 모아서 장식으로 사용하고 있다. 그것은 시사 박물관으로서도 기능하고 있다.〈아래〉
*146쪽 '주50' 참조

가나가와켄 마나츠루마치(神奈川縣 眞鶴町)의 '미의 기준'

　지역에서 고유한 디자인 코드를 간파하기 위해서는 지역 주민 사이의 공유된 지역 공간의 표현 방법언어, 구전 / 전설, 양식을 모으는 것이 효과적이다. 마나츠루마치에서는 리조트 맨션의 대량 진출로 마을의 전통적인 경관이 붕괴되어 간다는 위기 의식을 배경으로, 외부로부터의 무질서한 건축을 규제하기 위해, 이 마을만이 가진 미의 기준디자인 코드에 근거한 미의 조례를 제정하였다. 미의 기준을 제시하기 위해, 마을에서는 행정과 주민, 외부 전문가를 초대하여 지역 공간을 성립시켜 온 디자인 코드를 발굴하였다. 그것들은 장소, 등급 설정, 척도, 조화, 재료, 장식과 예술성, 커뮤니티, 조망이라는 키워드로 정리되었고, 각각의 언어에는 공간 구성의 존재 방식을 나타내는 지침이 제시되어 있다.

'미의 기준'에서 발췌

기준	실마리	기본적 정신	키 워 드	
장소	<장소의 존중> 지세, 윤곽, 수수함, 분위기	건축은 장소를 존중하고, 풍경을 지배하지 않도록 해야 한다.	• 신성한 장소 • 조망할 장소 • 바다와 만나는 장소 • 부지의 수복	• 풍부한 식생 • 고요한 집의 뒤쪽 • 경사지) • 살아 있는 옥외
척도	<척도의 고려> 손바닥, 인간, 나무, 숲, 구릉, 바다	모든 것의 기준은 인간이다. 우선, 인간의 크기와 조화로운 비율을 가지고, 다음으로 주위의 건물을 존중해야 한다.	• 경사에 따른 형태 • 단계적인 외부의 크기 • 중복된 세부 • 끝나는 곳	• 파수대의 높이 • 나무 창살 • 부재(部材)의 접점 • 건물터와의 관련
조화	<조화로운 것> 자연, 생태, 건물의 각 부분, 건물 간	건축은 푸른 바다와 빛나는 초록의 자연에 어울리고, 동시에 마을 전체와 어울려야 한다.	• 춤추듯 내려앉는 지붕 • 나무들의 인상 • 열매 맺는 나무 • 푸른 하늘 계단 • 태양의 은혜 • 본고장 식물 • 어울리는 색 • 적당한 주차장	• 보호 지붕 • 덮다 • 조금 보이는 정원 • 보행로의 생태 • 북쪽 • 큰 발코니 • 격자 선반의 식물
재료	<재료의 선택> 본고장산, 자연, 비공업 생산품	건축은 마을의 재료를 활용하여야 한다.	• 자연 소재 • 땅이 낳은 재료	• 활력이 있는 재료

다양한 디자인의 존재 방식

수로에 펜스를 설치할 경우, 수로로 사람이나 자동차가 떨어지지 않게 하는 것이 시설의 주요한 목적이므로, 강도나 내구성을 높이기 위해 금속이나 콘크리트를 소재로 선택하는 것이 일반적이라고 생각할 수 있다. 그러한 본래의 기능을 검토하고 나서 색채나 형상을 고려하게 되는데, 그 결과 나무의 색조나 표면을 모방한 콘크리트제 모의模擬 목책을 설치하는 것은 매우 흔한 디자인 배려가 되어가고 있다.

이러한 디자인 배려는, 시설의 본래 기능과 디자인과의 타협을 이끌어내는 하나의 수단이지만, 공간의 질적 향상을 도모하는 공간 조화의 디자인이라는 관점에서 말하면 이 방법만이 유일하지는 않다.

공간 디자인의 기본은, 풍토에 적합하고, 생활의 필요에 따른 결과로써 공간 조화가 실현되어 간다고 하는 사고 방식에 있다. 이것에 근거하면, 펜스를 설치할 경우, 펜스의 본래 기능에 충실하는 것이 기본이 되고, 다음으로 그것을 주변 공간과 조화시키도록 궁리해야 되는 것이지만, 나무를 모방하고, 돌을 모방한다고 하는 것만이 조화를 추구하는 방법이 아니다. 때로는, 소재의 질을 그대로 노출하는 것으로 조화가 배양되는 경우도 있다.

공간 조화를 향한 시설 정비의 디자인은 다양한 방법으로 생각될 수 있기 때문에, 유연한 발상으로 대처하는 것이 중요하다. '흉내낸다', '본뜬다'는 가장 알기 쉬운 방법이지만, 공간의 질을 높여 가기 위해서는 이 방법에만 얽매이지 말고, 새로운 디자인을 고안해 가는 것이 필요하다.

디자인 코드에 근거한 색·형태·소재의 선택

조화로운 공간 만들기를 향한 구성 요소의 연계 방식을 나타내는 디자인 코드는 구성 요소에 있어서의 색채, 형태(크기·형상). 소재의 사용법을 가르키게 된다. 지역의 디자인 코드에 적합하게, 건물이나 시설 등 공간 구성 요소의 색·형태·소재를 선택하는 것이 필요하다.

디자인 코드에 적합한 색채·형태·소재의 컨트롤(조작)

교토후 미야마초의 북쪽 마을이 사람을 매혹하는 것은, 초가 민가, 마을 앞에 펼쳐진 논, 마을 안에 있는 텃밭, 마을 산 등이 일체가 되어 공간 조화가 실현되어 있기 때문이다. 여기에서의 공간 조화는 구체적으로 색사용에 있어서 원색이 거의 눈에 띠지 않고 자연의 색조로 통일되어 있다는 점, 가옥의 크기나 형태가 평균적이고 텃밭도 거의 동일한 크기로 갖추어져 있다는 점, 억새로 대표되는 본고장 소재를 도입하고 있다는 점 등을 통해, 공간 전체의 일체감이나 통합감이 배양되어 있다는 것이다. 또한, 북쪽 마을의 디자인 코드 중 하나는 억새로 이은 초가 지붕의 집들이라고 할 수 있지만, 그것은 자연색을 바탕으로 한 색채, 휴먼 스케일의 형태, 본고장산 소재의 활용이라는 디자인 수법에 의해서 구체화되고 있는 것이다.

즉, 디자인 코드는 전체 공간의 조화를 실현하기 위한 공간 구성의 연계 방식과 배치 방법을 나타내는 것이지만, 그것은 구체적으로 색채색의 사용, 형태형상이나 크기의 존재 방식, 소재강도와 결의 선택이라는 조작을 행하는 것으로, 요소 간의 직접적인 결합에 있어서의 조화를 실현하고, 공간 전체의 통합감이나 일체감을 구체화해 가는 것이다.

요소 간의 상대적인 관계에서 결정되는 디자인 수법

요소의 연계 방식이나 배치의 존재 방식은 구체적으로는 색채·형태형상이나 크기·소재로 드러나게 된다. 가옥은 구체적으로 벽·창·지붕·기둥으로부터 성립되어 있지만, 각각에는 색채·형태·소재의 선택·조작 방법이 존재한다. 각각의 것들이 따로따로 선택·조작

억새로 이은 초가 지붕의 집들은 이 마을의 디자인 코드이고, 새로 지은 건물 등은 이 디자인 코드에 따라 색채·형태·소재를 선택해 가는 것으로 아름다운 마을 경관을 보전하게 된다. 〈교토후 미야마초〉

된다면 완성된 가옥은 전체로서의 통일감이 결여되어, 기묘한 건물이 되어 버릴 것이다.

디자인 수법은 각각의 구성 요소가 전체로서 통합되어 가기 위해, 요소 간에 색채·형태·소재의 선택이나 조작 방법을 조정하는 것이다. 따라서, 컨트롤 방법에 절대적인 기준이 있는 것이 아니고, 요소 간의 상대적인 관계에 의해, 컨트롤의 존재 방식도 바뀌게 된다. 예를 들어, 벽과 지붕의 면적을 대비하여 벽보다도 큰 지붕 면적을 가진 가옥이라면 '갓쇼즈쿠리'나 '요세무네즈쿠리'의 경우, 지붕의 색채는 가옥 전체의 색채에 크게 영향을 미치게 된다. 여기에서 채용된 색채는 가옥의 바탕색이 되어, 벽의 색이나 소재 선택의 폭을 한정하게 된다. 각각의 구성 요소가 전체로서 어떠한 역할이나 의미를 가지며, 또한 그것들이 어떤 식으로 편성되는지상하 관계인가 병렬 관계인가 에 의해, 요소 간의 색채·형태·소재의 존재 상태도 변하게 된다.

디자인 수법의 사고 방식

색채·형태·소재를 선택·조작해 갈 때의 기본적인 사고 방식으로는, 친숙통일·융합, 주역과 보조역강조·강약 등의 디자인 수법이 있다.

① '친숙'의 디자인 (통일·융합)

친숙의 디자인은, 구성 요소를 전체적인 조화를 향해 비슷한 종류의 색채, 형태, 소재로 통일하려는 것으로, 차분하고, 침착한 공간 만들기에 적합한 디자인의 수법이라고 할 수 있다. 자칫하면 지역 전체의 공간 속에서 눈에 띄게 되는 대규모 시설생산 시설, 공장·창고 등은 친숙의 디자인을 채용하여, 가능한 한 주변의 공간 구성 요소에 가까운 색채·형상·소재를 선택하고 조작해야 한다. 새로운 건축재를 도입하여 집을 세울 경우는, 종래의 소재와 친숙하게 하는 것이 가옥 전체의 정돈감을 양성한다. 같은 계열의 색조로 통합하거나, 형상에 맞추는 등, 색채와 형태를 콘트롤하여 소재의 비조화를 보충하는 일이 필요하게 되는 것이다. 농산어촌 지역은 전통적으

친숙의 디자인은, 말하자면 주위의 풍경에 녹아들게 하는 것이라고 할 수 있다. 그러므로, 주변 공간에 대해 이질적인 요소는 감춘다라고 하는 것도 효과적인 컨트롤 방법이다.

그 공간이 전통적으로 배양해 온 색·형태·소재는 공간 조화를 향한 디자인 코드가 된다. 새로운 시설이나 가옥을 세울 경우, 그 디자인 코드에 따른다면, 그것은 주변 경관에 친숙한 대상이 되고 공간의 조화는 유지된다.

〈상 - 이와테켄 도노시〉 이 가옥 대지가 아늑하게 보이는 것은, 주역인 안채와 보조역인 정원수 · 돌담이 각각의 역할을 확실히 지키고 있기 때문이다.
〈중 - 나가노켄 호리가네무라/ 하 - 가고시마켄 게도인초〉 비석은 그 자체가 역사적 존재이지만, 공간 안에서는 점경(보조역)으로서, 공간 전체에 역사의 정취를 부여한다.
그러나, 그것이 공사 등으로 인해 한곳에 모아져 주역으로 돌아서면 무엇이라고도 할 수 없는 진묘한 사물이 되어 버린다. 그러한 점경은 있어야 할 장소에 있어야 비로소 의미를 가지는 것이라고 할 수 있다.

로 친숙의 디자인 코드를 기초로 공간 조화가 성립되어왔기 때문에, '친숙'은 가장 기본적인 디자인 수법이라고 할 수 있다.

② '주역과 보조역'의 디자인 (강조 · 강약)

주역과 보조역의 디자인은 어떤 구성요소를 다른 요소로부터 도드라지게 하는, 눈에 띄게 하는, 주장하게 하는 경우에, 주역이 되는 구성 요소와 그것을 돋보이게 하는 보조역이 되는 구성 요소와의 역할 분담을 일으키는 디자인 수법이다. 이른바 바탕과 그림이라는 디자인의 기본적인 원리의 하나지만, 공간 구성에서는 없어서는 안될 요소의 결합방법인 것이다. 식재나 화단을 설치하여 마을을 아름답게 하려고 할 경우, 그저 맹목적으로 나무를 심어 화단을 설치했다고 해서 마을 전체가 아름다워지는 것은 아니다. 예를 들어, 나무를 어느 정도 띄워 심느냐에 따라 초록의 아름다움이 돋보이게 할 수 있다. 일본 정원을 보더라도, 수목이 모여 있는 가산假山[67]과 수목이 없는 모래 벌판이 어우러지는 것으로 가산의 초록이 두드러진다. 해바라기밭 전체로서의 장대한 경관이 있지만, 한편으로, 초록의 풀이 무성한 가운데 피어 있는 한 송이 해바라기는 신비로운 아름다움을 느끼게 한다. 마찬가지로 농산어촌에는 역사나 전통의 무게를 가진 구성 요소가 있는 것이 공간적인 특징이므로, 이러한 귀중한 요소가 주역이 되도록, 그 주변 요소는 보조역이 되는 디자인 컨트롤이 필요하다. 주역의 색채, 형태, 소재를 눈에 띄게 하도록, 보조역의 색채는 채도나 명도를 낮춘다거나, 주역의 조망을 차단하는 것 같은 크기나 형태는 규제한다거나, 소재도 가능한 한 자기색이 강하지 않은 것을 채용해야 한다. 공간 전체에 입체감과 두께, 깊이를 가지게 하기 위해 주역과 보조역도 디자인해야 할 필요가 있다.

67 정원 안에 만든 인공산.

디자인 컨트롤의 특수한 수법으로 대비의 디자인이 있다. 종래부터 성립해 온 공간 조화에 일부러 조화를 어지럽히는 요소를 보태는 것으로, 공간 전체에 참신성이나 새로운 맛를 가하려고 하는 것이다. 그린 투어리즘이나 도시 교류 이벤트 등 지역 활성화를 목표로 한 시설을 만들 때, 산 중턱의 산림 안에 한층 더 눈에 띄는 유리와 금속을 소재로 도시적인 건축물을 만드는 것으로, 공간 전체에 엑센트를 주고, 즐거움을 제공하여 방문하는 사람의 흥미를 환기시키려고 하는 경우에 효과적인 수법이라고 할 수 있다. 대비이기 때문에, 주변의 공간 요소로부터 두드러지고 눈에 띄게 하는 것이 디자인의 목적이 된다. 색채는 대립하는 색, 채도나 명도의 차이가 큰 색을 사용한다. 형태에서는 도시적인 건축 양식 등을 도입하는 것으로 지금까지 없었던 형태를 출현시켜 이질감을 강조한다. 소재에서는 금속, 유리, 콘크리트의 질감을 그대로 사용하여 그곳에 없는 이향성異鄕性을 연출한다.

이러한 디자인은 새로운 디자인 코드의 창조를 촉진하는 계기가 되어, 농산어촌 경관의 질적 향상에 기여할 것으로 기대되지만, 배치할 장소, 도입할 대상에 대해서 충분한 검토가 필요하다. 비일상적인 경관을 만들어내게 되는 만큼, 가능한 한 기존의 마을 내에서는 도입을 피해야 한다.

본래 농산어촌 지역에는 없었던 색·형태·소재를 가져오는 것은, 공간 속에 새로운 가능성을 가져온다. 이러한 참신한 디자인의 도입은 사람들에게 설레는 마음을 기억시키고, 즐거움을 준다. 다만, 그것을 일상 생활 공간 안에 도입하면 뒤죽박죽인 경관이 되어 버리므로 기피해야 한다.

(1) 색채 조화의 기본

농산어촌 공간은 자연을 바탕으로 한 공간이며, 명도·채도가 낮은 색채가 바탕이 되므로, 인공물은 명도·채도를 억제하는 것이 공간 조화의 기본적인 사고방식이 된다. 다만, 시설의 존재를 두드러지게 할 경우에는 엑센트 컬러로 원색을 도입해 대비 효과를 도모하는 일도 색채 컨트롤의 역할이라고 할 수 있다.

(2) 형태(형상과 규모) 결정의 기본

농산어촌에서의 개별 시설 규모는 인간적인 규모가 기본적인 디자인 코드가 된다. 인간에게 위압감을 주지 않는 규모라는 사고 방식을 기본으로 하여, 기능적으로 커질 수밖에 없는 것에 대해서는 배치를 생각하는 등의 궁리가 필요하다. 즉, 시설 만들기에 있어서는, 기능성이나 편리성에만 얽매이면 인간적인 규모라는 디자인 코드를 놓치기 쉽게 되어 주민을 압박하는 것 같은 시설라이스 센터나 컨트리엘레베이터 등이 나타나게 되므로, 그러한 시설은 거주 공간마을으로부터 분리한 후, 상대적으로 규모를 작아 보이게 할 필요가 있다.

(3) 소재 선택의 기본

생산과 생활이 근접하고 있는, 혹은 일체화하고 있는 것도 농산어촌의 중요한 디자인 코드라고 할 수 있다. 또한, 자연과의 능숙한 교제 방법, 혹은 긴 역사를 근거로 하고 있는 것도 특유의 디자인 코드가 된다. 이러한 특징에 입각하여, 소재의 선택에 있어서 농림어업을 비롯한 본고장 산업의 진흥과 관계된 재료간벌재나 재래식 일본 종이 등를 활용하는 것도 조화로운 공간 만들기와 연결된다.

4. 대와 소를 엮는 공간 조화의 방침

대경관과 소경관을 엮는 시점에 섰을 때의 공간 조화의 전개 방법

대경관과 소경관을 엮는 시점이란, 대소의 경관을 짜맞추어 하나의 경관으로 파악하는 시점을 말한다. 이 시점의 특징은 움직이고 있는 상태(동의 시점)에서, 거리가 떨어진 공간 구성 요소를 구도와 리듬으로 짜맞추어, 공간을 깊이가 있는 풍부한 것으로 인식시키는 데에 있다. 대소 경관이 연결되어 형성된 경관의 가이드라인은 풍부한 경관을 창조하기 위해 거리를 둔 공간 구성 요소의 편성 방법을 제시하게 된다.

동의 시점이 만들어내는 대경관과 소경관의 구도와 리듬

동動의 시점은 우리들이 일상 생활을 보내는 데에 있어서 빠뜨릴 수 없는 것이다. 걸으면서의 시점, 자동차에 탔을 때의 시점, 농작업을 하면서의 시점과 같이, 동의 시점에서 풍경을 바라보고 있는 것은, 지극히 보통의 일이라고 할 수 있다. 이 경우에 파악되는 경관은, 대경관과 소경관이 짜맞춰진 것이다. 농로를 걸으면서 자신의 집이 있는 마을을 향하고 있을 때의 시점에서는, 바로 앞의 농지를 보고, 그 뒤의 마을을, 나아가 그 뒤의 먼 산맥을 겹쳐서 보고 있다고 하는 것이 동의 시점이고, 그 시점에서 파악된 것이 대경관과 소경관을 짜맞춘 경관인 것이다.

대소가 짜맞추어진 경관은 거리가 떨어진 공간 구성 요소가 구도를 이루어 성립된 것이다. 마을 길에서 집들을 넘어 멀리 산맥이 있는 풍경, 혹은 조금 높은 산의 중턱에서 잡목림 사이로 보이는 마을의 경관은 눈 앞의 소경관과 멀리 있는 대경관이 연계되고 구도를 이루어 하나의 경관을 형성하고 있다. 그곳에서는 대경관과 소경관이 각각 독립하여 존재하는 것이 아니고, 뒤의 산맥은 눈 앞의 집들과 짝으로 인식되고, 눈 앞의 잡목림과 먼 곳의 마을도 일체가 되어 파악되듯이, 따로 떼어내기 힘들게 연결되어 있는 것이다. 그것은 전경과 배경, 혹은 주경관主景觀과 종경관從景觀이라는 구도로 파악될 수 있다.

또한, 동의 시점은 그 구도에 리듬감을 주게 된다. 예를 들어, 마을 안에서 집들의 풍경을 바라보면서 걷고 있으면, 지붕 넘어 멀리 산맥의 전망 — 건물의 고저나 빈터의 존재 등에 의해 산들의 정상만이 보인다거나, 산의 전모가 보인다거나 하는, 산맥이 보였다 안보였다 하는 리듬감을 터득하게 된다. 이렇게 소경관과 대경관이 자아내는 구도의 변화는, 빌딩이 늘어서 있는 구도의 변화가 단조롭고 무미건조한 도회지의 경관과는 달리, 참으로 농산어촌 경관 특유의 깊이와 리듬을 느끼게 하는 것으로, 매력 있는 경관을 창출하고 있는 것이다. 이러한 운치 있고 풍부한 경관은 지역 아이덴티티를 소중히 기르는 역할을 수행하고 있는 것이다.

대경관과 소경관을 짜맞추는 가이드라인

대경관과 소경관은 전경과 배경, 주경관과 종경관의 구도로 편성되어 있지만, 한편으로 두 가지의 경관은 주역과 보조역이라는 관계도 구축하고 있다. 주역과 보조역은 위치 관계에 의해서 규정된 것이 아니고, 소경관이 대경관에 비해 앞에 있다고 해서, 항상 소경관이 '주역'이 되는 것은 아니다.

예를 들어, '소경관으로서 유채꽃밭이 펼쳐지고, 대경관으로서 잔설이 남은 후지 산'이라는 경관을 생각한다면, 주역은 역시 후지 산이고, 그것을 아름답게 보이게 하기 위한 연출장치로서 바로 앞의 유채꽃밭이 배치되었다고 할 수 있다. 따라서, 소경관으로서의 유채꽃밭 대신에 야적된 폐차가 있다고 한다면, 주역으로서의 후지 산은 아름다워도 경관 전체로서는, 흐트러진 지저분한 경관으로 평가받게 된다. 또한, 소경관으로서 새로운 건물을 세웠을 경우에, 그것이 주역으로서 지역 사람들에게 사랑받고 있는 산맥의 흐름을 파괴해 버렸다면, 경관이 파괴되었다는 것이 된다.

이렇게, 대경관의 골격을 이루고 지역 아이덴티티를 양성하고 있는 산맥, 해변 등은 주역이 되는 일이 많으며, 소경관을 포함한 주위의 경관은 주역으로서의 경관을 저해하지 않게, 혹은 돋보이도록, 어떻게 배려되어야 할 것인가 라는 시점에서 검토해야 할 것이다. 산맥이나 해변 등을 돋보이게 하도록, 예를 들어, 소경관 속의 수로 정비에 있어서, 양호한 조망을 제공하기 위한 장치로서 벤치를 설치한다거나, 포켓파크pocket park의 배치를 검토한다거나 하는 등의 궁리가 필요한 것이다.

스카이라인의 보전

대경관과 소경관을 짜맞추기 위한 가이드라인에 있어서, 큰 의미를 갖는 것이 배경이 되는 산들의 스카이라인의 보전이다. 스카이라인은 산맥 등의 능선이 형태짓는 선을 엮는 것이며, 산들과 하늘을 구분짓는 선을 말한다. 그러므로, 아름다운 스카이라인은 공간의 질을 높히는 중요한 요소인 것이다. 새롭게 구조물을 만들 경우 등은 이러한 스카이라인을 분단하는 일이 없도록, 높이나 크기를 제한해야 한다. 예를 들어, 송전선의 철탑이나 컨트리엘리베이터 등 상당히 높은 구조물을 만들 경우, 이러한 시설이 스카이라인을 분단하지 않게, 스카이라인의 보전이라는 관점에서 검토되지 않으면 안되는 것이다.

여기서 중요한 것은 어떤 시점에서 스카이라인의 보존을 생각해야 하는가라는 뷰 포인트의 설정이다. 구조물에 가까우면 가까울수록, 소경관의 범위에서 검토하면, 구조물의 존재가 중심이 되어 버린다. 이러한 시점에서는 배후의 대경관은 거의 볼 수 없거나, 보여도 무시할 수 있을 정도의 존재감이거나, 구조물의 효용만을 생각해 버린 결과, 스카이라인은 분단될지도 모른다. 이 경우, 스카이라인을 전망하는 뷰 포인트를 미리 몇 개 정도 정해 두고, 구조물을 세우는 경우에는, 그곳으로부터 그 구조물이 스카이라인에 어떠한 영향을 미치는가를 검토하도록 한다. 이러한 뷰 포인트는 주민의 입장에서 지역 주체성을 확인하는 장소가 된다. 그러므로 양호한 스카이라인은 공간의 질이 높다는 것을 증명하는 것이고, 그러한 스카이라인을 전망할 수 있는 장소는 지역에서 가장 양호한 경관을 전망할 수 있는 장소이며, 지역에 대한 애정을 양성시키는 장소라고도 할 수 있다. 이러한 장소를 재확인하는 것은 주민의 지역 경관에 대한 의식을 높이는 일로 연결된다.

스카이라인을 분단한 듯한 구조물은 스카이라인의 내부에 배치할 수 있도록 배려한다.

5. 조화로운 공간을 지향하기 위해서

조화로운 공간을 지향하기 위한 자세

조화로운 공간 만들기의 실천 주체는 그곳에서 생활하고 있는 지역 주민이다. 아름다운 농산어촌 만들기는 주민 자신의 생활 공간에 대한 자각으로부터 시작하여, 주변의 청소 활동, 지역 주민이 함께 참여하는 미화 운동으로 발전해 가는 것으로 실현되어 가게 된다.

조화로운 공간 만들기를 실천하는 주체인 지역 주민

아름다운 농산어촌 만들기의 주역은 그곳에 살고 있는 주민이므로, 조화로운 공간 만들기의 실천 주체도 지역 주민이 된다. 주민이 그곳에서 하루하루 지내는 생활 속에서 쾌적함이나 상쾌함을 느끼고 있다면, 그 공간은 조화롭다고 말할 수 있을 것이다.

어떤 주민이 자신이 살고 있는 지역을 걸으면서, 차분한 분위기의 마을 안에서 마음이 평온해지고, 매미 소리를 배경으로 푸른 하늘을 올려다보며 기분 전환을 하며, 가을의 황금빛 벼이삭이 파도치는 풍경에 감동하고, 마을 산의 색이 변화하는 가운데 계절의 변화를 느끼는, 어메니티에 가득 찬 생활을 실감하고 있다면, 그것은 지역 공간의 존재 상태에 만족하고 있다는 것이며, 그에게 있어서 그 공간은 조화로운 것이 된다. 역으로 수로에 버려진 쓰레기를 보고 비위생적이라고 느끼고, 경작지 속에 야적된 폐차를 보고 어수선함을 느끼며, 좁은 마을 길에서 차와 엇갈렸을 때 위험을 느끼고, 난입한 간판을 앞에 두고 흉하다고 생각했다면, 불쾌한 공간으로 평가한 것이 된다. 주민이 아름다운 농산어촌 만들기의 주인공이라는 것은 이렇게 하루하루의 생활 속에서 부지불식간에 공간을 평가하고 있기 때문이다. 이러한 평가로부터 공간의 조화 만들기가 출발하게 되는 것이다.

조화로운 공간 구성 요소의 결합 방법을 실현하기 위해서

아름다운 농산어촌 만들기를 향해, 공간 구성 요소의 조화로운 연결을 실현해 가기 위해서는, 무엇보다도 주민 자신이 자신들이 생활하고 있는 공간이 어떠한 요소로 성립되어 있는가를 자각하는 것에서부터 시작된다.

우선은 주민 개개의 택지 주변의 공간을 눈여겨 보고, 그곳에 어떠한 요소가 있는지를 재확인하는 것이 중요하다. 택지 주변의 공간을 구성하고 있는 요소로서, 예를 들어, 가옥 대지 안은 안채, 별채, 정원, 농기구 창고, 벽 등으로 이루어져 있고, 그 가옥 대지 주변은 도로, 수로, 수목, 그리고 이웃집 등으로 에워싸여 있다. 일상 생활 안에서 아무렇지도 않게 지내고 있던 생활 공간을 새롭게 재인식하는 것으로, 스스로 그 공간이 정돈되어 있다, 일체적이다, 혹은 제각각이고 난잡하다라는 식으로 평가할 수 있게 된다. 이러한 공간에 대한 평가 의식을 주민 개개인이 품는 것이 아름다운 농산어촌 만들기의 입장에서 무엇보다도 중요한 것이다. 그리고, 이 공간에 대한 재확인의 시야를 가까운 공간에서 순차적으로 근린 공간, 마을 공간, 농지나 마을 산까지도 포함한 지역 공간으로 확장해 나가는 것으로, 지역 공간 전체의 조화 만들기의 자세가 구축되어 가게 된다.

구성 요소를 재확인하고, 그것들이 창출하고 있는 공간 전체의 모습을 평가했다면, 다음은 그러한 공간의 모습을 창출하고 있는 요소 간의 연계 방식을 풀어내는 것이 필요하다. 예를 들어, 마을 공간은 주택과 생활 관련 시설로 이루어져 있지만, 그것들이 색채나 형태에 있어서 정리되지 않고, 공간으로서 일체감을 자아내고 있지 않다고 한다면, 그것은 마을을 구성하고 있는 공간 구성 요소의 연계 방식에 조화가 이루어져 있지 않다는 것을 이해하지 않으면 안된다. 반대로 정리감이나 일체감을 느꼈다고 한다면, 그곳에는 각 요소를 조화롭게 결합하고 있는 관계가 있는 것을 인식할 수 있는 견해가 필요하다.

아름다운 농산어촌 만들기는, 이러한 공간 구성 요소를 파악하고, 공간 전체의 조화 · 부조화를 감지하며, 그것을 초래하고 있는 요소 간의 연계 방식을 깨닫는, 주민 개개인을 파악하려는 방식에 대한 태도의 형성이 출발점이 되는 것이다.

주민 참가에 의한 아름다운 농산어촌 만들기의 실천

1. 환경에 대한 공통 의식과 가까운 환경에서부터의 실천

계단식 논의 경관은, 긴 세월을 걸친 지역 주민의 생업이 만들어낸 지역의 재산이다. 또한, 수변의 경관도 지역 고유의 문화다. 도시 주민이 그곳을 방문할 경우, 지역에 존재하는 물과 생활의 관계, 물과 흙의 지혜에서 지금의 삶을 돌이켜볼 수 있는 것이다.

지역 주민의 환경 공통 인식이 중요

주민에 의한 농산어촌 만들기에 있어서는, 그곳에 사는 주민 스스로가 지역 환경의 성립 과정을 인식하고, 서로가 가치 있는 공간을 공유하고 있다는 의식을 양성하는 것이 출발점이 된다.

공통 인식은 아름다운 농산어촌 만들기의 원점

아름다운 농산어촌 만들기를 전개해 가기 위해서는, 지역 주민 스스로가 평소의 생활 속에서 주위 환경에 적극적으로 다가가, 라이프 스타일을 재검토하면서, 아름답고 쾌적한 공간을 보전하고 형성해 간다는 의식이 필요하다. 그러나, 아름다움에 대한 평가나 가치관은 사람 마다 다르므로, 주민 참가의 활동을 효과적으로 전개하기 위해서는, 우선 지역의 경관이나 문화 등의 매력에 대해, 주민 서로가 의식하여, 가치 있는 공간을 공유하고 있다는 인식을 양성하는 것이 출발점이 된다.

환경에 대한 공통 인식은 농산어촌 만들기의 활동 전체를 통해서 늘 가지고 있어야 할 사고 방식이다. 지금까지 기술해 온 바와 같이, 농산어촌에서는 농림어업과 관계를 맺으면서 생활하고, 긴 세월에 걸쳐 지역의 문화를 기르며, 세대를 넘어 농림지나 해안을 지킨다고 하는 지역 주민의 끊임없는 노력에 의해서, 그 지역 고유의 아름다움이 유지되어 왔다. 지역 고유의 경관에는 하나하나에 그 성립의 의미가 있고, 생산·생활상의 필요성이나 지역의 역사나 문화에 근거한 존재 의미를 지역 주민이 공통적으로 인식하여 필요한 것으로 이해하고 있었기 때문에, 고유의 매력이 보전되고 전해져 온 것이다.

그러나, 과소화·혼주화가 진행되는 가운데, 지역 환경의 가치에 대한 공통 인식도 옅어졌고, 그에 따라, 농산어촌의 경관도 악화되어 왔다.

귀중한 자연 자원이나 문화 자원이 존재하고 있어도, 아무도 그 존재를 알아채지 못한다면, 그것은 존재하지 않는 것과 동일하다고 할 수 있다. 또한, 모두가 그 존재를 인식하고 있었다 하더라도, 각각의 사람이 그 가치에 대한 인식을 서로 공유하는 노력을 하지 않는다면, 그 보전이나 활용 방법에 차이가 생겨 개성이 넘치는 지역의 자원은 본래의 모습을 잃고, 순식간에 다른 것으로 변질해 버리는 것이다.

지역의 매력은 반드시 발견된다

다시 한번, 모두가, 지역의 환경을 세심히 주시하여 보자. 반드시 거기에는, 생산·생활상의 문제점을 비롯하여, 경관과 자연의 보전이나 문화의 계승에 있어서의 문제점이 발견됨과 동시에, 사람을 사로잡는 지역 고유의 매력도 발견될 것이다. 여러 가지 지역의 자원을 지역 사회에서 공유하고, 지역의 아이덴티티로서 자리매김하여 활용해 나가는 것이 중요하다.

지역 주민은 지역 고유의 아름다운 경관을 저해하고 있는 것이 아닌가 라는 의문을 가지고 있지만, 그것은 개인이 소유하고 있는 공간에 대한 것이며, 주민들이 공유하고 있는 공간에 대한 인식은 아니다.

후나야의 정취는 지역다움을 자아내고, 그러한 공통 인식이 지역의 아이덴티티를 만든다.

공동적인 공간의 관리는 많은 사람들의 협력으로 실시한다.

생울타리 · 대나무울타리, 저택림(屋敷林)의 유지 관리, '꽃 가득 운동'의 추진으로, 일상의 생활 경관이 아름다운 농산어촌의 경관이 된다.

어린이들은 농산어촌 체험이나 농림어업 체험을 통해서 지역의 생산과 생활을 체험하고, 지역을 이해하며, 지역에 대한 애정을 가지게 된다.

가까운 환경에서 각각이 역할을 담당하고 아름다운 농산어촌 만들기를 실천

아름다운 농산어촌 만들기의 실천 활동은 가까운 환경에 대하여 할 수 있는 일부터 차례로 실행하고, 여성 · 어린이부터 고령자까지를 포함한 폭넓은 계층의 사람들이 일상적인 생활 속에서 무리 없는 활동으로 펼쳐가는 것이 중요하다.

사적(私的) – 공동적(共的) – 공적(公的)으로 연결되는 활동

지역 주민에 의한 현실적이고 지속 가능한 아름다운 농산어촌 만들기의 실천은, 우선 자택 주변 등의 사적인 공간에서의 일상적인 청소 활동이나 식재 등의 미화 활동으로부터 시작하여, 사적인 공간과 공적인 공간과의 경계가 되는 공동적인 공간예를 들면, 현관에서 시초손도(市町村道)59에 접속할 때까지의 자택 주변의 영역 등에서의 청소, 미화, 유지 관리 활동 등으로 넓혀간다. 나아가, 지역의 공공 시설 정비 등에 있어서도 지역 경관과의 조화를 배려하도록 주민이 계획 단계부터 적극적으로 관여해 나가는 등, 마을이나 지역 전체의 활동으로까지 발전시켜, 장래에는 농산어촌 지역의 아름다움이나 환경의 보전에 관심을 가지는 도시 주민이나 NPO 등과도 연계한 활동으로 확대시켜 가는 것이 바람직한 모습이다.

마을 주변에 쓰레기가 흩어져 있고, 무질서한 토지 이용이 일어나고 있다면, 더 큰 쓰레기 불법투기 등을 유발하여 경관은 더욱 악화되고, 주민의 아름다운 경관에 대한 보전 · 형성의 의욕도 엷어지는 것이다. 가까운 곳의 환경 개선부터 시작하는 것이 지역 전체의 환경 개선으로 연결되는 것이다.

여성, 어린이부터 고령자까지가 역할을 분담하여 활동

종래의 농산어촌 사회에 있어서, 마을 내의 도로나 수로, 절이나 신사, 공원 · 광장 등의 공동 이용 공간은, 마을 주민의 차원에서 청소, 미화, 유지 관리의 활동이 이루어지고 있었지만, 고령화 · 혼주화 등에 따라 마을 기

---

59 시초손장이, 그 시초손 구획 내의 어떤 부분에 대해, 해당 시초손 의회의 의결을 거쳐 노선을 인정한 것(도로법 제8조).

능이 저하되어, 이러한 공동적 영역에 있어서의 환경 관리 활동은 이루어지기 힘들게 되고 있다.

지역 주민이 서로, 공동적인 공간의 역할을 재인식함과 동시에 행정, 도시 주민, NPO와도 연계한 적극적인 활동을 전개하기 위한 체제 만들기 등의 대책을 마련하고, 어린이로부터 고령자까지도 포함한 폭넓은 계층의 사람들이 각자의 라이프 스타일에 따른 일상적인 생활 속에서 무리 없는 활동을 펼쳐나가도록 하는 것이 지속적인 활동의 실천에 효과적이다.

숯 만들기, 짚·대나무 세공의 기술이나 '가구라', '가부키' 등의 전통 예능, 된장 만들기 등의 향토 요리를 후세에 전하기 위해서는 고령자나 여성의 역할은 크다.

생활 속에서의 지속적인 환경 관리 활동

일상 생활의 연장선에서 임한다	지역 만들기를 특별한 활동으로 생각하여 임하면, 일시적인 충실감은 있지만, 지속력은 떨어진다. 따라서, 특별한 활동으로서가 아니고, 가사, 일, 학교, 여가 등의 일상 생활의 연장선 상에서 전개되는 것이 중요하다.
생활 자세의 재검토로 임한다	평소에 자신이 아름다운 농산어촌 만들기에 얼마나 관여하고 있는지 흥미를 갖자. 동료와 함께 가정에서 실천하고 있는 환경 보전의 정보를 공유하자.
지역 교육의 공간으로 파악하여 임한다	풍부한 인간 형성을 목표로, 가정·학교·사회 교육 등의 일환으로서 임하고, 스스로 배우고, 스스로 길러나가는 자세를 갖는 것이 중요하다.

주민참가의 활동을 지원하는 행정이나 전문가 등의 역할

지역 주민의 의식 계발, 이해의 조정, 합의 형성을 향한 의견의 정리, 조직 만들기 등에 대해, 행정이나 전문가는 지역 주민의 자발적인 활동을 지원해 나가야 한다. 또한, 도시 주민에게도 개방된 국민 공통의 재산으로서의 아름다운 농산어촌 만들기를 추진한다는 관점에서, 도시 주민, NPO 등의 다양한 주체의 참가와 연계를 확보하면서, 농산어촌 만들기를 진행시켜 나가는 것이 필요하다.

주민 참가 활동을 지원하는 행정의 역할

아름다운 농산어촌 만들기에서는 지역의 미래상을 지역 주민 스스로가 구상하여, 주체적으로 자신들의 지역을 아름답고 쾌적한 공간으로 보전·창조해 나가는 것이 중요하다. 그 때, 아름다운 경관 만들기에 대한 의식의 계발, 의견 청취 장소와 조직 만들기, 지역 내에서의 이해 조정·합의 형성을 향한 의견의 정리 등에 관해 커다란 역할을 담당함과 동시에 지역의 과제를 숙지하고 있는 시초손 행정은 주민의 입장에서 친밀하고 든든한 상담역으로 의지할 수 있는 주체가 된다.

시초손은 주민 활동을 조정하는 역할 외에, 주민의 합의를 구체적인 시책으로 실시하거나, 조례의 제정 등을 통해 실효성 있게 활동하기 위한 제도적인 지원을 행하거나, 혹은 직접적인 실시 주체로서 아름다운 농산어촌 만들기에 관한 활동을 실천하는 등, 지역 주민과 함께 활동을 추진하는 역할이 기대된다.

시초손이 주민 활동의 조정 역할로서 기능할 경우, 어디까지나 주역은 지역 주민인 점에 유의하여, 합의 형성의 내용이나 실현성에 대해서는 지역 스스로가 결정하도록 존중하는 것이 중요하다. 또한, 주민에 의한 활동의 각 단계에서 밀접하게 연계함과 동시에, 합의 형성의 내용이나 그 실현성에 대해 적절하게 조언하여, 활동이 현실적·지속적인 것이 되도록 배려하는 것도 중요하다. 항상, 행정이나 전문가는 자신들의 의견이나 지원의 방법이 지역 만들기에 큰 영향을 미치는 경우가 많다는 점을 인식하여, 어디까지나 지역 주민이 주체적으로 생

행정·전문가는 지역 주민에게 적정한 때, 적정한 질과 양의 정보를 제공한다. 주민과 함께 생각해 나가는 자세가 중요하다.

각하고, 결정해 나갈 수 있도록 배려하자.

도시 주민이나 NPO가 개입한 활동도 중요

나아가 최근에는, 국민이 여유나 안락함을 어느 때보다도 중시하게 되었고, 도시 주민은 농산어촌에 대해서 농수산물을 공급하는 것 이외에 국토 보전, 자연 환경의 보전, 양호한 경관과 문화의 전승 등, 다면적인 기능에 기대하고 있다. 도시화가 진행되어, 일상 생활에서 자연과 친숙하게 지낼 기회가 감소하는 가운데, 도시 주민의 아름답고 쾌적한 농산어촌 공간에 대한 관심은 더욱더 높아져, 도시 주민에게도 개방된 국민 공통의 재산으로서의 농산어촌 만들기도 중요한 과제가 되고 있다.

그러므로, 농산어촌이 지역 주민의 재산임과 동시에 국민 공통의 재산이라는 것에 근거하여, 농산어촌 만들기에 있어서는 장래적으로 도시 주민이나 NPO 등 외부의 시점도 반영한 활동을 실시하는 것이 중요하게 된다. 이것은 도시 주민의 요구에 단순하게 부응한다고 하는 것이 아니고, 다른 시점에서 지역의 매력을 다시 검토하는 데 유효한, 과소화·고령화·혼주화 등의 진전에 의해 발생하고 있는 농지·삼림, 수자원의 관리 상의 문제나 경관의 보전, 문화의 계승에 있어서의 문제를, 지역 주민이 도시 주민과 함께 해결하고, 농산어촌 공간을 지키며 길러나가는 것을 중시한 활동이 된다.

전통적인 하사키의 경관. 농지 제방을 가리는 식물은 도시 주민에게도 위안이 되는 공간이다. 이러한 경관을 유지하기 위해서는 많은 노고가 필요하지만, 도시 주민이나 NPO의 협력도 얻으며 유지에 힘써보자. 농산어촌은 사는 사람도, 방문하는 사람도 편안히 한숨 돌릴 수 있는 공유 공간이 되어갈 것이다.

행정이나 전문가가 지역 주체의 활동을 지원할 경우의 유의점

1. 꿈도 현실도 중요하게 여길 것

무엇이 가능하고 무엇이 불가능하다는 것이 아니고, 지역이 그린 꿈을 소중히 하도록 한다. 그와 동시에 현실적인 목표도 시야에 넣어 지역 주민의 꿈과 현실의 밸런스를 유지하도록 배려하는 것이 중요하다. 또한, 대략적이라 하더라도 현실적인 목표도 시야에 넣은 실시 스케줄이나 우선 순위에 대해서도 검토하는 것이 효과적이다.

2. 합리적인 근거를 명확하게 할 것

농산어촌 공간을 아름답고 쾌적한 국민 공통의 재산으로 형성해 나가기 위해서는, 계획이나 활동이 가능한 한 누구나가 납득할 수 있는 합리적인 근거를 가지고, 객관적인 판단이 가능하도록 궁리하여, 합의 형성을 유도하도록 힘쓰는 것이 중요하다. 한편, 과학적 수법만을 이용해 의견 조정을 행하는 것은 부적절한 경우도 있기 때문에, 지역 주민의 화합도 존중하면서, 지역이 납득할 수 있는 합의로 이끌어가는 것이 중요하다.

3. 즐겁게 활동할 수 있는 요소를 중요하게 여길 것

어떤 활동도 재미있고 즐겁지 않으면 지속성을 확보할 수 없다. 아름다운 농산어촌 만들기 활동은 긴 시간이 필요하고, 남성, 여성, 어린이부터 고령자까지 폭넓은 주민이 참가하므로, 놀이를 한다는 마음으로 즐겁게 행하는 것이 실효성을 높이고 지속성에 연결되어, 결과적으로 효과적인 지역 만들기에 연결된다는 것을 잊어서는 안된다. 그러기 위해서는 일상적인 활동의 일부로서 활동할 수 있는 장치를 궁리하는 것이 특히 중요하다.

4. 결국은 사람 만들기

농산어촌 만들기를 실현하기 위해서는, 지역 주민을 리드하는 우수한 인재를 주민 중에서 발굴하는 것이 중요하다. 또한, 지역 주민은 여러 지역 전문가들의 모임이기도 한다. 외부로부터 지식이나 견식을 도입할 뿐만 아니라, 지역 내부의 전문가의 잠재 능력을 충분히 활용함과 동시에 인재 육성을 위한 지원을 행해 가는 것도 행정 · 전문가의 큰 역할이다.

구체적인 지원의 내용

정보 제공에 관한 지원	필요한 정보 제공, 조언, 상담
	어드바이저나 전문가, 실무자의 소개, 파견
	연수회, 공부방 등에 지구 리더를 파견
	지구 리더나 주민에 의한 선진적인 사례지 등으로의 시찰
	활동 홍보 등의 PR, 다른 시초손으로의 정보 발신
	타지역이나 도시 주민과의 교류회, 정보 교환의 장의 설정
활동에 대한 지원	교섭이나 회합, 참가 활동을 위한 비용 보조
	산지 직송 시설의 정비, 손수 꾸민 공원의 정비 등, 주민이 기획 · 계획한 것의 실현을 향한 지원
	공공 시설의 개방, 물품의 대여, 배포 자료의 인쇄
	자치체의 홈페이지에 공개, 관광용 팸플릿에 게재
그 외	담당 직원의 배치와 연락 체계의 정비
	관련 사업에 관한 설명
	시초손의 종합계획 등에 반영, 그것에 동반한 사업의 실시 등

2. 주민이 참가하는 활동 과정의 중요성

아름다운 농산어촌 만들기의 주역은 주민

아름다운 농산어촌을 보전·형성하기 위해서는, 지역 주민이 ① 지역의 생산·생활 환경에 관심을 가지고, ② 활동에 자주적으로 참가하며, ③ 지역의 매력 있는 자원을 재발견하고, ④ 지역의 현황과 과제의 이해를 깊이 하여, ⑤ 장래의 방향에 관해 검토하고, ⑥ 실천을 통해 아름다운 농산어촌을 창출하는 활동의 과정을 지속적으로 전개해 가는 것이 필요하다. 이 활동을 거쳐 생겨난 구체적인 성과가 또 다른 새로운 관심을 만든다.

주민 참가의 흐름을 창출한다

주민 참가에 의한 농산어촌 만들기의 활동을 효과적 또는 효율적으로 추진해 나가기 위해, 관심 – 참가 – 발견 – 이해 – 창출의 평가·학습의 활동 과정을 계속적으로 실천해 나가자.

농산어촌 만들기에 있어서는, 우선 자신들을 둘러싼 환경의 문제점이나 장점에 관심을 가지는 것이 중요하다. 많은 사람이 관심을 가질 수 있도록 계발 활동을 실행하자. 그리고, 한 사람 한 사람의 관심이 싹터 오면, 다음은 모두의 관심을 서로가 공유하기 위한 동료를 만들자. 그것이 참가의 단계다. 동료가 모이면, 이번에는 모두가 함께 마을 환경을 점검할 워크숍 활동을 통하여, 자신들의 환경을 재점검하는 발견의 활동을 행해 가자. 그리고, 지역 환경을 평가하여, 효과적인 활용에 대해 여러 가지 의견이 나오면, 지역의 미래상을 생각하기 위해, 지역의 자연이나 사회 구조에 대한 이해를 깊게 하고, 어떤 방향으로 지역 만들기를 진행하는 것이 바람직한 것인지를 궁리하자. 마지막으로, 지금까지의 활동을 정리하여 장래 비전을 책정하고, 결정된 일부터 실행으로 옮겨 가자.

무리하지 말고, 천천히 과정을 즐기면서 주민 참가의 활동을 실천해 가자. 이 과정의 반복이 아름다운 농산어촌을 지키고 만들어 간다.

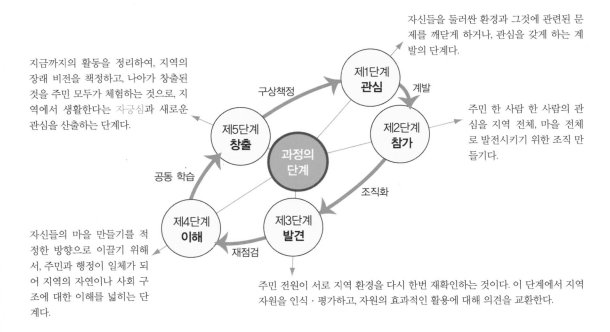

자신들을 둘러싼 환경과 그것에 관련된 문제를 깨닫게 하거나, 관심을 갖게 하는 계발의 단계다.

지금까지의 활동을 정리하여, 지역의 장래 비전을 책정하고, 나아가 창출된 것을 주민 모두가 체험하는 것으로, 지역에서 생활한다는 자긍심과 새로운 관심을 산출하는 단계다.

주민 한 사람 한 사람의 관심을 지역 전체, 마을 전체로 발전시키기 위한 조직 만들기다.

자신들의 마을 만들기를 적정한 방향으로 이끌기 위해서, 주민과 행정이 일체가 되어 지역의 자연이나 사회 구조에 대한 이해를 넓히는 단계다.

주민 전원이 서로 지역 환경을 다시 한번 재확인하는 것이다. 이 단계에서 지역 자원을 인식·평가하고, 자원의 효과적인 활용에 대해 의견을 교환한다.

	목 표	구체적인 수법	행정 · 전문가의 역할
의식 계발 (관심)	1. 지역 환경의 현상, 지역 자원의 존재량과 위치를 안다. 2. 아름다운 농산어촌 만들기에 대해서 주민 한 사람 한 사람이 의견을 가진다.	1. 지도, 향토사, 행정자료 등의 정보를 수집한다. 2. 경관에 흥미가 있는 주민이 모여, 서로의 지역에 대한 생각이나 문제점을 말한다. 3. 설문 조사 등을 통해, 생활 · 생산 환경에 대한 의견을 수집한다. 4. 자신이 알고 있는 지역의 자원이나 환경을 인지 지도로 만든다.	1. 아름다운 농산어촌 만들기, 경관에 대해 관심이 있는 사람을 발굴한다. 2. 경관이나 환경에 대한 파악법이나 사고법에 대해 정보를 제공한다. 3. 도시 주민, NPO 등, 경관 만들기의 파트너, 응원단을 찾는다. 4. 학교 · 사회 교육의 관련 부서와 연계한다
조직화 (참가)	1. 모두가 역할을 가지고, 활동할 수 있는 체제를 만든다. 2. 여성, 어린이부터 고령자까지 폭넓게 활동할 수 있는 장치를 만든다.	1. 경관에 대한 의식 계발을 위해 이벤트 등을 실시하고, 폭넓은 주민 활동이 되도록 참가를 촉진한다. 2. 기존 조직이 할 수 있는 역할에 대해 검토한다. 3. 지원 체제 만들기를 위해 서로 의논한다.	1. 환경 만들기에 흥미가 있는 주민 그룹의 정보를 정리한다. 2. 행정 · 전문가의 지원 방책을 정리한다. 3. 관계 기관으로의 정보 제공과 조정을 실시한다. 4. 리더, 핵심이 되는 그룹을 찾고, 육성한다.
재점검 (발견)	1. 지역 환경에 대한 재점검을 주민 모두가 실시한다. 2. 지역 자원을 평가하고, 워크숍 등의 활동 등을 통해, 효과적인 활용 · 보전 방법 등을 검토한다.	1. 경관 평가회를 통해, 속성별 평가의 차이를 인식하고, 검토 시점을 정리한다. 2. 마을 환경 점검 지도를 작성하여, 지역 자원의 발굴, 환경에 관한 과제 정리를 행한다.	1. 경관 평가회나 마을 환경 점검 활동을 지원한다. 2. 주민 등이 워크숍을 진행할 경우는 방법에 대해 지도한다. 3. 관계 기관과의 교섭, 회의 등의 원활한 타결을 위해 사전 작업과 PR을 행한다. 4. 주민이 주체적으로 활동할 수 있도록 궁리한다.
공동 학습 (이해)	1. 지역의 자연 · 사회 · 경제에 대해 깊이 이해한다. 2. 경관 만들기의 선진 사례를 파악한다. 3. 문제 해결 방법에 대해 검토한다.	1. 여러 가지 워크숍을 통해, 지역 환경의 문제점과 해결 방법에 대한 이해를 깊게 한다. 2. 심포지엄이나 강연회를 열고, 활동을 홍보함과 동시에, 폭넓게 의견을 수렴한다. 3. 선진 사례 지구의 시찰이나 사례에 대한 공부방를 열고, 감성을 연마한다. 4. 경관 시뮬레이터 등의 도구를 통해 경관을 예측하고, 환경 형성을 도모한다.	1. 주제에 맞춘 효과적인 워크숍의 수법을 지도한다. 2. 심포지엄이나 공부방 개최를 위한 전문가나 선진 사례 지구를 소개한다. 3. 문제 해결을 위한 데이터의 수집이나 기초 지식을 제공한다. 4. 경관 모의 실험의 작성을 지원한다. 5. 해결책의 실천을 향해, 관계 기관의 지원 방책을 검토한다. 6. 적정한 합의가 진행되도록 후방 지원을 행한다.
구상 책정 (창출)	1. 아름다운 농산어촌 만들기에 관한 지역 비전을 책정한다. 2. 지역 비전의 실현을 목표로 한 검토 그룹을 만든다. 3. 지역별로 규칙 만들기를 실시한다. 4. 응원 체제를 만든다. 5. 활동의 즐거움이나 성취감을 맛본다. 6. 다음 단계에서의 실천을 향해, 지금까지의 활동에 대한 평가와 반성을 행한다.	1. 아름다운 농산어촌 만들기를 위한 지역 비전을 책정하고, 지역의 합의를 얻는다. 2. 지역 비전을 지역주민에게 공개한다. 3. 실천 활동 계획을 책정하고, 가능한 일부터 순서대로 실천에 옮긴다. 4. 경관 만들기를 위한 협정, 생활의 규칙 만들기 등을 책정하고, 실천한다.	1. 해결 방책에 주민의 의견이 반영되어 있는지를 확인한다. 2. 실천 활동이 적정하게 이루어지도록 지원한다. 3. 규칙 만들기에 대한 후방 지원을 실시한다. 4. 관계 기관에 홍보한다. 5. 실천 활동을 기록한다. 6. 새로운 문제점이나 관심의 발굴, 계발을 지원한다.

농림어업의 영위, 생물과의 공생, 전승된 문화, 조화를 이룬 마을의 분위기 등, 관심을 일으키는 소재는 농산어촌 안에 많이 존재한다. 가까운 환경의 재점검이나, 아무렇지도 않은 일상적인 경관, 지역의 행사 등에 대해 관심을 가지고, 자기 나름의 의견을 가져 보는 것이 중요하다.

농산어촌의 아름다움에 대한 의식계발과 동료만들기 – 관심에서 참가로

주민 참가에 의한 농산어촌의 활동에서는, 우선 지역 주민 한 사람 한 사람이 자신들이 생활하는 농산어촌에 있어서, 지역 환경의 훌륭함과 문제점을 깨닫고, 지역 경관, 자연 환경, 전통 문화 등에 관심을 가지는 것이 중요하다. 그리고 다음으로, 이러한 주민 한 사람 한 사람의 관심을 지역 전체의 관심으로 발전시키기 위해, 동료나 조직을 만들어나가는 것이 중요하다.

자신을 둘러싼 환경에 관심을 가진다

평소에 지역의 환경에 대해 항상 관심을 가지고 생활한다는 것은 의외로 어려운 일이다. 부엌에서 흐르기 시작하는 배수를 늘 행선지를 생각하면서 흘려보내는 사람은 흔치 않을 것이다. 또한, 농작업이나 통학 등을 할 때에, 늘 저 집의 생울타리는 매우 아름답다라든가, 저 사당 숲을 장래에 남겨 두고 싶다라든가 등을 강하게 의식하는 일도 적을 것이다. 지역의 경관에 대해서는 사는 동안 익숙해져 당연하게 여겨져 버리기 때문에, 좀처럼 관심을 가지고 볼 수 없게 된다.

지역 주민의 지역 환경에 대한 의식을 계발하고, 아름다움에 대한 감성을 향상시키기 위해서는, 주민 한 사람 한 사람이 자신의 라이프 스타일이나 생활 주변의 환경 등을 재검토하고, 가까운 곳에서부터 농산어촌의 아름다움에 대해 관심을 가지는 것이 무엇보다도 중요하다.

어렵게 생각할 필요는 없다. 평소보다 다소 마음의 여유를 가지고, '저것은 괜찮네, 나쁘네' 라든가, '옛날은 달랐어' 라든가, '아이들에게 남겨 주고 싶어' 라든가, '이렇게 하면 좀더 나아질텐데' 라든가, 가까운 환경이나 경관, 자신의 행동을 조심스럽게 살펴보자. 주민 참가에 의한 농산어촌 만들기는 그러한 생산·생활의 점검, 환경 가계부 작성에서부터 시작된다.

참가하기 쉬운 조직을 만들자

그렇게 하여, 주민 한 사람 한 사람의 환경에 대한 관심이 높아지면, 활동을 통해서 농산어촌 만들기에 대해, 자신과 같거나 다른 의견을 지닌 동료가 많이 있다는

것을 알게 된다. 아름다운 농산어촌 만들기에서 중요한
것은 여러 가지 입장을 가진 사람의 의견을 통합하여,
지역의 환경을 지키고 창조하기 위해 자신들이 달성해
야 할 일에 대해 나가는 것이다. 여기에서, 주민 참가에
의해, 합의를 형성하면서 규칙을 만들고, 공유하는 목표
를 달성하기 위해 의견을 통합하는 '장'으로서의 조직
만들기가 필요하게 된다.

이 단계에서는 어린이, 여성, 고령자 등을 포함한 지역
의 폭넓은 주민층이 각각의 입장에서, 자신 있는 분야를
담당하는 여러 가지 그룹을 통해, 관심 사항에 대해 기
탄 없이 의견을 교환할 수 있는 장을 만들자. 또한, 경
관·자연의 보전, 문화의 전승 등의 목적별로 활동이 가
능하고, 전문가나 행정이 지원하기 쉬운 조직을 만들도
록 유념하자.

관심에서 참가로의 활동에 있어서는 환경에 관심이
있는 지역 주민에게도, 그렇지 않은 주민에게도, 지역
환경이나 경관에 관심을 가지도록 하기 위해, 환경 인지
지도 만들기, 경관 콩쿠르, 심포지엄, 이벤트 등을 실시
하여, 폭넓게 주민 참가를 호소하는 것이 효과적이다.

조직 만들기의 계기가 될 수 있도록 지역의 문화제나
수확제 등을 활용하여, 자신들을 둘러싼 환경에 대한
관심의 고리를 확장하여 가자.

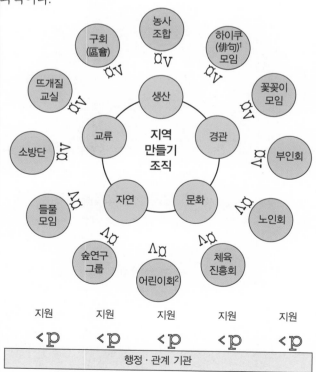

1: 5·7·5의 3구 17음절로 된 일본 고유의 단시.
2: 지역 사회 등을 단위로 조직된 어린이들의 집단, 혹은
그 활동의 총칭. 교외에서의 학습이나 레크리에이션, 사
회 봉사 활동 등을 통해서, 어린이들의 자주적·창조적
성장을 목적으로 한다.

현상 파악과 과제 정리를 위한 재검토－발견

많은 주민이 농산어촌 만들기의 활동에 참가하게 된다면, 다음으로 지역의 환경을 경관, 전통 문화, 자연 환경 등의 여러 가지 측면에서 재점검하여, 현상과 그 과제에 관해서 정리하거나 지금까지 알아채지 못했던 지역의 매력을 새롭게 인식시키는 활동 등을 전개하자.

지역의 개성과 매력의 발견

관심의 단계에서는 지역 환경 속에서도, 특히 자신의 생활 주변을 중심으로 관심 사항을 발견해 가자. 그 때문에, 어느 쪽인가 하면, 마이너스 면을 추출하거나 부족한 면을 찾거나 하여, 지역 환경에 대한 관심이 높아졌을지도 모른다. 그러므로, 발견의 단계에서는 좀더 대상을 지역 전체로 확장하여 살펴봄과 동시에, 여러 가지 가치관을 통하여 플러스 면을 찾아내는 활동을 하자.

지금까지의 농산어촌 만들기는 행정이 행하는 것, 해 주는 것이라고 하는 인식도 많았다고 생각한다. 그러나, 이러한 행정 의존형의 지역 만들기는 지역 주민이 충분하게 지역 환경을 이해하여 합의한 것은 아니기 때문에, 없는 것을 졸라대는 식의 지역 만들기가 되는 경향이 강했고, 지역에 어울리지 않는 것, 필요없는 것까지 만들어 버리는 경우도 있었다.

고도 경제 성장의 시대를 거쳐, 물건의 풍요로움에서 마음의 풍요로움으로 사람들의 가치관이 옮겨가고 있는 이 시대에 필요한 것은, 지역이 현재 가지고 있으면서도 잊혀지고 있거나, 지역의 개성을 표출하고 있는 지역만이 갖고 있는 매력적인 자원을 발굴하여, 그것을 지역의 보배로서 주민의 생활 속에서 지키고 길러가는 것이다.

이러한 방향으로, 주민의 지역 환경으로의 관심이 깊어져, 지역 전체의 활동으로 발전해 간다면, 다음으로는 지역의 환경이나 경관의 아름다움에 대해 설문 조사 등을 사용하여 검토하는 경관 평가회를 실시하거나, 주민 전원이 지역 환경의 현상을 점검하고 매력 있는 자원을 발견하는 마을 환경의 점검, 의견 정리나 아이디어 집약을 위한 TN법[60]의 실시 등, 여러 가지 워크숍 활동을 실시해 나가자.

이러한 활동은, 자신들이 사는 지역에 관한 지식을 넓히고, 주민 서로가 지역 환경에 대한 공통 인식을 가질 수 있게 함과 동시에, 매력 있는 지역 만들기에 대한 참가 의식을 양성한다. 그것을 위해서라도, 주민이 지역의 매력이나 아름다움을 양성하고 있는 요소나 지역 자원을 인식·평가하고, 그 유효한 활용에 대해 서로가 기탄 없는 의견을 교환하는 것이 중요하다.

---

60 지역 활성화에 대한 주민의 발상을 수용하고, 그것을 평가·분석하여, 구체적인 활동이나 사업에 연결해 나가기 위한 마을 만들기의 수법. 과학적 방법을 활용하여, 지역 주체 혹은 참가형의 지역 만들기 활동을 지원할 수 있도록 개발되었다. TN법은 지역 만들기의 과정을 3단계로 나누고, 단계별로 이를 지원하기 위한 시스템을 마련하고 있다. 제 1단계는 지역이 안고 있는 문제의 발견, 활성화 아이디어의 발상이라는 활동을 지원하기 위한 시스템. 제 2단계는 지역 문제의 원인 규명, 다양한 활성화 대책의 효과에 대한 사전 평가를 지원하기 위한 시스템. 제3단계는 지역 만들기 활동의 계획 책정이나 실천 활동의 순위 결정 등 주민의 의사 결정을 지원하기 위한 시스템. 216쪽 참조.

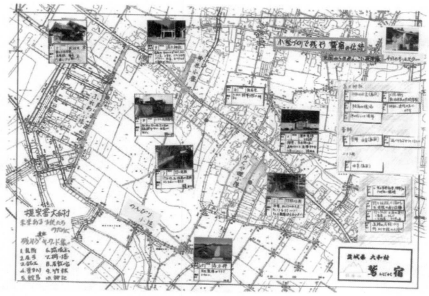

백문이 불여 일견

여하튼, 걸어 보자. 모두가 이거야 저거야라고 자유롭게 의견을 교환하면서 마을 환경을 점검하고 지도에 정리하고 있는 동안에 지역의 진짜 모습이 보이게 되는 것이다.

지역 재발견을 위한 경관 설문 조사

1. 목적과 기본 자세

관심~발견 단계에 있어서는, 경관에 대한 의식을 계발함과 동시에, 자신들의 지역 경관이 각 주민의 마음 속에 어떻게 비추어지고 있는지를 서로가 알게 되는 것으로, 새롭게 발견해 나가는 것이 중요하다. 따라서, 설문 조사의 기본 자세는 주민에게 알기 쉽고, 즐겁고, 재미있고, 흥미롭고, 결과의 보고가 몹시 기다려지는 것이 아니면 안된다. 고정된 사람이나 조직만을 대상으로 하지 말고, 환경에 흥미가 있는 집단은 물론, 별로 흥미가 없는 집단도 대상으로 생각해 둘 필요가 있다. 이 설문 조사를 계기로, 새로이 활동의 찬동자를 늘리는 것도 중요하다.

2. 구체적인 수법

① 방법

ⓐ 종류

의식 계발이나 지역 재발견의 경관 의식 설문 조사에서는 집합 조사가 적절하다. 집합 조사란, 조사 대상자를 특정 회장에 모이게 하고, 조사표를 배포하여, 설명이나 교시를 주고, 그 자리에서 회답을 기입해 받는 방법을 말한다. 주민이 한 장소에 모이게 되는 것으로, 충실한 회답을 얻기 쉽고, 배포, 회수의 경비나 노력이 적게 든다. 또한 설문 내용을 상당히 복잡하게 해도 설명이 가능하다. 경관, 환경에 관한 조사와 같이 사진의 소리 등을 슬라이드와 같이 들려줘야 하는 경우에도, 시청각 기기를 이용하여 내용을 쉽게 전할 수 있다. 질문에 게임적 요소를 도입하거나 해서, 긴장된 분위기를 풀고, 자유로운 회답이 가능한 분위기를 만드는 것도 가능하다.

'집단 반응 분석 장치'를 사용한 설문 조사
집단 반응 분석 장치는, 한 사람 한 사람이 집계장치나 PC와 연동한 선택 버튼이 붙은 스위치를 가지고, 설문 조사에 대해 그 자리에서 회답하는 방법이다. 설비를 집회소 등에 반입·설치하지 않으면 안 되고, 인원수도 제한되며, 질문 형식도 5자 택일의 다지선택법(多肢選擇法)으로 한정되어 있지만, 즉석에서 집계하여 결과를 보여줄 수 있고, 슬라이드나 액정 프로젝터 등의 비주얼 기기를 이용하여 퀴즈 프로그램과 같은 분위기로 설문 조사를 진행할 수 있다.

ⓑ 회답 형식의 종류

회답 형식은 보다 즐겁게, 흥미를 가지고 회답하도록 하는 데 중요한 시점이다. 지역의 경관 사진을 사용하여, '좋아하는가 싫어하는가', '좋은가 나쁜가' 정도의 간단한 질문을 실시하는 것이 효과적이다. 또한, 회답자는 어린이부터 고령자까지가 대상이 되므로, 어린이들이 끝까지 질리지 않게 하는 궁리나 고령자가 보고 읽고 듣기 쉽게 하는 배려가 필요하게 된다. 보다 효과적인 이해를 돕기 위해 회답 형식의 일부를 소개한다.

1) 자유 회답법(自由 回答法)

자유 회답법은 질문 문장만을 준비하여, 회답을 자유롭게 기술해 받는 형식이므로, 자유 기술법이라고도 불린다.

2) 어원 연상법 (語源 連想法)

어원 연상법은 이미지 조사 등에서 흥미 있는 결과를 얻을 수 있다. 이 방법에서는 질문1과 같이 자극어를 주고, 그 다음에 연상되는 것을 쓰게 하는 것이 일반적이다. 자극어로는, 간단한 표현으로 각종 연상어를 기대할 수 있는 것, 조사 대상자 누구나가 이해할 수 있는 내용인 것이어야 한다.

질문1: 좌측 밑에 마을명이 제시되어 있습니다. '산' 이라고 하는 말에 대해서, '후지 산', '아소 산', '등산', '알프스'… 등을 생각해 내듯이, 제시된 말 속에서 귀하가 생각나는 것을 우측 테두리에 순서대로 써 주세요. 어떤 것이라도 괜찮습니다.

건 명	생각나는 것 1	생각나는 것 2	생각나는 것 3
(예) 시즈오카켄	차	후지 산	밀감
○○마을			
□□마을			

3) 다지 선택법 (多肢選擇法)

다지 선택법은 질문에 대해서 몇 개 이상의 선택 항목을 준비하고, 회답을 그 중에서 선택하게 하는 방법이다. 선택 항목은 독립해 있고, 의미가 서로 중복되지 않아야 한다. 또한, 선택 항목의 수는 대여섯 개에서, 많아도 10개 이내인 것이 좋다.

4) 일대 비교법 (一對 比較法)

일대 비교법은 일련의 조사 항목으로부터 임의로 2항목을 추려내어, 일정한 가치 기준에 따른 대소 관계의 비교 판단을 구하는 기법이다. n개 항목의 경우, 그 모든 편성에 대해 비교 판단을 행하고, 항목 간의 순위를 결정한다.

질문2: 아래에, 형태가 각각 다른 시설 정비 사례가 제시되어 있습니다. 이 2개의 사례 중에서 당신은 어느 쪽이 좋습니까? 좋은 쪽에 ○표시를 해 주십시오.

주의: 이 두 개에서 선택된 것으로 정비하는 것이 아님.

② 설문 내용

관심~발견 단계의 설문 설정에서 가장 중요한 것은, 많은 주민이 경관에 관심을 가지고, 지역 환경에 대한 여러 가지 생각을 서로가 알 수 있도록 공통적인 화제를 설정하는 것이다. 또한, 환경이나 경관 만들기라고 해서, '환경・경관에 대해…' 등이라고 질문한다면, 계발이나 깨달음의 효과는 낮다고 할 수 있다. 직접적이 아니고 간접적으로, 경관 만들기로 이어질 수 있는 화제가 바람직한 것이다.

공동 학습을 통한 구체적인 구상 책정을 향해 - 이해에서 창출로

지역의 매력을 많이 발견했다면, 다음으로, 그것들을 활용한 농산어촌 만들기에 대한 이해를 넓히기 위해, 주민이 행정, 전문가, NPO 등과도 연계하여, 공동 학습을 쌓아 가자. 그리고 마지막으로, 지금까지의 활동을 정리하여 지역의 장래상을 책정하고, 실행 가능한 것부터 실현에 옮겨 가자.

지역의 매력을 육성하기 위한 학습

현상 파악과 과제 정리를 위한 지역의 재점검이 충분히 이루어졌다면, 지역의 매력은 생각했던 것보다 많이 나오게 된다. 지역의 매력에 대해 그 가치를 공유할 수 있게 되었다면, 다음으로, 그 매력을 키우고 활용해 가면서 아름다운 농산어촌 만들기를 전개하기 위한 구체적인 행동이나 자신들이 지켜야 할 규칙을 만드는 활동에 관해 검토하자. 그것을 위해서는, 우선 주민이 행정이나 전문가 등의 지원을 받아, 지식이나 의견을 취사선택取捨選擇해 가면서, 지역 사회의 현황이나 사회적 정세로부터 예상되는 장래상, 자연 환경의 구조나 문화적 · 교육적인 지역 자원에 관해서 충분한 지식을 얻고, 동시에 그 보전이나 복원, 새로운 이용 방법에 대해 검토하는 것이 중요하다.

이 단계에서는, 주민이 학습하기 쉬운 장소나 학습에 관련한 알기 쉬운 정보를 제공해 가는 것이 행정이나 전문가의 중요한 역할이 된다. 행정이나 전문가는 주민의 활동을 지원하면서, 함께 지역의 환경에 관해 학습하는 자세가 중요하다.

합의를 촉진하기 위한 기술을 활용

아름다운 농산어촌 경관을 보전 · 형성하기 위해서는, 주민 서로가 지역 경관에 대한 공통 인식을 가지는 것이 필요하지만, 일반적으로, 경관은 시각적으로 파악되므로, 언어에 의해서만 주민 간의 의사 소통을 도모하는 것은 어렵다. 그러므로, 경관의 부감이나 조망, 시설이나 건축물의 디자인 · 색채 등의 검토에 대해, 주민의 이해

지역에 생식하는 동식물에 관한 조사나 그 보전 방법에 관한 지식은 행정이나 전문가로부터 배운다. 또한, 마을의 장로나 학교의 선생님에게도 협력을 청하자. 수질 검사를 실시하여 구체적인 수치로 환경을 이해하는 것도 재미있을 것이다. 이러한 활동으로 장래의 목표치도 생겨나게 된다.

를 돕고 효과적 · 효율적으로 작업을 진행하기 위해서, 문제 해결이나 방향성을 심화하기 위한 경관 설문 조사나 경관 모의 실험을 적극적으로 활용해 가자. 경관 모의 실험은 경관 예측 화상을 작성하는 도구이며, 주민의 의견을 구체적으로 디자인에 반영하고, 경관을 다듬은 후의 이미지를 서로 확인하여, 합의를 원활하게 진행할 수 있다는 점에서, 효과적인 합의를 형성할 수 있는 기술이 될 것이다.

지역의 규칙을 만든다

지역의 자연이나 사회 구조에 대해 충분히 이해를 넓혔고, 지역의 장래상을 적정하게 그릴 수 있는 준비가 끝났다면, 최종적인 단계로서, 지금까지의 활동을 정리함과 동시에, 주민의 합의를 얻으면서, 기본적인 구상이나 계획을 제시한 지역의 비전을 책정하자. 이러한 비전이나 마스터플랜은 각종 사업의 계획적인 추진이나 법률적인 규제 · 유도에 효과적으로 작용한다.

'산책을 할 수 있는 석축의 수로' 의 경관이라 하더라도, 사람에 따라 상상하는 이미지가 다르다. 경관 모의 실험으로 장래상을 예측해 두면, 문제점이 명확해지고, 주민의 합의 형성도 이루기 쉽게 된다.

아무리 훌륭한 지역의 비전을 책정해도, 주민 하나하나가 일상적으로 의식하여, 그것을 실현하기 위한 노력을 쌓지 않는다면, 생활하기 편한 환경이나 아름다운 경관은 지킬 수 없다. 그러므로, 주민의 합의 하에서 협정 만들기를 실시하여, 자신들이 지켜야 하는 생활이나 경관 미화의 규칙을 만들어두는 것이 효과적이다. 비전 만들기도 그렇지만, 지나치게 무리한 목표를 설정하지 말고, 조금 노력하면 가능한 정도의 것에서부터 규칙으로 만들어가자.

그러나, 처음부터 구체적인 실천을 유도해내는 것에 구애받지 말고, 주민 참가 하에서 비전이나 마스터플랜을 책정했다는 것만으로도 훌륭한 성과라고 생각하자. 그 성과가 또다른 새로운 관심을 낳고, 더욱 발전하여, 구체적인 실천을 목표로 하는 과정을 움직여 낼 것이다.

또한, 아름다운 농산어촌 경관을 지속적으로 보전하기 위해서는 운영이나 관리의 구조를 정비하는 것도 필요하게 된다. 그것을 위해서도, 즐겁게 주민이 스스로가 주인 의식을 실감할 수 있는 활동을 펼치자. 지역 주민이, 무리없이 즐겁게 참가하는 것으로, 지역 만들기에 종사하는 보람이나 기쁨을 느낄 수 있는 활동이라면, 그 활동은 지속될 것이다.

주민 참가의 실천 수법

Ⅰ. 관심과 참가의 실천 수법

❶ 경관 콩쿠르에서 지역의 감성을 닦아라!

1. 의의

경관 콩쿠르 등의 이벤트는 경관 만들기에 대한 의식의 계발을 촉진하고, 많은 주민에게 참가 의식을 가져다 주는 데 효과적으로 작용하도록 하기 위해 실시하는 활동이다.

또한, 그것은 시각적인 경관에 머무르지 않고, 실개천의 물소리나 새나 매미 소리가 들리는 경관, 혹은 번화함이나 고요함을 감지할 수 있는 경관이라고 하는, 오감으로 체험할 수 있는 폭넓은 경관을 대상으로 하므로, 지역 경관 자원의 발굴과 그것을 인식하기 위한 활동에도 연결된다. 그러한 의미에서, 경관 콩쿠르는 사진의 프로적인 아름다움을 경쟁하는 것이 아니고, 어린이나 노인도 참가하기 쉬운 내용이어야 한다.

2. 효과적인 프로그램으로 하기 위한 유의점

경관 콩쿠르에 대해 많은 사람들이 흥미를 가지고, 주민 활동으로서의 참가를 촉진하기 위해서는, 주최자가 아래에 제시하는 유의점을 고려하여, 효과적인 프로그램을 세우는 것이 필요하다.

① 참가자를 끌어당기는 것일 것

모든 사람들이 처음부터 경관에 높은 관심을 가지고 있는 것은 아니다. 사람들의 마음을 끌어당기려면, 경관 만들기를 갑자기 떠맡길 것이 아니라, 우선은, 참가자를 끌어당기는 기술이 필요하다. 그것을 위해서는, 주민이 직면하고 있는 시사 문제나 화제 거리, 혹은 조금 색다른 신선한 문구를 도입하는 것이 좋을 것이다.

② 언제까지나 마음에 남는 것일 것

행위와 내용이 오래도록 마음에 남는 것이 되기 위해서는, 경관 콩쿠르에 나갈 참가자가 지금까지대로 감각으로 작품을 내는 것이 아니라, 개인적으로 새로운 깨달음을 얻을 수 있도록 실천이나 체험의 시간을 제공해야 할 것이다.

③ 체험이나 감동을 함께 나눌 수 있는 것일 것

콩쿠르의 내용은 참가자가 서로의 개성을 표현하고 실천하며, 그 결과나 체험을 나눌 수 있는 활동을 고려하는 것이 중요하다. 또한, 프로그램을 체험한 사람이 거기서 얻은 발견이나 감동을 참가할 수 없었던 사람에게도 전할 수 있다면, 그 프로그램이 지닌 메시지는 지역 전체에 퍼지게 되고, 지속성도 생기게 된다.

④ 일상 생활 속에서 대응할 수 있는 것일 것

　　콩쿠르 등의 이벤트만을 위해서 시간을 쓰는 것이 곤란한 경우도 있다. 이 프로그램은 예술성만을 겨루는 것이 아니기 때문에, 참가자가 언제, 어디서, 누구라도 일상 생활 속에서 쉽게 대응할 수 있는 것이 되어야 한다.

3. 콩쿠르의 모체

　　경관 콩쿠르라고 해서, 사진을 대상으로 한 콩쿠르에 구애될 필요가 없다. 회화를 통해 아이들에게 좋아하는 풍경이나 지역의 장래를 그리도록 하는 방법도 효과적이다. 또한, 작문, 시, 단가, 하이쿠 등을 실시할 수도 있다. 주제에 맞추어, 어느 방법이 좋은가를 검토하여 실시해야 한다.

4. 경관 콩쿠르의 단계적 목표

　　경관 콩쿠르는 경관에 대한 의식계발, 참가의 촉진에 효과적인 활동이긴 하지만, 관심~이해의 각 단계에서, 주민의 경관에 대한 의식의 정도나 현장에서 안고 있는 문제점을 고려하여 단계적으로 전개한다면, 지역의 경관·환경 만들기에 대한 의식을 계속적으로 배양하는 일에도 도움이 된다.

1단계
자연 환경이나 경관에 친숙해지고, 그 아름다움에 관심을 가지는 일부터 시작한다. 또한, 그것들에 관련된 문제를 파악하는 것 등을 목표로 한다.

2단계
관심을 가진 대상이, 자연이나 사회의 구조 안에서 어떻게 관련지어져 있는지, 내용에 대한 이해를 깊게 하는 것을 다음 목표로 한다. 여기서는, 지역 생활과 지역 환경이 각각 밀접하게 관계하고 있다는 인식을 가지는 것이 중요하다. 또한, 그 관계는 지역 주민의 자세에 따라서, 좋게도, 나쁘게도 될 수 있다는 인식을 가진다.

3단계
환경 문제를 주민 모두의 문제로 인식하여, 그 해결을 향해 행동하려고 하는 의지를 양성한다.

5. 주제의 설정

　① 각 단계에 있어서의 주제 설정

　　콩쿠르 주제를, 예를 들어, 친밀한 자연의 아름다움, 풍부한 농촌의 풍경, 지역의 제례·행사, 생활의 풍경 등으로 정한 경우는, 앞서 기술한 1단계에 해당된다. 한편, 돌아오는 계절, 논의 생물 등으로 하는 경우는, 2단계에 해당한다. 3단계에서는, 황폐한 대지大地 등의 문제점이나 지켜야 할 풍경 등의 보전 대상에 대해 서로가 의식을 공유하는 주제 등이 존재한다. 일반적으로, 경관 콩쿠르에서는 플러스 측면에서의 평가를 대상으로 하지만, 주민의 경관 만들기에 대한 의식이 높아지면, 마이너스 평가의 측면을 대상으로 콩쿠르를 개최하는 것도 경우에 따라서는 효과적이다. 주제를 확실하게 음미하고, 행사의 최종 목표가 의식되어 있는 것이 단순한 이벤트만의 콩쿠르와의 차이점이다.

② 시점의 차이에 의한 설정

주제 설정을 위한 시점은 다양하지만, 자기 지역의 경관 자원을 발굴해 가기 위해서는 경관을 카테고리 몇 개로 분류하여 각각의 요소들에 접근해 가는 대상의 차이에 의한 시점의 설정이, 각자의 감성으로 지역의 환경을 파악하기 위해서는 개개의 생활을 중심으로 펼쳐지는 동심원 상의 주변 환경을 관찰해 간다고 하는 공간 규모의 차이에 의한 시점의 설정이 효과적이다.

대상의 차이	자연 경관	숲, 해안, 산하, 호소 등
	생산 경관	수로, 저수지, 논, 밭, 과수원 등
	생활 경관	돌담, 건물, 집이 늘어선 모양, 공원, 문화재 등
	풍물 경관	숯굽기, 곶감·말린 무 등의 건과물, 볏단 말리기 등
	오감 경관	소리, 연기, 냄새, 미각, 색채 등에 초점을 맞춘 경관
공간 규모의 차이	주택~택지	가까운 경관이나 환경을 관찰·인식하는 주제이며, 가정 생활에서 일어난 일, 혹은 그 대상이 중심이 된다. 단란함, 어머니의 청소, 할아버지의 햇볕 쬐기, 가정의 채소밭에서의 수확 등을 들 수 있다.
	마을·지구	늘어서 있는 생울타리나 대나무 울타리, 혹은 돌담에 둘러싸인 주택의 정취, 마을의 길을 공통 공간으로 하여 행해지는 일 등의 수많은 대상이나 정경이 이에 해당한다. 지역에 따라서는 여러 가지 형태를 보인다. 그 외, 사계절의 정취, 공동 작업의 풍경 등을 들 수 있다.
그 외		원경·중경·근경·근접경으로 파악하는 것, 혹은 정경으로서의 활기참, 노동, 의식 등을 파악하는 것 등, 특별한 환경이나 상황의 인식·발굴을 위해, 여러 가지 주제가 고려될 수 있다. 또한, 콘테스트는 지역 주민 누구나가 즐겁고 간단하게 참가할 수 있는 것이 전제이지만, 다소 공을 들이는 것으로 효과적인 결과를 낼 궁리도 필요할 것이다. 예를 들면, 이른 아침이나 야간과 같은 특정한 시간대, 비·바람·눈 등의 특정한 기상 조건을 사진에 담는 것 등이 이에 해당된다.

6. 참가자에 대한 고려

콩쿠르를 기획할 경우, 참가자를 어떠한 대상으로 할까에 대한 검토가 필요하다. 주민이 다 같이 참가하는 형태도 좋지만, 농가와 비농가, 혹은 주민과 방문객과 같이 참가자를 속성별로 나누어 생각하는 것도 재미있다. 이러한 참가 형태는 각각의 속성별로 뚜렷한 경향이 나타나고, 또한 그것을 서로가 이해하는 것으로 다음 단계로의 방향성이 보이는 경우도 있다.

7. 심사에 대한 고려

심사를 행할 경우는, 평가 기준을 콩쿠르의 주제나 주요한 취지에 따라 명확하게 설정하지 않으면 안되지만, 여기에서 소개하고 있는 경관 콩쿠르의 목적은, 어디까지나 경관에 대한 의식 계발과 활동에 대한 참가의 촉진이므로, 주민의 합의 속에서 설정된 평가 기준이 중요하게 된다.

그러한 의미에서, 심사는 앵데팡당 방식[61]적인 것이 바람직할 것이다. 이것은 모든 응모 작품을 한 장소에 전시하여, 누구나가 마음에 드는 작품에 표를 넣는 방식이다. 이 방식은 심사 위원을 지역 주민으로 한정하는 것으로, 지역의 경관에 대한 자긍심이나 바람을 알 수 있고, 방문객에 한정한다면, 기대나 유인 사항을 이해하도록 하여 그 후의 다양한 전개를 기대할 수 있다. 이와 같이, 심사에 있어서도, 지역 주민 등의 참가를 도입하는 것이 중요하며, 함부로 프로의 기준을 가져오거나 행정만의 시점에서 심사하는 일은 피해야 한다.

한편, 전혀 심사가 없는 전개도 생각할 수 있다. 예를 들어, 다음에 나오는 마을의 ○○경 콩쿠르 등은 응모 작품을 대상별로 집계하여, 응모수가 많은 것부터 예정된 '수십 경'을 선출하게 되기 때문에, 작품 그 자체의 평가라기보다는 관심의 정도를 측정하는 것이라 할 수 있다. 또한, 초등·중학생의 그룹을 대상으로 한 콩쿠르 등은, 사전에 각 그룹의 주제를 설정해 두면, 결과를 보고 각 그룹이 가지는 관심 사항과 해결 방법이 이해되므로, 그것만으로도 지역 경관이나 환경 형성의 방향성이 보이는 등, 상당한 효과를 거두게 된다.

8. 콩쿠르의 구체적인 예

지금까지 각지에서 개최된 아이디어 풍부한 콩쿠르의 예를 아래에 기술한다.

> ### • 마을의 ○○경 콩쿠르
>
> '○○경'의 부분이, '100경'이 되거나 '10경'이 되거나 여러 가지지만, 요약하면, 지역이 자랑하는 경관을 사진 등으로 수집하여, 주민 투표 등을 실시한 후, 예정된 몇 점인가로 좁혀, 지역이 자랑하는 경관으로 삼는 콩쿠르다. 심사가 필요한 경우가 많지만, 이것은 어디까지나 지역 주민의 눈을 중심으로 하므로, 프로의 눈은 부수적인 것으로 하자.

---

61 '앵데팡당'은 '자주 독립한'이라는 뜻으로, '독립 미술협의회'를 가르킴. 1884년 관전(官展)의 심사에 반대하여 인상파의 화가 등이 파리에서 독립 미술전을 연 이후, 매년 봄에 전람회를 개최, 신경향의 온상이 됨. 또는 동종의 예술가·단체·전람회를 말함. 일본에서는 일본미술회 주최의 전람회가 1946년 이후 계속되고 있다. '앙데팡당 방식'이란, 권위적이거나 전통적인 심사 기준을 따르지 않는 평가나 수상 방식을 일컫는 말.

• '비칩니다' 경관 평가회

특정 메이커의 상품명 콩쿠르 같은 것이 상상되지만, 결코 그렇지 않고, 주민에게 있어서 신경이 쓰이는 환경이나 상황을 찍어내는 콩쿠르다. 또한, 예쁘게 비칩니다나 그 나름대로 비칩니다, 즐겁게 비칩니다, 위험하게 비칩니다라고 제목을 붙여, 마을 환경 점검과 병용하여 실시할 수도 있다. 연령 계층별로 나누면, 각각의 환경 평가의 실태도 분명해진다. 이 경우는, 특별한 심사를 필요로 하지 않고, 각자의 견해, 사고 방식 등의 상호 인식이 중심적인 과제가 될 것이다. 이 사진을 근거로 사진 KJ법[62] 등을 이용하여, 지역 경관의 문제점을 추출하는 것도 가능하다.

기록용지
■ 우리들의 이카치 − 좋다·싫다 (촬영기록)

이름	고다마아이	6학년	반	남·여	비고 : 6-5		카메라 번호 : 21

No.	촬영일시	촬영대상(어디를 찍었나?)	어느쪽? ○표시	촬영이유(어떻게 생각하는가?)
01	8월 3일 오후 4시	콩콩산의 놀이터	(좋다) 싫다	타이어를 타고 노는 것이 즐거우니까
02	8월 22일 오후 4시	메타쎄쿼이어의 구루터기	(좋다) 싫다	앉아 있으면 기분이 매우 좋으니까
03	8월 22일 오후 5시	자동차의 휴게장소(1)	좋다 (싫다)	트럭이 설 때마다 쓰레기가 늘어나니까
04	8월 28일 오전 9시	동백나무	(좋다) 싫다	동백나무 열매를 많이 얻을 수 있으니까

• '매입하고 싶은 경관' 콩쿠르

일상 생활에 푹 젖어 있는 주민에게는, 지역의 경관·환경은 심리적 포화 상태익숙해진 상태 속에 존재하기 십상이므로, 객관적인 가치 평가가 곤란해진다. 그 결점을 보완하기 위해, 방문객의 눈으로 경관·환경을 검토하도록 기획된 콩쿠르라고 할 수 있다. 이 콩쿠르는, 때로는 주민이 인식할 수 없었던 새로운 자원의 개발본래는 중요한 가치가 있지만, 주민이 그 가치를 깨닫지 못하고 있는 자원의 발굴로 연결되는 경우가 많다. 게다가, 개선 방향에 대한 여러 가지 아이디어 등을 얻을 수 있는 방법으로도 효과적이다.

---

62 'KJ법' 이란, 문화인류학자 '가와키타 지로(川喜 二郞)' 가 수집한 데이터를 정리하기 위해 고안한 수법. 제시된 아이디어나 의견, 혹은 각종 조사 현장에서 수집한 잡다한 정보를 1장씩 작은 카드에 써넣은 후, 그 카드 중에서 유사한 종류의 것을 2, 3매씩 모아 그룹화하고, 그것을 다시 소그룹에서 중그룹, 대그룹으로 통합하여 파악해 간다. 이러한 과정 속에서, 과제의 해결에 실마리가 되는 힌트나 소재를 얻는데, 공동 작업에서 자주 사용되며, '창조적 문제 해결' 에 효과가 있다고 평가된다. KJ란, 고안자의 이니셜. '사진 KJ법' 이란, 사진 데이터로 행하는 KJ법.

❷ 경관 평가회

1. 지역의 매력 발견을 위한 경관 평가회

지역의 대표적인 경관을 사진 촬영하여, 농림어업의 종사자뿐만이 아니라, 다양한 직종, 아이부터 고령자까지를 포함한 지역 주민 모두가 지역의 경관에 대해 평가해 보자. 또한, 자신들의 지역과 다른 지역의 경관을 비교하여, 어디가 다르고 특징적인가, 좋은 점 좋지 않은 점은 무엇인가 등을 검토한다. 경관 평가에 대한 설문 조사를 실시할 뿐만 아니라, 워크숍 형식으로 서로가 촬영해 온 사진을 비교하여, 대표적인 지역 경관을 선정하거나 경관 사진 지도를 작성하는 것도 좋을 것이다.

이러한 활동을 통해서, 지역 경관과 지역 고유의 매력을 재발견하게 된다.

경관을 평가하는 것은 상당히 어렵다

'십인십색(十人十色)'이라서 재미있다.

사진은 집회소에 전시하여 감상.

자신들의 지역의 경관과 타지역의 경관과의 차이가 보인다.

양쪽 모두 지역을 대표하는 수로 경관이지만, 자신들은 어느 쪽 경관을 필요로 하는지 질문하면, 상당히 고민에 빠져 버린다.

2. 경관 평가회 회장(會場)의 준비

① 준비

경관 평가회의 효과는 참가자수, 개최 장소나 시간, 목적의 주지 철저, 도구·자료 등에 대한 사전 준비에 의해 크게 좌우된다. 당연한 일이지만, 확실히 체크해 두자.

경관 학습회의 준비를 위한 체크 항목

• 목적, 포인트를 미리 통지한다.

• 많은 사람이 참가하기 쉬운 일시·장소를 선택한다.

• 집중력의 지속 시간을 생각하면, 2시간 정도가 적당하다.

• 주최자는 학습 시나리오를 준비해 둔다.

• 학습의 포인트는 3가지 정도를 한도로 한다.

• 용구를 준비하고, 체크한다.

  -화이트 보드, 칠판, 마커, 분필, 매직 잉크, 지시봉 등

  -압정, 테이프류, 커터류, 스테이플러, 메모 용지, 볼펜 등

  -전기 코드, 프로젝터, 비디오 레코더, 마이크

---

② 자리 배치

자리의 배치 방법에 따라, 의견이 나오는 태도가 달라진다. 아래에 대표적인 예를 서술한다.

• 의견 교환형: 경관 학습회의 가장 일반적인 회장 준비 방식이라고 할 수 있는 것으로, 사각형으로 앉는 방식이다. 일반적으로는, 앞 자리에 학습회 주최자와 사회자 등이, 그곳을 마주 대하고 오른쪽이나 왼쪽으로 보고자가 늘어서는 것이 좋다.

• 질문형: 교실 줄의 배치다. 사회자나 보고자와 대면하고, 칠판이나 스크린이 정면이 되므로, 자세에 무리가 없어 장시간 집중할 수 있다. 인원수가 많은 경우에도 공간을 효과적으로 사용할 수 있는 이점이 있다.

• 그룹형: 몇 개의 반을 만들어, 하나의 과제를 반마다 검토하는 방법이다. 누가 어떤 의견을 발언했는가라는 것보다는, 그룹마다 시간 내에 어느 정도의 합의를 이끌어내도록 진행된다는 점에서, 고도의 토론법이라고 할 수 있다. 많은 사람이 모인 장소에서는 잘 발언하지 않는 사람도, 그룹 단위에서는 발언이 쉬워지므로, 보다 소수의 의견이 반영된다.

---

3. 이야기의 연출법

경관 평가회는, 회합에 익숙하지 않는 사람이나 활동에 별로 관심이 없는 사람에게는 고통이 되는 경우도 있다. 평가회는 예정한 과제를 소화하면 된다라는 것이 아니고, 하고 있는 동안에 즐거워지지 않으면 안된다. 이 경우에 크게 영향을 미치는 것이 이야기의 연출법이다. 진행을 담당하는 간사는, 이야기의 연출도 고려하여 평가회를 진행하자.

- 이야기는 독특한 내용인 것이 중요하다. 중간중간에 유머를 섞는다.
- 주제가 되는 이야기만이 아니고, 비유, 일화 등을 들어 가면서, 주제에 다가간다.
- 정열 · 감정을 담아 이야기한다.
- 전반은 차분하게 이야기를 시작하고, 후반에 고조된 분위기를 만들어주면 좋다.
- 아나운서가 이야기하는 속도는 1분에 270~280자에 준하여 이야기한다.
- 중요한 부분은 천천히 큰 소리로 이야기한다.
- 슬라이드나 비디오 등의 시청각 기기를 사용할 경우에는, 조명의 온 · 오프 타이밍에 유의한다.
- 도표 등의 위치를 나타내는 지시봉 등의 소도구에 신경쓴다.

4. 평가의 사례

	자연 그대로의 수로	돌을 쌓은 수로
경관의 차이		
중학생	64.9%	35.1%
고등학생	50.0%	50.0%
어 른	36.7%	63.3%

(우측 경관의 지지율−좌측 경관의 지지율) / 100

법면에 풀이 자란 수로와 잉어가 헤엄치는 돌을 쌓은 수로를 비교하여, '농촌으로서 어느 쪽의 경관이 좋은가' 라고 질문했을 때, 중학생은 3명에 2명이 자연 그대로의 수로를, 45세 이상의 어른은 3명에 2명이 돌을 쌓은 수로를 지지하였다. 연령에 따라 원하는 경관이나 환경이 다른 것 같다. 먼저, 누가 사용하는지를 고려해야 할 것이다.

토 수 로	삼면 콘크리트 수로

A지구
B지구
A근교도시
B근교도시

(우측 경관의 지지율−좌측 경관의 지지율) / 100

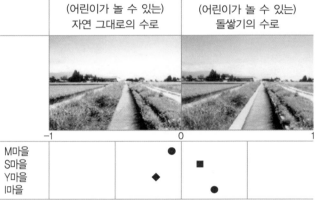

(어린이가 놀 수 있는) 자연 그대로의 수로	(어린이가 놀 수 있는) 돌쌓기의 수로

M마을
S마을
Y마을
I마을

(우측 경관의 지지율−좌측 경관의 지지율) / 100

아이가 놀기 위한 수로로서 농촌 지역과 근교 도시의 주민 평가를 비교하면, 농촌 주민은 정비한 수로를, 근교 도시의 주민은 자연 그대로의 수로를 지지했다. 도시 주민이 농촌에 기대하고 있는 경관과 농촌 주민이 평소 생활을 영위하는 데 있어서 요구하는 경관이 서로 달랐다. 도시의 기대에 일방적으로 부응하는 것보다는 다양한 견해에서 생각하는 것이 중요하다.

같은 A지구(위와 같은 지구) 안에서, 수로 경관에 대한 평가를 비교하면, 마을마다 지지율이 다르게 나타난다. I마을에서는, 매우 정비 지향적이지만, Y마을은 보전 지향적이라 할 수 있다. 경관에 대한 견해는 이웃하고 있는 마을 사이에서도 다르게 나타나는 경우가 있다. 서로 어떤 방향을 원하고 있는지를 아는 것이 중요하다.

	M시 Y마을의 경관사진	M시 Y마을	Y켄(縣)* 마을 주민	Y켄(縣) K마치(町) / 사무소 직원
가		81	75	79
나		79	64	59
다		48	43	42

(5단계 평가의 평균점을 100점으로 환산했다. 점수가 높을수록 평가가 높고, 낮을수록 평가가 낮다)

* : 켄(縣)은 한국의 도(道), 마치(町)는 한국의 읍(邑)이나 동(洞)에 해당하는 일본 행정 구역의 명칭. 9쪽 '※' 참조.

주민이 선정한 M시 Y마을의 대표적인 경관에 대한 사진 20매를 전국의 몇 개 지역에서 슬라이드 등을 사용하여 보여 준 후, 5단계 평가매우 좋음-좋음-보통-나쁨-매우 나쁨를 실시해 보았다.

그 결과, '가'의 경관은 '어느 지역에서도 상당히 좋은 평가'를 받은 반면, '나'의 경관은 '지역 주민이 평가하고 있는 만큼 다른 지역의 사람은 평가하고 있지 않다'라는 결과가, '다'의 경관은 '어느 지역에서도 평가가 낮다'라는 결과가 나왔다. M시 Y마을 주민은 이 결과를 근거로, 자신들의 지역 경관의 특징을 이해하고, 보전해야 할 점, 개량해야 할 점을 생각하기 시작했다.

| 수로 소재: 콘크리트 | 수로 소재: 돌쌓기 | 수로 소재: 콘크리트 | 수로 소재: 돌쌓기 |
| 가로수 정비: 없음 | 가로수 정비: 없음 | 가로수 정비: 있음 | 가로수 정비: 있음 |

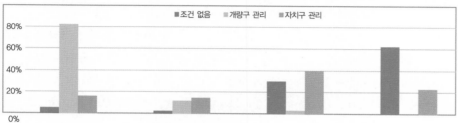

관리 조건이나 시공비의 차이에 따라, 선호도는 바뀐다. 위의 그림은 토지 개량구를 대상으로 경관 평가를 실시한 결과다. 관리를 생각하지 않아도 좋다면, 돌을 쌓은 수로이면서 가로수 정비가 있는 것을 선택하지만, 관리를 생각한다면, 현 상황에서는 돌을 쌓은 수로가 곤란하다고 생각된다. 좋은 외관뿐만이 아니라, 경관을 정비하고 유지하기 위한 다양한 요소를 감안하는 것이 중요하다.

❸ 주민 참가 조직 만들기의 노하우

1. 동일 목표를 가진 그룹 만들기

의식 계발의 여러 가지 활동을 통하여, 농산어촌 만들기에 대해, 자신과 비슷한 의견을 가진 동지가 많이 있는 것을 알게 된다. 여기서 중요한 것은 여러 가지 입장의 의견을 통합해 가는 것이다. 이를 위해서는 의견을 통합하는 장場이 필요하게 된다. 농산어촌 만들기를 주민 전원이 참가하여, 합의를 형성하면서 전개하기 위해서는, 아름다운 경관이 있는 농산어촌을 만든다는 동일 목표를 달성하기 위한 집단을 인위적으로 형성하고, 행정측에 알리는 것이 필요하다. 이것이 주민 주체의 조직 만들기다.

2. 폭넓은 집단에 의한 광역적 활동

참가의 단계에 있어서는, 각자 숙달된 분야를 가진 취미 집단, 자원봉사 그룹, 고령자, 어린이회[63], 부인회 등, 다른 의식을 가진 많은 집단을 연계시켜, 폭넓게 활동을 전개시켜 나가는 것에 의해, 행정이나 관계 기관이 지원하기 쉬운 조직을 만드는 것이 필요하다. 처음은 스터디 그룹이나 현지 시찰 등의 활동을 실시하는 지역 만들기 연구회로 활동을 출발시키고, 이어서 실질적인 구상 만들기나 실시 운영을 위한 지역 만들기 협의회 등의 체제를 정돈하는 것이 좋다. 중요한 것은, 협의회 등의 고정된 체제를 만드는 것을 목적으로 하지 말고, 자치회 등의 기존 조직만이 부담을 안지 않게, 주민 전원이 역할을 떠맡을 수 있는 조직 형태로 만드는 것이다.

3. 기존 조직의 특징을 안다

여러 가지 조직은 각기 다른 목적을 갖지만, 각각이 자신있는 분야를 가지고 있다. 또한, 조직마다 활동의 규모나 대처 방안의 농담濃淡이 있다. 그러므로, 조직 만들기를 시작하기 전에, 현재 기존 그룹의 활동 상황을 체크해 두자. 특히, 주민 조직을 지원하는 행정은 조직의 특징을 고려하여, 전체적인 조정을 도모할 필요가 있다.

일반적으로, 생산 조직, 사회 활동 조직, 취미 그룹 등 특정한 목적을 지닌 주민 조직은, 특정한 과제에 대해 공통의 의식을 가지기 쉽고, 특기 등이 활용될 수 있는 조직으로, 실행 단계에서 힘을 발휘한다. 마을 단위의 조직은, 지연·혈연으로 엮인 조직이므로, 문제 해결이나 생활 환경의 개선 등에 연결되는 공익성이 높은 활동을 전개할 장점으로 한다. 지구 단위의 조직은 지연적인 조직에, 사회·경제적인 요소가 더해지는 조직이므로, 농업자와 비농업자, 남녀노소 등 다양한 계층의 의견을 가지고 있다. 이 규모의 조직에서는 지역 과제를 주민의 의향에 따라 설정하여, 각각의 공통 인식을 만들어가는 일이 중요하다.

경관 만들기에 공헌한 기존 주민 조직의 조사

조직명	조직의 목적·활동 내용	타조직과의 관계	뛰어난 기술·지식	경관 만들기의 활동 상황, 앞으로의 예정
부인회	지위 향상, 생활 문화의 발전	어린이회, 원예 동호회 등	생활 환경, 식생활, 위생에 관한 기술	꽃 가득 피우기 운동, 쓰레기 분리 수거의 촉진, 재활용
노인회	건강 증진, 지역 문화의 계승	어린이회, ○○보존회 등	지역 문화의 전승, 향토사의 분석 기술	문화재의 보전, 제초 작업, 아이들과의 교류

---

63 지역 사회 등을 단위로 조직되는 어린이들의 집단, 혹은 그 활동의 총칭. 교외에서의 학습이나 레크리에이션, 사회 봉사 활동 등을 통해서, 어린이들의 자주적·창조적 성장을 목적으로 한다.

4. 목적에 맞춘 조직 만들기

지역 만들기 전반에 대한 합의 형성을 진행하기 위한 모임부터, 주민 협정의 제정이나 실천 활동에 대한 운영까지, 농산어촌 만들기를 위한 주민 참가의 조직은 다양하다. 조직이 가진 목적별로 그 역할을 충분히 완수시키기 위해서는, 기존 조직의 특징을 잘 조합하여, 가장 효과적이라고 판단되는 인원 구성을 고려해야 한다. 또한, 외부 전문가, NPO의 참가에 대해서는, 어디까지나 그들은 정보 제공자이며 이해자인 것을 전제로, 행정과 대등한 관계를 가지고 주민 조직에 대해 전체적으로 지원할수 있는 기구로 이끌어 가자.

5. 조직의 지원 체제 만들기

농산어촌 만들기를 원활히 진행하기 위해서는 행정이나 관계 기관의 지원이 필요하다. 각각의 담당자에게 주민 활동에 적극적으로 참가할 수 있도록 건의하자. 경우에 따라서는, 담당자로서가 아니라, 한 사람의 주민으로서 참가해도 상관없다. 만약, 참가할 수 없다고 해도, 활동 상황은 그때그때 자치체 안에서 정보를 제공할 수 있도록 해 두는 것이, 앞으로 계속적인 지원 체제를 만드는 데 도움이 된다.

6. 횡적 연계를 도모한다

특정 그룹의 활동만이 돋보인다고 해도, 아름다운 농산어촌을 만들 수 없다. 조직에 따라서는, 기동적이고 파워풀한 곳도 있고, 한가롭고 미온적인 곳도 있을 것이다. 각각의 독특한 취향을 서로 인정하고, 서로 도와, 성과를 분담할 수 있는 궁리를 짜내자. 정기적인 합동 이벤트몸을 움직여 즐기는 것 등을 기획하는 일도 조직의 연계를 도모하는 데 있어서 효과적일 것이다.

농산어촌 만들기 조직을 만들기 위한 10개 조

제1조 지역 주민의 의향이 반영되는 민주적인 조직일 것

제2조 기존 조직의 여러 가지 역할을 잘 활용할 것

제3조 세대주뿐만이 아니라, 아이부터 어른까지 다양한 연령 속성의 의견을 집약할 수 있을 것

제4조 특기나 지식을 가진 집단이 역할을 발휘할 것

제5조 지역의 자료, 계획 기술이나 전문가의 소개 등의 지원을 행정으로부터 받을 것

제6조 조직의 활동 상황을 항상 모든 주민에게 정보로 제공할 것

제7조 타지역의 조직과 교류를 가질 것

제8조 직접적인 이권 문제와 얽히지 않을 것

제9조 주민 한 사람 한 사람의 주변 문제로부터, 마을이나 지역 전체의 문제로 발전시킬 것

제10조 운영을 원활하게 하기 위해, 즐거움의 연출이 충분히 이루어질 것

Ⅱ. 재점검과 발견의 실천 수법

❶ 워크숍을 하자

1. 워크숍에 의한 계획 만들기

주민은 농업 용수로에서 아이들이 놀 수 있는 장소가 있으면 좋을텐데, 이 도로의 폭이 좀더 넓었으면 차의 교차가 편할텐데 등, 지역에 대해 여러 가지를 생각하면서 생활하고 있다. 이러한 생각을 농산어촌의 경관 계획에 어떻게 반영시켜 가면 좋을까. 미국에서는 도시 개발이나 지역 계획의 책정에 대한 주민 참가가 일찍부터 행해지고 있는데, 주민이 워크숍을 실시해서, 자신들이 살고 있는 곳을 어떻게 해 갈 것인가를 생각하고 학습하며 행동하여, 주민 모두의 합의를 기초로, 공원이나 도로, 학교, 상점가 등을 정비하고 있다. 자, 우리도 주민 모두가 참가하여, 워크숍을 활용하면서, 지역의 경관 만들기를 생각해 가자.

2. '워크숍' 은 무엇인가

워크숍은, 직역하면 '작업장' 이지만, 농산어촌 만들기의 분야에서는, 참가자가 자주적으로 활동하는 학습회라는 의미로 사용되고 있고, 전문가의 조언, 지도 등도 얻으면서 주민 스스로가 생각하고, 의견을 제시하여, 자신들의 것으로 계획 만들기를 진행시켜 나간다. 또한, 주민이 계획 만들기의 중심이 되어 참가하고, 스스로 작성하는 계획으로서의 인식도 고조되고 있기 때문에, 농산어촌 만들기의 유효한 수법으로 여겨지고 있다.

3. 워크숍의 원칙

워크숍에서는 다음 4개의 핵심 사항을 지켜 나가자.

모두가 즐겁게 – 워크숍은 즐거운 분위기로

워크숍은 지속하는 일이 중요하다. 그 때문에, 참가하는 사람이 긴장하지 않고, 즐겁게, 또한, 흥미를 가지고 임하는 분위기 만들기가 중요하다. 워크숍의 목적이나 규모, 참가자의 속성에 적합한 분위기를 만들자.

모두가 놀라게 – 워크숍은 경관 만들기를 위한 새로운 발견 작업

평소 아무렇지도 않게 다니고 있는 장소도 모두 모여 서로 다른 시점에서 보면, 새로운 매력을 발견할 수 있다. 또한, 어른과 아이, 남성과 여성 등은 전혀 다른 견해를 가지고 있다는 것도 깨닫게 된다. 지금까지 당연하다고 생각하고 있었던 것이 다른 지역의 사람이 보면 당연하지 않은 것도 있다. 서로가 가르치고, 가르침을 받아, 지역의 보물을 발견해 나가는 것이 필요하다.

모두가 함께 – 워크숍은 새로운 커뮤니티 만들기

워크숍은 아이부터 노인, 남성부터 여성까지 많은 사람이 참가하여, 하나의 주제에 대해 함께 검토할 수 있다. 문제 해결의 합의 형성을 행한다는 단일적인 목표 달성에만 매달리지 말고, 모이는 것이 즐거운 것이라는 분위기도 만들어 가야 한다.

모두의 구상을 – 지역의 자유로운 의견 교환의 장

워크숍에서는 특정 의견에 치우치지 말고, 모두 평등하게 적극적인 제안을 하자. 그 다음에, 의견이 달라도 상대방의 입장에 서서, 그 의견을 겸허하게 받아들이는 자세도 필요하게 된다.

❷ 워크숍의 실천 과정

지역 주민의 의향을 살린 지역 만들기를 전개하기 위해, 3회의 워크숍을 실시하여, 주민 자신에 의한 미래상의 작성과 지역 만들기에 대한 주체적인 참가를 계발한 사례다. 이 사례에서는 3~4개월의 시간에 걸쳐, 일련의 워크숍을 개최하고 있다.

◇제1회 워크숍 (11월의 한나절)
옛날과 지금을 비교하여 / 지역의 경관이나 풍습
(지역 환경 점검)

〔보전〕 ●생활 방식 (친밀감이 있는 장소)
　　　　●매력 발견 (가까운 자연의 재평가)
〔개선〕 ●개선점 (정비 개소의 파악)
　　　　●지역의 문제점 (위험 개소의 파악)

옛날과 지금을 비교하여, 지역의 경관이나 풍습이라는 주제로, 각자의 생각을 카드에 적게 하고 지도에 붙여, 그룹별로 발표했다.

◇제2회 워크숍 (12월의 한나절)
지역의 아이디어 지도 만들기
(지역의 장래상과 역할 분담의 검토)

〔과제의 정리〕
● '언제' '어디에' '무엇이' 필요한가
〔역할 분담의 검토〕
● '누가(지역·공공)' '어떻게' 정비·관리하는가

'언제, 어디에, 무엇이 필요한가'를 주제로 누가 할 것인가의 역할 분담별로 색이 다른 카드를 작성하여, 지도에 붙이고 발표했다.

◇제3회 워크숍 (2월의 한나절)
지구 정비의 우선 순위의 검토와 캐치 프레이즈의 검토
(프로그램과 주제의 검토)

〔우선 순위의 검토〕
　　　●과제 중에서 우선 대응해야 할 사항을 검토
〔캐치 프레이즈〕
　　　●캐치 프레이즈를 전원이 제안

지금까지의 성과를 기초로, 정비의 우선 순위를 결정함과 동시에, 지역마다 캐치 프레이즈를 생각했다.

'마을 만들기의 계속' 과 '계획의 구체화' 에

❸ 환경 인지 지도 만들기 '지역 환경을 알고 있는 셈'

1. 목적

환경 인지 지도 만들기는, 주민이 평소 어떤 곳에 어떤 이미지를 가지고 있는지, 앞으로, 어떤 장소를 어떤 식으로 사용해 가고 싶은 것인지 등, 지역에 대한 생각을 파악하여 지도 상에 정리해 나가기 위한 워크숍이다.

2. 인지 지도란?

사람이 어떻게 공간 또는 공간의 요소를 파악하고 있는지, 그 지각, 인지의 구조를 조사하기 위해서, 백지 위에 지도를 그리거나, 제시된 도면 상에 마킹 등을 하는 것을 인지 지도 조사라고 한다. '케빈 린치' 라는 사람의 조사에서 유래한 것으로, 백지에 각자가 알고 있는 공간 요소를 그려가는 '자유 묘화법', 주요한 공간 요소의 위치 형상을 미리 기입한 지도를 준비하여 다른 부분을 메워가는 '통제적 묘화법' 등이 있다. 여기에서는 워크숍용으로 개량된 방법을 소개한다.

3. 작업 방법

작업 방법은 먼저, 4~6명이서 1반을 구성하여, 한 책상에 붙는다. 전체적으로는 30명, 6반 정도가 적당할 것이다. 먼저, 1명에게는 마을의 백지도A4판 정도가 적당 4, 5매 정도주제의 수와 8가지 색 정도의 색연필 1케이스를 제공하고, 하나의 반에는 조금 큰 마을의 백지도A3판 정도가 적당 4매 정도와 좀더 큰 마을의 백지도A0판 정도가 적당 1매, 굵은 글씨를 쓸 수 있는 매직 8가지 색을 배포한다. 진행자의 지시에 따라, 지도에 색을 칠하게 한다. 작업은 일반적으로 다음의 3단계로 나누어진다.

① 개인 지도의 작성: 첫번째는, 진행자가 주제를 정하여, 예를 들면, '집은 어디입니까' 라든가, '당신의 농지는 어디에 있습니까' 라든가, '통근 코스는 어디입니까' 등의 간단한 질문을 한다. 지정한 항목에 대해, 지정한 색으로, 개인별로, 개인용의 지도에 색을 칠한다. 이것을 개인 지도라고 한다.

② 납득 지도의 작성: 두번째는, 진행자가 '당신이 잘 알고 있는 신사나 절은 어디입니까', '경관이 좋다고 생각하는 장소는 어디입니까' 등을 각 반 공통으로 질문해 나갈 것이므로, 반 전원이 합의한 부분에만 색을 칠한다. 이 때에는, 각자의 개인 지도를 서로 확인하면서, 전체를 고려한 선택이 될 수 있도록 한다. 이것을 납득 지도라고 한다.

③ 이미지 지도의 작성: 세번째는, 진행자가 새로운 항목으로서, '경관을 즐길 수 있는 산책 코스를 만들어 봅시다' 등의 지역 만들기의 주제로 질문할 것이므로, 납득 지도를 활용하면서, 반원끼리 토론하여, 합의한 부분에 색을 칠한다. 이것을 이미지 지도라고 한다. 전부 완성되면, 반마다 만든 지도의 범위를 왜

그렇게 결정했는지에 대해 발표하도록 하고, 다른 조의 것과 비교해 보도록 하자.

질문 항목은, 개인의 인지 – 집단의 인지 – 집단의 구상이 단계적으로 지도 상에 표현되도록 설정한다. 개인적으로 경관이 좋다고 생각하는 장소를 통합하여 모두가 납득한 장소를 선정하고, 나아가, 다른 요소로서, 역사를 느끼는 장소나 교통편이 좋은 장소 등이 고려되어 최종적인 경관 산책 코스가 완성된다.

4. 작업 과정

개인 지도의 작성

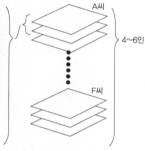

기억을 확인: 개인이 인식하고 있는 마을 환경의 상황이나 자원의 위치 등을 색으로 구분하여 표시한다. 틀려도 상관없다. 질문에 대해서 알고 있는 것 전부를 표시해 가자.

납득 지도의 작성

의견을 정리: 각자가 만든 지도를 모아, 자신은 여기에 색을 칠했는데, 다른 사람은 어느 곳에 칠했는지를 비교하면서, 공통의 위치, 차이가 있는 위치 등을 찾아간다. '옛날, 이 냇물에 반디가 있었는데', '우리 집 뒤에 있던 강도 없어졌네', '어디에 색을 칠할까', '경관적으로 좋은 곳은 산에서의 전망일거야', '그렇구나', '그러면, 여기에 색을 칠하자' 라는 식으로 이야기가 진행되어 간다. 처음은 어색하지만, 점차 익숙해진다.

자연 환경을 자랑할 수 있는 장소, 경관이 아름답다고 생각하는 장소, 역사 · 문화를 느끼는 장소, 농업의 힘을 느끼는 장소 등, 주제는 개인 지도를 활용할 수 있도록 설정한다.

이미지 지도의 작성

성과를 발표: '영화의 야외 촬영지로 추천할 장소는?' 이라는 물음에, 납득 지도의 작성에서 모두에게 선택된 여러 가지 매력적인 장소를 활용하여, 야외 촬영 포인트와 코스를 선정했다. '어떤 영화를 찍을지, 어떤 배우가 나오는지에 따라서 달라' 라고 하면서 작성한 이미지 지도를 모두의 앞에서 발표한다. '그 반은 A신사의 뒤를 추천하고 있어, 그곳이 정말 좋은 것 같아. 눈치채지 못하고 있었구나' 라고 각 주민의 머리 속에서 여러 가지를 상상하게 한다.

관심을 갖게 하는 단계에서의 워크숍이기 때문에, 현실로부터 동떨어진 주제도 재미있을 것이다. 물론, 도시 농촌 교류를 위한 거점 시설 만들기나 역사의 산책로 만들기 등의 주제도 가능하다.

❹ 마을 환경 점검의 지도 만들기

1. 마을 환경 점검 활동을 진행하기 위한 유의점과 준비

① 환경 점검 수법의 5W1H

환경 점검에 있어서는, 무엇을What, 언제When, 어디서Where, 누가Who, 왜Why, 어떻게How 실시하는지를, 명확하게 해 두지 않으면 안된다.

- What→ 점검의 대상이 무엇인가를 명확하게 한다. 환경이라고 해도 그 대상은 매우 폭넓기 때문에, 생산·생활, 자연, 문화, 사회 등의 여러 환경으로 구분하여, 각 환경별로 점검하고, 한 가지 측면에서만 파악하지 않도록 주의하자.

- When→ 점검의 시기, 시각은 평가 시의 중요한 요건이 된다. 특히, 농촌 공간은 계절마다 쓰여지는 방식이 다르므로, 가능하다면 계절마다 점검하는 것이 바람직할 것이다.

- Where→ 지역의 특성이나 인간과의 관계를 충분히 고려한 점검인 것이 중요하다. 지역의 아이덴티티를 모색하여, 그것을 확인할 수 있는 구역을 반드시 설정해야 한다.

- Who→ 지역 주민은 남성이 있으면 여성도 있고, 아이가 있으면 어른도 있으며, 농가가 있으면 비농가도 있다. 속성의 차이는 점검의 시점을 다르게 한다. 따라서, '누가 점검했는지'는 그 후의 전개에 커다란 영향을 미친다.

- Why→ 주민은 주변 환경에 익숙해지는 경향이 있기 때문에, 환경을 객관적으로 평가할 수 없는 경우가 있다. 또한, 개개인에 있어서의 환경 점검의 목적은 생활 욕구에 따라 다양해진다. 그러므로, 지역을 구성하는 많은 사람들의 정보가 필요하게 된다.

- How→ 점검은 그 실행 방식에 따라, 계획에 효과적으로 연결되지 않는 경우도 있으므로, 어떠한 실행 방식으로 할 것인가가 중요하게 된다.

② 준비

a. 간사의 준비

① 환경 점검의 기획(주민과 행정 담당자가 협력하여 검토)

준비, 점검 작업, 점검의 통합, 발표회 등의 방향과 진행 방식을 정리한다. 주민측의 조력자 역할은 마을 자치회의 임원수 명 등에게 부탁하는 것이 일반적이다.

② 환경 점검 사전의 현지 답사

워크숍의 기획자행정 담당자, 지역 리더=조력자, 주민 유지 등가 사전에 현지 답사를 행하여, 점검 영역, 점검 루트, 점검 항목 등을 선정하고, 필요한 기기나 휴대

품 등을 검토한다.

③ 주민에게 호소

홍보계 등을 두고, 시초손이나 마을의 홍보지에 게재, 포스터 등의 작성, 유선 방송 등의 전파 이용, 신문사 등으로의 연락 등을 실시하고, 각 주민 조직에 도움을 청하자.

④ 점검 그룹의 분류, 그룹별 리더의 선정, 참가자 명부의 작성

⑤ 점검 그룹의 리더와의 사전 협의

환경 · 경관 점검의 목적, 항목, 그룹 내의 역할, 지도 상의 기입 요령, 점검 결과의 정리 방식 등을 확실히 해 둔다.

⑥ 점검 당일 준비의 분담

회장 설치, 설명도 · 게시판 · 확성기 등의 기자재, 지도, 도시락, 음료 등을 준비한다.

b. 그룹 편성의 사고 방식

① 그룹 편성은 자유이지만, 인원수가 너무 많아지면, 역할이 불명확해져, 충분히 의견이 반영되지 않는다. 반대로 인원이 지나치게 소수라면, 문제 의식이 단조롭게 되어, 매력을 발견할 기회까지도 줄어들게 된다. 따라서, 4~6명 정도로 팀을 나누는 것이 적당하다.

② 연령 구성이나 성별 등의 속성 나누기도 원칙적으로는 자유다. 아이 그룹, 부인 그룹, 남성 그룹, 노인 그룹과 같이 입장이 공통적이거나, 평상시부터 서로 알고 있는 사람들로 팀을 구성하면 원활한 운영이 가능해진다. 그러나, 목적이나 주제에 따라서는, 여러 가지 다른 입장을 가진 사람들로 그룹을 재편하여, 서로 배우면서 경관이나 환경에 대한 이해를 깊게 하는 것도 효과적이다.

c. 지도의 선정

지도는 점검 대상 지구의 상황을 쉽게 이해할 수 있고, 문제점 등을 기입하기 쉬운 축척의 것을 선택한다. 또한, 점검 그룹의 대상 구역별로 지도를 다르게 한다. 지도가 선정되면, 도면 안에 축척과 방위를 기입해 둔다.

준비할 수 있는 지도

① 시초손 관내도 (축척 1/2,500~1/5,000)
　　　　　　　　　　　(축소 1/ 10,000~1/ 25,000)
② 마을 지도 (등고선이나 지번이 기입되어 있는 것)
③ 주택 지도 (축척 1/ 1,000~1/ 2,500)
④ 농업 관련 지도 (농작물의 품목, 기반 정비 상황 등을 알 수 있는 것)

d. 도구의 준비 (각 그룹 단위)

옥외에서 걸으면서 사용한다는 점을 염두에 두고 선택한다. 다만, 많은 용구를 들고 걸어서, '나르는 것만으로도 힘에 부쳐, 점검할 경황이 없었다' 라는 일이 되지 않도록 유념하자.

① 최소한으로 필요한 것

점검용 지도, 화판A3판 정도, 메모 용지큰 엽서 사이즈(주머니에 들어갈 수 있는 것이 좋다), 지우개 달린 연필3개 정도, 색연필 2~3색유성 컬러 사인펜도 가능, 카메라디지털 카메라, 폴라로이드 카메라가 있으면 좋다. 카메라를 준비할 수 없는 경우는, 지참하지 않아도 좋다, 수통, 쓰레기 봉투 등

② 필요에 따라

도화지스케치, 평면도, 단면도, 구조도 용, 비디오, 자석, 줄자, 구급용품, 도시락, 날씨에 따라 우산이나 비옷특히, 어린이가 참가할 경우는 반드시 준비 등

③ 복장

걷기 쉽고 미끄러지지 않는 안전한 신발, 행동하기 쉬운 복장바지, 긴소매 상의 등, 장갑, 모자, 수건 등

2. 활동 프로그램

마을 환경 점검 활동의 프로그램에는 대표적인 것이 없고, 지역의 상황이나 특성, 감각에 따라 크게 바뀐다. 그러나 큰 흐름은 아래와 같은 과정이 된다. 활동의 실시에 있어서는 자신의 지역에 대한 생각과 지역 주민의 입장을 명확하게 나누어 활동에 임하자. 결코, 자신의 입장을 강요하는 일이 없도록 유의하자.

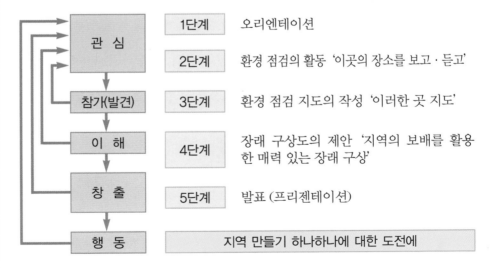

관 심	1단계	오리엔테이션
관 심	2단계	환경 점검의 활동 '이곳의 장소를 보고·듣고'
참가(발견)	3단계	환경 점검 지도의 작성 '이러한 곳 지도'
이 해	4단계	장래 구상도의 제안 '지역의 보배를 활용한 매력 있는 장래 구상'
창 출	5단계	발표 (프리젠테이션)
행 동		**지역 만들기 하나하나에 대한 도전에**

3. 오리엔테이션 (1단계)

① 인사

참가자는 그룹별로 앉게 하고, 주최자와 간사가 인사를 한다.

② 설명

워크숍 일정에 대한 설명과 주의 사항을 전한다.

③ 그룹명을 생각한다

처음에는 그룹명을 생각하도록 한다. 지역의 분위기나 경관을 감안하여, 위트가 풍부한 즐거운 그룹명을 붙이도록 하자.

④ 역할 분담의 결정

작업은 전원이 실시한다. 각자의 역할 분담은 그룹 내에서 상담하여 결정한다.

담당명	적정 인원	역 할
진행	1인	그룹 내의 작업 전체의 흐름과 시간 배분을 고려하면서, 그룹원에게 지시함과 동시에, 그룹원의 의견을 적극적으로 이끌어낼 수 있도록 궁리하자.
기록	2인	각 작업 중에 이야기된 내용(코멘트 및 감상 등)에 대해 기록한다. 환경 점검 시에는 점검 포인트에 대해 기록한다. 또한, 카드나 시트를 작성하고 그 정리를 행한다.
사진	1인	작업, 혹은 점검 포인트를 촬영한다.
연락	1인	도구나 카메라 등의 체크, 발표 시나리오의 제출, 일정의 확인 등을 행한다.

4. 환경 점검의 활동 '이곳의 장소를 보고·듣고' (2단계)

① 점검 활동

무엇을 점검할 것인가는 지역의 실정에 따라 다르지만, 처음에는, 반대자를 상정할 수 없는 주제를 선정하는 편이 좋을 것이다. 이해 관계가 발생하지 않는 것을 대상으로 하면서, 점점 이해 관계가 있는 대상으로 옮겨 가면, 원활한 점검 활동이 된다.

② 점검하는 포인트

지역의 아이들이 건강하게 성장하고, 노인의 풍부한 생활이 실현되며, 청장년층의 입장에서 매력과 활력이 넘치는 지역을 창조하기 위해서는, 지역에 묻혀 있는 생산·생활의 다면적인 기능을 발견하여, 지역 활성화의 자원으로 이용하는 방식을 고려해 나갈 필요가 있다. 그러므로, 지역에 존재하는 국토 보전으로서의 기능은 물론, 경관, 생태계, 문화·역사, 교육 등의 다양한 기능을 나타내는 자원을 재발견하고, 그 현상에 대해 정리하는 것이 필요하다.

단지, 아무 자원이나 마구 끄집어내는 것이 아니므로, 정리할 경우에는 각 기능과 자원과의 연관성에 대해 명확히 해둘 필요가 있다.

경관 점검 주제

경관:	산이 늘어선 모양, 강, 정원, 생울타리, 거목, 고장 수호신을 모신 사당 경내의 숲, 돌을 깐 보도, 집이 늘어선 모양 등
생태:	강에 생식하는 어류, 반디, 산나물 등
정서:	자주 산책하는 곳, 산책하고 싶은 곳, 여름 저녁에 바람을 쐬는 곳, 계절을 느끼는 곳 등
역사:	역사적 건조물, 문화재, 여행자를 수호하는 신이나 그를 모신 곳, 사당, 축제나 옛부터의 놀이, 구전이나 전설, 전통 공예 등
위생:	오수나 배수 불량, 물의 순환이 나쁜 곳, 쓰레기의 불법 투기 등
안전:	교통 사고가 많은 곳, 전망(시각 판단)이 나쁜 곳, 어린이가 놀면 위험한 곳 등
편의:	교통 수단, 주차장 등

자연 경관계	생산 시설계
• 산골짜기 풍경의 아름다움 • 마을 산이나 공유림의 관리 상황 • 공공 공사 등과 주변 경관과의 조화 • 자연을 활용한 놀이터, 휴계 장소 등의 유무	• 농작 포기 등에 의한 황무지의 유무 • 용수로, 도로의 잡초, 쓰레기 등의 관리 상황 • 대형 농업 생산 시설과 주위 경관과의 조화 • 사용이 끝난 비닐 등의 방치 상황
생활 시설계, 사회 시설계	**생활이나 행사 등의 경관계**
• 택지와 주위 경관의 조화 • 마을 내 폐옥 등의 유무 • 연도 및 공터 등의 풀꽃이나 식재의 상황 • 광고, 간판 등과 주변 경관과의 조화	• 사원과 절, 명승고적, 문화재 등의 관리 상황 • 전승 행사 등의 장소에 대한 관리 상황

③ 점검 방법

그룹마다, 카메라와 지도를 들고, 각자의 역할 분담에 따라, 함께 걸으면서 다양한 시점에서 환경을 점검행한다. 진행 담당은 시간까지 집합 장소로 돌아올 수 있도록 한다. 일반적으로는, '점검 루트 계획'을 작성하게 한지만, 그룹마다 점검 루트를 지정해 주어도 상관 없다.

④ 사진 촬영

그룹별로 지역 내를 걸으면서, 기록 담당은 '그룹원의 의견, 깨달은 점이나 특징'을 확인하고 기입하여, 점검 지도를 작성한다.

또한, 사진 촬영자는 사진 체크 시트에 촬영한 사진의 제목과 그룹의 의견을 정리하고 촬영 이유를 적는다. 사진 체크 시트의 번호와 지도 상의 사진 번호는 동일하게 한다. 카메라를 준비할 수 없는 경우는 점검의 내용만 기입

어른도, 어린이도, 도시 주민도 하나되어 지역의 보물 찾기

- 집회소에 모여, 마을 환경 점검의 방법을 설명한다. 여기서 소개한 점검 수법의 경우는, 작업량이 많기 때문에, 실내에서 제대로 설명하는 것이 좋지만, 점검이 중심이라면, 밖에서 코스의 설명을 하는 것도 좋을 것이다.

- 그룹을 구성하지 않고, 집단으로 돌아보는 경우도 있다. 또한, 어린이만의 경우는, 각 그룹에 지도원이 붙어 있는 것이 좋을 것이다.

- 사진을 늘어놓고, 점검 체크 시트에 정리한다. 또한, 지도 상에 놓아 보고 모두가 깨달았던 점에 대해 의견을 교환하자.

사진 체크 시트

No.	사 진	촬영 대상(타이틀)	촬영 이유	보전 필요	개선 필요	활용 필요	조사 필요
					인상		
1		이상한 PR 간판	농촌 풍경과 어울리지 않음		○		
2		인가 옆의 용수로	용수에 가정용 잡배수가 혼입되어 있다.		○		
3		논두렁길의 뱀딸기	평소에 다니지 않는 논두렁길에 희귀한 풀꽃이 나 있다.	○			
4		논 옆에 있는 고목	옛 무덤을 생각하게 하는 경치				○
5		주택가를 흐르는 배수로	빈 깡통 등 쓰레기가 떨어져 있다.		○		
6		산책로에 흩어져 있는 매너를 호소하는 간판	평소 산책하고 있는 사람의 매너에 대해 의문을 가졌다.		○		○
7		원통사(圓通寺)로 통하는 참배로	사람 통행이 많은 것같고, 깨끗하게 손질되어 있다.	○		○	
8		고건원(高乾院) 절터의 죽림	지구 사람에게도 유명한 절터였다.				○

5. 환경 점검 지도의 작성 '이러한 곳 지도' (3단계)

① 자원 지도의 작성

테이블에 지역의 지도를 펼쳐 현 위치를 파악함과 동시에, 주요한 도로·하천과 점검 활동에서 체크해 온 여러 지역 자원의 위치를 확인하고, 자원을 색으로 분류하여 도면화하자.

【자원의 색 분류 사례】

- 하천 등 수환경 관련 …청색
- 공공·준공공 시설 관련 …보라색
- 산림·수목지 관련 …녹색
- 논밭 등 생산 관련 …황색
- 도로 등 교통 관련 …갈색
- 역사·문화 관련 …적색

② 사진의 정리

폴라로이드 카메라나 디지털 카메라의 경우는, 촬영해 온 사진을 사진 체크 시트와 대조하면서 촬영 지점을 확인한다.

③ 점검의 정리 방법을 결정

점검 항목을 정리하지 않고, 단순히, 깨달은 것을 제각각으로 환경 점검 지도에 써 넣으면 나중에, 지도를 볼 때 매우 알기 힘든 것이 된다. 점검 포인트를 몇 개 정도로 나누고, 색의 분류나 도면 상에서의 배치를 통해 알기 쉽게 구성하자.

④ 지도의 작성에 착수하자

점검 지도의 사례

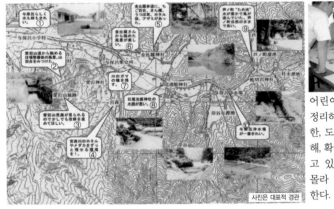

어린이들이 주제별로 사진을 정리하여, 지도에 놓고 있다. 또한, 도로, 수로 등의 시설에 대해, 확인한 위치를 색으로 칠하고 있다. 처음에는 어쩔 줄을 몰라 허둥대지만, 점차 즐거워한다.

이 점검 지도는 가장 간단한 형태다. 사진의 위치와 환경 상태, 의견을 기입했을 뿐이다. 이것만으로도 문제점은 정리된다.

① '여호로(與保呂)' 〈지명〉답게 물도 초록도 깨끗하다. / ② '아타고(愛宕) 산길' 에서 바라보는 정지된 농지. 산나리〈식물〉를 발견했다. / ③ '아타고 산' 의 황폐가 보이므로, 조금이라도 개선됐으면 한다. / ④ '미야모리(宮森) 강' 에 반디나 송사리가 계속 살 수 있는 환경을! / ⑤ '곤피라(金比羅) 참배로' 에 애기나리, 금난초, 초롱꽃, 엉겅퀴〈식물〉가 있었다. / ⑥ '곤피라 신사' 에서 바라보는 풍경이 아름답다. / ⑦ 강변에서 부들〈식물〉이 이삭을 남기고 있다. / ⑧ '히오이케히메(日尾池姫) 신사' 의 수로 상태가 나쁘다. / ⑨ '아시노마치(芦ノ町)' 〈행정구역명〉는 저수지의 물이 풍부하고, 거북이가 놀고 있다. 아시노마치는 자연 그대로가 좋다. / ⑩ '요호로 정수장' 이 제일 깨끗하다.

시점을 정리했다면, 지도의 구성에 착수하자. 한꺼번에 도면에 기입하면, 나중에, 써 넣을 곳이 모자라거나, 사진을 넣을 공간이 없어지므로, 포스트 잇 카드나 사진을 사용하여, 구성해 나갑시다.

⑤ 표제 작성

표제를 붙이자. 표제를 보는 것만으로, 무엇을 말하려는지를 알 수 있도록 하자. 글자체·색의 궁리도 필요하다. 워드 프로세서도 좋지만, 개성 있게 직접 손으로 표현하는 방법도 좋다.

6. 장래 구상도의 제안 '지역의 보물을 활용한 매력 있는 장래 구상' (4단계)

① 제안 시트 만들기

작성한 이러한 곳 지도를 참고로, 지역의 보배를 활용한 매력 있는 장래 구상을 작성하기 위해, 제안 시트 만들기를 행한다.

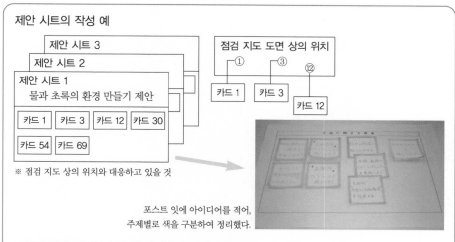

제안 시트의 작성 예

제안 시트 3
제안 시트 2
제안 시트 1
물과 초록의 환경 만들기 제안

| 카드 1 | 카드 3 | 카드 12 | 카드 30 |
| 카드 54 | 카드 69 |

※ 점검 지도 상의 위치와 대응하고 있을 것

점검 지도 도면 상의 위치

① ③ ⑫
카드 1 카드 3 카드 12

포스트 잇에 아이디어를 적어,
주제별로 색을 구분하여 정리했다.

지역의 장래 비전을 복수의 시점에서 이미지 합시다.　　　(5반)

시점		광역레벨(다코마치(多古町)[1]로서의 활동)	지구 레벨(섬마을으로서의 활동)	개인 레벨(개인 혹은 개별 활동)
경관	생울타리 꽃밭		아름다운 생울타리를 금후에도 유지해 나간다. / 플라워 서클 등의 육성	아름다운 생울타리를 금후에도 유지해 나간다.
역사 문화	신사, 절 다나바타우마(七夕馬)[2]		공민관[3]이나 사원을 역사나 문화의 교육 장소로서 활용한다.	마을 내의 역사적인 사원이나 성에 대해 전한다.
환경	수로, 도로 '사사' 채취장[4]	수로의 수질 개선	수로 등을 정기적으로 청소	수로 등을 깨끗이 한다는 의식으로 쓰레기를 내놓지 않는다.
교육	다나바타우마 체험 농원	다나바타우마를 교육 장소에 도입 / 체험 농원에서 비오톱을 만들거나 산책을 한다	공민관이나 사원을 역사나 문화의 교육 장소로 활용하여, 세대 간 교류를 촉진한다. / 마을 일부를 체험 농원의 장소로 제공한다.	각 가정에서 다나바타우마 등의 전통 행사를 자식이나 손자에게 전한다.

1: 행정구역명
2: 칠석날 줄〈식물〉을 사용하여 만든 말. 이날 맞이하는 선조의 영혼을 위해 탈것을 준비한다는 조령(祖靈) 신앙에 근거하는 것으로, 농작물의 풍작 등을 기원한다. 지바켄(千葉縣)에서는 어린이가 벤 풀을 이것에 짊어지게 한 후, 집으로 끌고 와 우동이나 팥을 쑨 찰밥과 함께 제사를 지냄. 그 외, 이

것을 현관의 높은 곳이나 지붕 위에 장식하는 곳도 있다.
3: 일본의 시민 회관이나 구민 회관에 해당하는 주민생활 지원시설. 37쪽 '주13' 참조.
4: 나뭇잎에 경단을 싼 떡과자 '사사단고(笹團子)'나 칠석날 집에 장식하는 '사사카자리(笹飾り)'를 만들기 위해, 재료가 되는 '사사(조릿대)'를 채취하는 장소.

제안 시트는 그룹마다 개성 있게 작성하는 경우도 있지만, 간사가 양식을 정하고, 그에 맞추어 작성하는 경우도 있다. 제안 시트의 예를 아래에 제시한다.

【제안의 시점】

앞으로의 지역을 전망하여, 어린이들부터 고령자까지, 지역 주민뿐만 아니라 지역 외 주민에 있어서도 매력적인 환경으로 가꾸기 위해, 향후 어떠한 활동이나 기대가 필요한가를 개인의 의견을 기초로, 그룹 내에서 상담하면서 제안 카드를 작성한다.

【제안의 사례】

- 물과 초록의 환경 만들기의 제안
- 교육 환경 만들기의 제안
- 생산·생활 환경 개선의 제안
- 경관 보전의 제안
- 역사나 문화 보전의 제안
- 도시 농촌 교류의 제안

② 지역 만들기 운영 방침안 작성의 필요성

점검 지도, 장래 구상도가 완성되었다고 하더라도, '이렇게 되면 좋겠네'라고 하는 것만으로는 그림의 떡에 지나지 않는다. 자주, 워크숍에 참가한 사람들로부터 '그림은 예쁘게 그릴 수 있었지만 꿈 같은 이야기야'라는 의견을 듣는다. 워크숍은 모두가 함께 생각하는 과정이 중요하지만, 역시, 활동에 결부시켜 하나라도 실현해 보고 싶어지는 것이다. 구체적인 사업 등이 예정된 경우는, 그 사업 속에서 활용해 가면 좋겠지만, 그렇지 않은 경우에도, 자신들이 할 수 있는 것, 할 수 없는 것, 금방 시행할 수 있는 것과 그렇지 않은 것 등을 정리하여, 꿈의 실현을 향해 목표와 그 실천 방식을 작성해 두면 좋을 것이다.

③ 시간·역할 시나리오

시나리오의 사고 방식

	단기적	중기적	장기적
주민 주도	주민이 주체가 되어, 바로 구체화해야 할 제안 내용	주민이 주체가 되어, 수년 뒤에 구체화하는 것이 바람직한 제안 내용	주민이 주체가 되지만, 구체화는 좀더 미래가 되어도 좋다는 제안 내용
주민 행정 연계	주민이 주체가 되어, 행정의 소프트 지원 하에서, 바로 구체화해야 할 제안 내용	주민이 주체가 되어, 행정의 소프트 지원 하에서, 수년 뒤에 구체화하는 것이 바람직한 제안 내용	주민이 행정의 소프트 지원을 받아 실현하지만, 구체화는 좀더 미래가 되어도 좋다는 제안 내용
행정 주도	주민의 요망을 기초로 행정이 주도하여, 바로 구체화해야 할 제안 내용	주민의 요망을 기초로 행정이 주도하여 수년 뒤에 구체화하는 것이 바람직한 제안 내용	주민의 요망을 기초로 행정이 주도하여 실현하지만, 그 시기는 좀더 미래가 좋다는 제안 내용

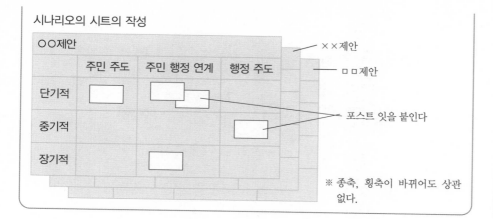

시나리오의 시트의 작성

○○제안				××제안
	주민 주도	주민 행정 연계	행정 주도	□□제안
단기적				포스트 잇을 붙인다
중기적				
장기적				

※ 종축, 횡축이 바뀌어도 상관 없다.

지역 만들기 운영 방침의 작성에 있어서는 그룹마다 검토한 제안 시트를 운영의 측면에서 정리해 간다. 여기서의 정리 포인트는 어떤 제안을 어떤 시기에 실현해 갈 것인가라는 점과 누가 그것을 실시할 것인가라는 점이다. 결국, 시간적인 시나리오와 역할 분담의 시나리오를 동시에 생각해 갈 필요가 있다.

④ 장래 구상도의 작성에 착수하자

제안 시트를 도면 상에 표현하는 작업을 행한다. 점검 지도와 비교하면서, 점검 지도에서 지적된 포인트를 앞으로 어떻게 할 것인가에 대해 정리해 가자. 점검 지도는 점검 지도, 장래 구상은 장래 구상이라는 형태가 되지 않도록 궁리하는 것이 필요하다.

【표제의 작성】 제안 시트 중에서, 중심이 되는 아이디어나 아이디어 간의 연결을 스토리로 만들어, 지역의 미래상에 대한 콘셉트를 설정하고, 어울리는 캐치 프레이즈를 생각한다. 말 한마디로 지역의 장래가 보이는 것 같은 궁리를 하자.

【그룹명의 기입】 그룹명을 지도에 기입하자. 점검 지도나 장래 구상도는 그룹 내에서 합의 후에 완성된 성과품이다. 망설이지 말고 전원의 이름을 써 두자.

【비주얼화】 제안을 도면 상에 삽화로 표현하자. 현황의 점검에서는 이미지를 금방 떠 올릴 수 있지만, 새로운 것이 조성되거나 개선된 후의 상황은 언어로 표현하는 것보다 이미지화하는 편이, 많은 사람이 이해하기 쉬운 것이다.

【발표용을 위한 궁리가 있어도 좋다】 장래 구상도는, 최종적으로 지역 주민 전원이 볼 수 있도록 공민관 등에 붙여 두게 되지만, 라이브로 실시하는 발표 시에, 떼내거나 끌어당기거나 하면서, 프리젠테이션 중에 장래 구상도를 완성해 가는 방법도 있다.

장래 구상도의 사례

위의 지도는 왼쪽이 점검 지도, 오른쪽이 장래 구상도다. 이것들은 상당히 시간을 들여 만든 것이다. 삽화나 현황의 사진을 붙이고, 그것들을 앞으로 어떻게 하고 싶은가에 대해, 제안 시트를 참고로 써넣는다.

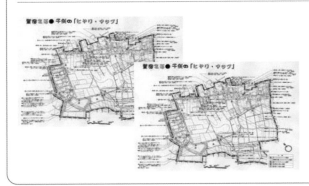

왼쪽의 지도와 같이, 주제를 하나로 좁혀, '가슴 철렁 지도'(안전 점검)를 작성하여, 안전 시설 정비의 지침으로 활용해도 상관없다. 무리해서 그림을 그릴 필요도 없다. 제안을 알기 쉽게 해두면 좋을 뿐이다.

7. 프리젠테이션 (5단계)

① 발표한다

워크숍의 최종 단계로, 발표회를 갖자. 모두가 합심하여 만들어낸 것을 보다 많은 사람들에게 알리는 것이 제일 중요하다. 또한, 완성한 성과를 지역 사람들이 모이는 장소에 게시하거나, 기회가 된다면, 워크숍에 참가할 수 없었던 사람들을 모아 발표회를 하는 것도 좋을 것이다.

발표회의 준비나 진행 방식에 대해서는 다음 사항을 참고하자.

② 발표 시나리오의 작성

각 그룹마다 환경 점검 지도, 장래 구상도를 중심으로 전체 작업의 성과를 발표한다. 발표 시간은 '그룹당 15분 정도'가 적당하다고 생각된다. 그러나, 15분이라는 한정된 시간이므로, 모처럼의 좋은 성과더라도 발표의 내용이 어려우면, 그룹의 생각이 전해지지 않는다. 여유가 있다면, 발표용 시나리오를 작성해 두는 것이 좋을 것이다.

발표는 즐겁게

주민은 발표하는 것에 익숙하지 않으므로, 처음에는 주저하는 경우가 있지만, 간사가 능숙하게 유도하도록 하자. 워크숍의 감상만으로도 상관없으니까, 반드시 발표회는 하자. 발표는 하고 있는 사이에 점점 더 즐거워지는 것이다.

③ 프레젠테이션의 연습

시나리오가 완성되면, 그룹 단위로 읽는 연습을 해보자. 또한, 시나리오가 있어도, 단순히 읽는 것이 아니라 자신의 언어로 확실히 말하자. 시나리오는 어디까지나 말하고 싶은 포인트를 시간 내에 명확하게 전달하기 위해 작성하는 것이다. 그룹 단위로 몇 번이고 연습하여, 대본 없이도 말할 수 있게 되면 가장 좋다.

④ 발표

발표에서는 참가자 모두가 알아듣도록 기운차게 열정적인 기분이 전해지도록 말하자.

⑤ 감상

통상적으로는 설문 조사 등으로 감상을 기술하게 하지만, 시간이 있다면, 한 그룹에 20분 정도의 시간을 할애하여, 한 사람 한 사람에게 한마디씩 발표하게 하는 방법도 좋을 것이다.

❺ 생산 · 생활 점검의 체크 리스트

경관에 대한 관심을 불러 일으키기 위해서는, 먼저, 책상에서 자신들의 생산 · 생활에 연관되어 있는 환경의 현상에 관해 점검할 필요가 있다. 아래와 같은 체크 표를 만들어, 주민 모두가 각 항목별로 점검과 진단을 행하자. 그리고, 그 결과를 추렴하여, 공통적인 항목이나 서로의 생각 등에 대해 모두 모여 논의해 보자. 여기서 예로 든 체크 항목을 지역별로, 주제별로 새롭게 만들어보자. 도시 농촌 교류나 교육 · 복지 등의 여러 주제에 관련하여, 그 지역만의 독특한 체크 항목이 나올 것이다. 이 단계에서는 지역 리더나 경관에 관심이 있는 유지를 중심으로 한 활동으로 출발해도 좋을 것이다.

대상영역구분	경관의 구분					
	근 경	문제 있다	문제 없다	원 경	문제 있다	문제 없다
거주 공간	블록 벽이 증가하여, 주변 경관과의 연속성이 부족하다.			절이나 신사의 숲·저택 부지의 숲이 줄어, 초록이 감소하고 있다.		
	쓰레기 수집 장소에 쓰레기가 산적해 있다.			폐옥이 늘었다.		
	보도가 좁아 화단 등을 설치할 수 없다.			초가 지붕의 농가 주택이 줄고 있다.		
	길가의 광고 간판 등이 눈에 띤다.			건물의 색채에 차분함이 없다.		
	길가나 강 속에 쓰레기가 산적해 있다.			고층 건물이 들어서 경관이 고르지 않다.		
	수로의 수질이 나쁘고, 물이 고여 있다.			공공 건축물의 형태가 획일적이다.		
	노상 주차가 증가하고 있다.			전봇대·전선·철탑이 눈에 띤다.		
	농촌 공원 내에 초록이 적다.			도로가 직선적이고 단조로운 경관이다.		
	신사·절의 관리가 이루어지지 않아 황폐해지고 있다.			레스토랑·오락 시설이 무질서하게 난립하였다.		
	문화재·역사적인 유적이 황폐해지고 있다.			공장 등의 건물이 단조롭고 수목이 없다.		
	정원이 어수선하다.					
생산 공간	채소밭 안에 쓰레기의 무단 투기가 많다.			비닐 하우스 등이 어수선하게 배치되어 있다.		
	축사 주변이 더러워져 있다.			경작 포기지가 늘어 황폐해지고 있다.		
	농로, 수로가 안전하지 않다.			농지가 벌레 먹은 것처럼 전용(轉用)되고 있다.		
	배수 불량으로 물이 고인다.			농지 안에 불법 건축물이 서 있다.		
	농업용 기자재가 산재			용수로·배수로의 콘크리트 면이 눈에 띤다.		
	가축의 분뇨 처리가 부적절하다.			저수지의 관리가 나빠 풀이 무성하게 자라 있다.		
				대형 농업 창고 등 큰 규모의 농업 시설이 눈에 띤다.		
				대규모 법면이 노출되어 있다.		
				수리(水利), 유구(遺構) 등의 보존상태가 나쁘다.		
지역 전체	쓰레기의 불법 투기가 많고, 눈에 띤다.			농지와 택지가 혼재되어 있다.		
	폐차를 쌓아 놓은 곳이 있다.			산림의 난벌(亂伐)이 눈에 띤다.		
	토목 공사에 동반한 토사의 투기가 눈에 띤다.			산림의 관리 능력이 저하하여 산이 황폐해지고 있다.		
	전통 예능이나 행사가 전승되지 않는다.			하천의 콘크리트 호안이 눈에 띤다.		
	민구, 전통 공예의 보존 상태가 나쁘다.			새로운 주택 단지가 마을의 분위기를 해치고 있다.		
				도로의 법면·지주가 수평면을 분단하고 있다.		
				상징이 되는 경관이 없다.		

❻ 환경 가계부의 편성

환경 가계부는 '모리오카 도오루盛岡 通' 등에 의해, 1980년 새로운 가계부라고 이름붙여져 제안되었다. 이것은 인간이 생활을 영위할 때에, 자타의 의존 관계가 환경의 질에 영향을 미친다는 환경 의존의 관계를, 생활의 재검토를 통해서 이해하고, 문제점을 추출하려고 하는 활동이다. 경관을 형성하고 있는 지역 환경의 문제는 환경그 자체보다는, 환경을 그 상태로 만들고 있는 자신들의 생활에 원인이 있다는 것이며, 그러한 사고에서 원인을 발견해 나가는 것이, 가까운 환경에 대한 활동의 관심을넓히고, 활동의 시작에서 중요하다는 것이다.

'가까운 환경 만들기' – '모리오카 도오루(盛岡 通)', 일본 평론사(日本 評論社)에서

귀가 도중 밤길의 가로등이 언제나 밝은 것은 그것을 관리하는 사람이 있기 때문이며, 단골 노점의 오이를 안심하고 먹을 수 있는 것은 무농약, 유기 비료로 징직하게 기르는 사람이 있기 때문이다. 또한, 배설물을 하수도에 흘리는 것만으로 기분좋게 보낼 수 있는 것은 하수 처리장에서 물을 깨끗하게 만드는 사람이 있기 때문이다. 이와 같이 모든 분야에서, 다른 공간에 있는 타인의 영위에 의존하는 것으로우리의 생활은 성립되어 있다. 이러한 의존 관계가 애매하게 되는 부분에서, 이른바환경 문제가 발생하고 있는 경우가 많다. 알지 못하는 사이에, 어떤 한 지역에게만지나친 부담을 안겨 주는 경우도 있다. 지금은 시장 경제를 통하여 금전만으로 그의존의 대상代償이 지불되는 경우가 많다. 그 결과, 의존하고 있는 곳에 관심을 가진다는 초보 단계벨부터, 부담을 안고 있는 사람의 역할이나 피해를 대신해서 떠맡아보는 극단적인 단계까지, 의식이나 행동의 뒤쪽에 있는 본질적인 연관을 우리들은잊기 십상이다. … 새로운 가계부환경 가계부를 작성하는 것에 의해, 이 일을 곰곰이 생각해 보자. 염치없는 의존과 부담을 캐치 볼과 같이 서로 주고 받는 상태에서 벗어나, 스스로의 책임감으로 과잉한 부담을 주는 상황을 제거하면서, 또한 스스로가 수습할 수 있는 범위를 늘려 보자. 그것은 반드시, 집과 외부를 포함한 전체적인 생활환경의 향상으로 연결될 것이다.

환경 가계부의 체크 시트

날짜	가까운 생활 환경에서, 나빠진 점, 좋아진 점을 문득 느꼈던 일	그 원인은 무엇일까? 누구의 행동이 원인일까?	자신도 비슷한 행동에 좋거나, 나쁜 영향을 준 일이 있는가?	가까운 환경을 좀더 쾌적하게 하기 위해서는, 어떤 일을 하면 좋겠는가?	집계	비고	환경에 대한 활동		환경으로부터의 느낌			
							마이너스	플러스	마이너스	플러스		
							(+)(-)의 득점	자신의 행동으로 환경에 나쁜 영향을 주고 있을지도 모른다고 생각한 일	기분 좋은 환경이 되도록 신경 쓰고 있는 일이 나자신의 행동	환경색인번호	가까운 생활 환경이 나빠져서 쾌적함이 사라졌다고 느꼈던 적	일상 생활에서 환경의 쾌적함을 특별히 의식하여 느꼈던 일	(+)(-)의 득점	비고 (색인)

❼ 간사의 역할과 이해

간사는 워크숍에 있어서, 단순한 정리자가 아니다. 간사는 참가자 모두가 공동으로 사물을 판단하고 합의를 이끌어, 결정을 내리기 위한 조력자로서의 역할을 담당하고 있다. 활동을 주저하는 참가자가 있다면, 활동으로의 참가를 독려하거나, 전체 프로그램의 진행과 조정을 꾀하거나 한다. 결코, 리더십을 발휘하는 것이 아니고, 정보를 서로 나누는 역할이며, 매뉴얼대로의 전개가 아니고, 유연하게 과정의 필요에 따라 대처해 나간다.

'나카노 다미오中野 民夫' 의 『파시리테이션 혁명』에서는, 간사의 소양이 재미있고, 알기 쉽게 정리되어 있으므로, 이곳에 소개해 둔다.

간사 8개조 ※ '간사' 를 일본어로 풀어 쓰면 '후·아·시·리·테·이·타·아' 가 되는데, 원서에서는 이들 머리글자를 따서 간사의 소양을 정리하고 있다.

후: '후랏토(훌쩍)' 나타나서 '후랏토(훌쩍)' 사라진다. 나는 조역, 숨은 공로자.
참가자가 주체가 되는 배움의 장. 좋은 체험으로 남아도, 간사의 존재는 잊혀질 수 있을 정도가 좋다. 조금 슬프지만.

아: '아리요우(존재)' 그것이 보인다. 그 장소 그 때에 확실히 있어라!
간사는 '기술' 보다도, 결국 그 존재감이 활동의 장에 영향을 주고 있다. 돌발 상황에서도 심호흡을 하고 Be Here Now!

시: '지젠(사전)' 의 준비는 공들여서. 사람으로서 할 수 있는 일을 다하고서 천명을 기다려라!
사전에 여러 가지 모의 실험을 행하여 꼼꼼하게 만전의 준비를. 그러나 시작하면 그것에 구애받지 말고 흐름에 맡기자.※머리 글자 '시' 는, 일본어에서, '지' 와 같은 문자열임

리: '리락크스(릴렉스, 긴장을 풂)' 하고 있으면 모두도 안심. 하지만 때로는 야무지게 밀고 당기기를!
간사가 편안한 기분이면, 모두에게로 옮아감. 그렇지만 '촉진제로서의 역할' 도 있으므로, 때로는 끌어당기거나 밀거나 하는 것도 필요.

테: '테이네(정중)' 하게 귀를 기울여 잘 듣자. 한 사람 한 사람의 다양함을!
'누구나가 그 자리에 공헌할 수 있는 무엇인가를 가지고 있다anyone can contribute라는 신념으로 경청하기를. 그 자세는 모두에게 전해진다.

이: '이치방(제일)' 소중한 '장(場)?'를 읽는 힘. 항상 개별성과 전체에 대한 배려를!
이것이 꽤 어렵다. 혼자서는 곤란하므로, 간사나 스태프 여러 명이 분담하여 전체를 담당하자.

타: '타이무 키프(타임 키프, 시간 유지)' 는 제대로. 무리없이 자연스럽게, 한편 가차 없이!
끝 마무리는 대부분 늦어지기 십상. 하지만, 그 후에 약속이 있는 사람도 있다. 늘어지지 않게 시간 관리는 중요. 그것도 서두르지 않고 자연스럽게.

아: '아소비 고코로(놀이를 즐기는 마음)', 유머, 그리고 무조건적인 사랑과 신뢰를 잊지 않도록!
무엇보다 즐겁지 않으면 안된다. 그리고, 사람이나 그룹, 프로세스에 대한 무조건적인 깊은 '사랑' 과 '신뢰' 야말로 워크숍의 기본.

참조: 『파시리테이션 혁명』, 이와나미(岩波) 액티브신서

---

❽ 워크숍의 7가지 도구

■ 포스트 잇

포스트 잇은 여러 가지 색상이 있으므로, 의견을 주제별로 분류하는 데 매우 편리한다. 워크숍에서는, 마커 펜 등으로 굵게 문자를 적어, 발표 시에 알기 쉽도록 하자. 포스트 잇은 익숙한 사람에게는 편리하지만, 어린이나 고령자, 초보자에게는 그렇지 않은 경우도 있으므로, 간단히 사용법의 설명을 곁들이는 편이 좋을 것이다.

■ 마커 펜 · 색연필

워크숍에서는 대화의 내용을 기록하거나, 지도나 도면에 색을 칠하거나, 혹은 의견을 분류할 경우에, 비주얼을 궁리하여, 색상 등으로 구분할 필요가 있다. 그 경우의 필수품이 마커 펜이나 색연필이다. 특히, 마커 펜은 발표 시에 글자가 잘 보이도록 굵은 글씨를 쓰는 데 최적이다. 색연필은 8~12색 정도의 것을 그룹의 작업 테이블마다 1세트씩 준비하자. 또한, 테이블을 더럽히지 않기 위해서라도, 테이블 보를 깔아 두는 것이 좋을 것이다.

■ 모조지

모조지는 대화의 내용을 적어 두거나, 포스트 잇을 붙이는 밑종이가 되거나, 혹은 그룹 작업의 발표 용지가 되는 등, 여러 가지로 이용 가치가 높다. 괘선이 그려 있는 모조지라면, 표를 만들거나, 글자를 반듯하게 쓸 경우에 편리한다. 워크숍에서는 반드시 수십 장을 준비하자. 또한, 발표 시에 지도나 모조지를 붙이기 위한 합판이나 칠판 등도 준비해 두자.

■ 명찰

워크숍은 평소 잘 알고 있는 주민끼리 행하는 경우가 많지만, 처음인 사람과 그룹을 구성하는 경우도 있으므로, 참가자에게는 명찰을 달아 주자. 간사의 입장에서도 모두의 이름을 기억하는 것은 힘든 일이므로, 명찰이 있으면 발표회 등의 경우에 이름으로 소개할 수 있어 친근감이 생긴다. 또한, 그룹 작업에서는 자주 그룹명을 붙이므로, 그룹명의 팻말을 책상 위에 놓아두는 방법 등도 궁리하자. 결속력도 높아지고, 다른 그룹과의 경쟁심도 생겨난다.

■ 참가자 명부

워크숍에서는 당일 참가자에게 주소, 성명, 소속 등을 기입하도록 하든지, 사전에 참가자 명부를 만들어 두어, 당일 배포할 수 있도록 준비하자. 이 명부는 차기 워크숍에 대한 권유나 워크숍의 시행 결과, 계획의 진행 상황을 발송하고 알리는 데 도움이 된다.

■그 외, 자주 사용하는 문구

연필 혹은 사인펜은 참가자 명수만큼 준비해 두면 좋습니다. 또한, 테이프, 풀, 가위는 자르고 붙이는 작업에 필요하다. 화판은 옥외의 부지 견학을 실시할 때에 메모용지 등을 각자가 지참하여 나르는 경우에 편리한다.

출전: 『참가의 디자인 도구상자』, 1993년 8월,
재단법인 세타가야구(世田谷區) 도시정비공사 마을만들기센터

❾ TN법 제1단계의 활용

1. TN법이란

TN법은 주민 참가형의 지역 만들기 활동에 있어서, 지역 주민의 의사 결정을 지원하기 위해, 여러 가지 문제 해결을 위한 구체적인 수법을 체계화한 도구 상자이며, 도호쿠東北 농업시험장 농촌계획부에서 구축되었다. 도구 상자에 구성되어 있는 개개의 수법은 모두, '어떤 과제에 대한 의견을 항목별로 정리 · 추출하고, 항목이나 항목 간의 관계를 정량적 평가에 근거하여 처리하며, 주관적인 의식을 수치나 도표로 나타낸다' 라는 공통된 특징을 가지고 있다. 또한, 이 수법은 단시간에 많은 의견의 수집과 집약을 실시하는 수법제1단계, 의식을 행렬적인 수치 구조로서 파악하는 수법제2단계, 대체안의 순위 매기기를 실시하는 수법제3단계의 세 가지 그룹으로 크게 나뉜다. 특히, 제1단계카드 발상법는 이용하기가 쉽고, 지역 만들기의 현장에 적잖이 보급되어 있으므로, 여기에서는 그 실천 사례를 소개한다.

2. 카드 발상법 (TN법 제1단계)

사전 준비

■팀을 만든다

실제로 의견을 내고, 그것을 스스로 평가하는 역할을 하는 발상팀, 도구 · 시간 관리나 정보의 제공 등, 발상 팀을 지원하는 역할을 하는 서포트팀을 결성하고, 서포트팀의 대표로 프로세스 전체를 진행하도록 하는 코디네이터를 1명 둔다. 지역 만들기에서는 발상팀이 주민 대표, 서포트팀이 행정 직원, 코디네이터가 전문가라는 형태가 일반적이다.

■주제의 검토 · 설정

발상팀의 입장에서 가능한 한 가깝고 관심이 깊은 문제를 주제로 채택한다.

■외부 정보의 수집 · 정리

서포트팀은 발상팀이 참고로 할 수 있는 정보를 미리 수집 · 정리해 둔다.

워크의 실시

■입문

서포트팀은 발상팀에게 일의 취지와 순서, 약속 사항 등에 대해 설명한다.

■주제의 제시·참고 정보의 제공

서포트팀은 발상팀에게 의견을 추출하기 위한 주제를 제시하고, 의견을 내는 데에 있어서 참고가 될 외부 정보를 제공한다. 주제를 전하는 방법은 가능한 한 구체적이고 알기 쉬운 것으로 한다.

■카드에 의한 의견의 추출

발상팀의 각 멤버는 주제에 따라, 의견이나 아이디어를 개별적으로 카드에 기입한다. 주제에 따라 다르지만, 시간은 15분 정도가 좋을 것이다. 코디네이터는 의견이 요소적이면서 구체적인 정보로 기술하도록 유도함과 동시에, 의견이나 아이디어가 잘 나오지 않는 경우에는, 어떻게 하면 나오기 쉬운지, '정보 추출의 시점'을 제시하는 등, 조언을 한다.

■의견의 집약

서포트팀은 카드를 회수하고, 코디네이터는 그룹핑을 하면서, 그 하나하나에 관해 코멘트를 덧붙여, 추출된 정보의 소재에 대한 정리를 해간다.

도로 조건이 나쁘다

보도가 없어 위험한 곳이 있다.
버스가 운행되지 않는다.
간선도로에 비포장 부분이 있다.

고령화 문제가 심각

고령화율이 40%를 넘고 있다.
독신 생활자가 많다.

우리 마을이
안고 있는 문제

농업 생산 기반이 미비

채소밭 정비가 늦어지고 있다.
수리 시설이 노후 되어 있다.

자연 환경의 악화

수로의 수질이 나쁘다.
반디가 줄었다.
산나물을 채취할 수 있는 장소가 줄었다.
송충이의 피해가 크다.

농지 황폐와 담당자의 부족

농작 포기지가 늘었다.
후계자가 없다.
수익성이 높은 작물이 도입되지 않았다.

■추출된 의견의 평가

서포트팀은 여러 가지 평가 기준을 가진 평가표를 그 장소에서 상황에 맞게 작성하여, 추출된 정보 하나하나에 대한 5단계 평가를 발상팀에게 행하게 하고, 결과를 회수한다.

( ) 아이디어 평가표 추출한 아이디어에 대해 세가지의 평가 기준별로 점수를 매겨 주십시오. (번호에 ○를 매김) 성명 ( ) / 성별 (남·여) / 연령 (세) / 거주지 ( ) 직업 (농업·자치체 직원·지방사무소 직원·보급소 직원·그 외-)			
추출한 아이디어 항목	평가 기준 1 (효과의 크기)	평가 기준 2 (실행의 난이도)	평가 기준 3 (주민 참가의 가능성)
	그렇게 생각함 ←→ 그렇게 생각하지 않음	그렇게 생각함 ←→ 그렇게 생각하지 않음	그렇게 생각함 ←→ 그렇게 생각하지 않음
	5 · 4 · 3 · 2 · 1	5 · 4 · 3 · 2 · 1	5 · 4 · 3 · 2 · 1
	5 · 4 · 3 · 2 · 1	5 · 4 · 3 · 2 · 1	5 · 4 · 3 · 2 · 1
	5 · 4 · 3 · 2 · 1	5 · 4 · 3 · 2 · 1	5 · 4 · 3 · 2 · 1
	5 · 4 · 3 · 2 · 1	5 · 4 · 3 · 2 · 1	5 · 4 · 3 · 2 · 1
	5 · 4 · 3 · 2 · 1	5 · 4 · 3 · 2 · 1	5 · 4 · 3 · 2 · 1
	5 · 4 · 3 · 2 · 1	5 · 4 · 3 · 2 · 1	5 · 4 · 3 · 2 · 1
	5 · 4 · 3 · 2 · 1	5 · 4 · 3 · 2 · 1	5 · 4 · 3 · 2 · 1
	5 · 4 · 3 · 2 · 1	5 · 4 · 3 · 2 · 1	5 · 4 · 3 · 2 · 1
	5 · 4 · 3 · 2 · 1	5 · 4 · 3 · 2 · 1	5 · 4 · 3 · 2 · 1
	5 · 4 · 3 · 2 · 1	5 · 4 · 3 · 2 · 1	5 · 4 · 3 · 2 · 1
	5 · 4 · 3 · 2 · 1	5 · 4 · 3 · 2 · 1	5 · 4 · 3 · 2 · 1
이하 생략	5 · 4 · 3 · 2 · 1	5 · 4 · 3 · 2 · 1	5 · 4 · 3 · 2 · 1

■평가 결과의 집계 · 분석

서포트팀은 평가 기준별 및 평가자의 속성별로 결과를 집계하여, 발상팀의 의식을 정량화한다.

■집계 · 분석 결과의 제시

서포트팀은 표나 그림의 형태로 그 결과를 발상팀에게 제시하여, 추출된 의견의 특성, 의식의 다양성의 존재 방식어디가 공통되어 있고 어디가 다른가 등에 관해 설명하고, 주제에 적합한 논의를 전개하도록 유도한다.

주 : 여기에서 소개한 방법은 실천 사례에 따라 개량한 수법이며, 시판의 TN법 해설서와는 다르므로, 유의해야 할것.

Ⅲ. 이해에서 창출로의 실천 수법

❶ 디자인 게임

디자인 게임은 미국에서의 오랜 실천 속에서 헨리 사노프Sanoff Henry가 개발한 수법이다. 참가에 의한 마을이나 시설 만들기를 높은 효율로 전개하면서, 만족할만한 성과를 올리고, 게다가 참가자의 학습 기회를 중시하도록 고려된 마을 만들기 도구 중 하나다.

게임이라는 말이 나타내듯이, 정해진 규칙에 따르면서 준비된 카드나 리스트를 사용하는 놀이지만, 그 내용은 실생활의 한 장면을 끄집어내어, 문제의 본질적인 부분을 검토한다고 하는, 문제 해결형 모의 실험 게임이다.

디자인 게임은 하나가 아니다. 최초의 본격적인 해설서인 『마을 만들기 게임』에는, 환경 학습 게임, 거리 풍경 맞추기, 상점가의 재생 구상, 놀이터의 계획, 에너지 절약 게임 등 30개에 가까운 게임이 소개되어 있다. 그럼에도 불구하고, 게임의 기본적인 규칙과 구조를 이해한다면, 누구라도 작성할 수 있도록 구성되어 있다.

이나무라(稲村) 커뮤니티 공원 계획에서의 활용 사례

■게임의 방법(3~5 명의 소수 인원으로 실시하는 것이 적당)

① 각각 놀이의 목표 리스트로부터, 중요하다고 생각하는 것 네 가지를 고른다. 전원이 선택을 끝내면, 각자가 고른 목표를 서로에게 보이고, 그 중에서 그룹으로서의 생각을 나타내는 목표 네 가지를 고른다. 그룹의 목표는 서로 논의하여 결정하는데, 비록 자신이 선택한 것이 다른 사람의 것과 달라도, 각자의 주장을 명확하게 전달하고, 전원이 납득할 때까지 논의한다. 그룹의 목표가 결정되면 기록 용지에 기입한다.

② 다음으로, 그룹의 네 가지 각 목표에 대해, 목표를 달성하는 데 가장 적합하다고 여기는 놀이를 놀이의 종류 리스트로부터 세 가지 선택한다. 같은 놀이가 2회 이상 등장해도 상관 없다. 놀이의 종류가 정해지면 기록 용지에 기입한다.

③ 이번에는, 선택된 놀이를 행하는 데 가장 적합한 장소를 놀이 장소 존 리스트에서 선택하여, 존마다 놀이를 그룹짓는다. 어느 놀이에도 해당하지 않는 존이 있어도 상관없다. 그룹 짓기가 끝나면 기록 용지에 기입한다.

④ 마지막으로, 각각의 존과 놀이의 종류에 적합한 놀이 도구를 그림에서 선택하여, 그 번호를 기록 용지에 기입한다. 이처럼

디자인 게임에서는 선택과 논의가 반복해 등장하지만, 작업의 규칙과 시나리오 만들기, 리스트나 그림 등의 도구 갖추기에는, 용의주도한 준비가 필요하고, 잘 고안된 게임일수록 좋은 결과를 낳는다. 실제로는, 필요에 응하여 각각의 실행 방식을 궁리하는 것이 좋은데, '이나무라' 의 경우에는, 어린이를 대상으로 작업으로 생각했기 때문에, 상당히 간략한 방법을 취하고 있다.

참고: 『마을 만들기 게임-환경 디자인 워크숍』, 쇼분사(晶文社)
『주민 참가의 마을 만들기를 배우자』 마을 만들기 하우스 총서 2

놀이 장소의 계획

존	활동	놀이도구
① 홀로 놀이 존		
② 연극 놀이 존		
③ 모험 놀이 존		
④ 솜씨를 양성하는 놀이 존		
⑤ 광장 놀이 존		
⑥ 창조적 놀이 존		
⑦ 근력을 양성하는 존		
⑧ 자연 존		
⑨ 상상놀이 존		

놀이 장소 존

① 홀로 놀이 존 : 외부로부터 방해받지 않고 아담한 장소에서 혼자 조용히 논다.

② 연극 놀이 존 : 상상력을 동원하여 역할을 만들고 그것을 연기한다.

③ 모험 놀이 존 : 놀이 장소를 자신이 만들거나 부수거나 한다.

④ 솜씨를 양성하는 놀이 존 : 같은 동작을 반복하여 실시하는 것으로 동작의 조절을 배운다.

⑤ 광장 놀이 존 : 어린이들이 넓은 장소를 사용하여 그룹으로 게임을 하거나, 개별적으로 제각기의 놀이를 한다. 지면의 단단함의 정도는 놀이 종류에 따라 정한다.

⑥ 창조적 놀이 존 : 다양한 재료를 사용하여 물건을 만든다.

⑦ 근력을 양성하는 존 : 몸 전체를 사용하여 신체적·정신적인 발달 과제에 대응한다.

⑧ 자연 존 : 자연과 접촉한다.

⑨ 상상 놀이 존 : 몸을 지나치게 사용하지 않고, 상상력을 동원하여 논다. 특별히 무엇인가를 만들 필요가 없다.

❷ 지역을 이해하고 방향성을 굳히기 위한 경관 설문 조사

1. 목적과 기본적 자세

이해의 단계에서는 공동 학습을 통하여, '왜 지금의 경관이 생겨났는가', '자신들이 환경에 대해, 지금까지 어떠한 대처를 해 왔는가'를 파악하고, 더하여 '지역 환경을 향후 어떻게 해야 하는가'를 검토하기 위한 설문 조사를 설계한다. 이 단계에서는 즐거움에 더하여 보다 과학적이고, 신뢰성이 높으며, 주민 사고의 시점이 보다 정리된 것이 필요하다. 또한, 집단의 의식을 명확하게 하기 위해서는, 설문 조사의 대상이 그 집단을 대표할 수 있는 조직이어야 한다. 한 사람 한 사람의 생각을 소중히 하면서, 전체를 파악하는 자세가 필요하다.

2. 구체적인 수법

① 방법

a. 종류

현상을 이해하기 위한 설문 조사에서는 집합 조사가 효과적이지만, 차분하게 생각한 회답을 얻기 위해서는, 조사자가 조사표를 배포하여 일정 기간 후에 다시 회수하는 유치 조사나, 방문하여 의견을 청취하는 면접 조사가 적절하다.

b. 회답 형식의 종류

1) 문장 완성법(文章完成法)

문장 완성법은 일련의 문장 속의 빠진 곳에 어구를 짜맞추어 문장을 완성시키는 것으로, 정서적 경향이나 태도, 관심의 정도나 범위, 동기 등의 복잡한 측면을 질적으로 고찰하는 방법이다. 질문1과 같이, 그 공란에 자유롭게 기술하도록 하는 것이 일반적이다.

> 질문1: 다음 문장의 빠진 곳에 적당한 말이나 문장을 넣어 주십시오.
>
> 가. 나는 이 마을에서 _____가 좋습니다.
> 나. 우리 마을은 자주 _____라고 불립니다.

2) 적출법(摘出法)

적출법은 일련의 항목을 무작위로 나열해 두고, 일정한 기준에 해당하는지, 아닌지를 체크하게 하는 것으로, '체크 리스트법'이라고도 불린다.

> 질문2: 하천 경관의 아름다움을 결정하는 항목으로 특히 중요하다고 생각하는 것 3개를 선택하여 O표시를 해 주십시오.
>
> 1. 수량   2. 강의 굴곡 형태   3. 수면의 폭

4. 주변의 초록의 양	5. 수심	6. 계절
7. 물의 투명도	8. 물의 소리	9. 감상 위치
10. 물의 색	11. 강바닥의 기울기	12. 물가의 냄새

3) 평정 척도법(評定尺度法)

평정 척도법은 한 무리의 질문 항목에 관해, 일정 간격의 척도를 가진 기준을 제시하여, 그것이 어디에 해당하는가의 판단을 구하는 것이다. 일반적으로, 5단계나 7단계의 척도가 사용되는 경우가 많다.

질문3: 다음 경관 사진의 아름다움을 5단계로 평가해 주십시오.

1. 매우 아름답다
2. 아름답다
3. 어느 쪽이라고도 할 수 없다
4. 아름답지 않다
5. 매우 아름답지 않다

4) SD법

SD법은 여러 가지 자극에 대한 정서적인 의미나 이미지를 조사하는 방법이다. 형용사대를 양측으로 나눈 한 무리의 의미 척도를 이용하여, 어떤 자극에 대해 평가하게 하고, 자극 간의 관계를 살피는 것이다. 척도는 5~7단계로 한다. 자극으로서는, 다양한 개념의 문자로 표현하는 방법 이외에도, 색, 소리, 도형 등 여러 가지 것들이 있다.

질문4: 다음 경관을 보고 받는 느낌은 옆에 써 넣은 말의 어느 쪽에 가깝다고 생각합니까? 해당하는 란에 ○표시를 해 주십시오.

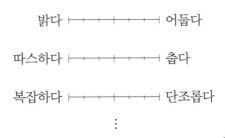

밝다 ├──┼──┼──┼──┤ 어둡다

따스하다 ├──┼──┼──┼──┤ 춥다

복잡하다 ├──┼──┼──┼──┤ 단조롭다

⋮

잘 사용하는 형용사는 다음과 같다. 대상에 따라 적정한 것을 선택하자.

아름답다 / 추하다	즐겁다 / 시시하다	안전하다 / 위험하다
밝다 / 어둡다	따뜻하다 / 춥다	복잡하다 / 단조롭다

시끄럽다 / 조용하다	전통적이다 / 근대적이다	낡다 / 새롭다
폐쇄적이다 / 개방적이다	풍부하다 / 빈약하다	불연속이다 / 연속이다
쾌적하다 / 불쾌하다	가볍다 / 무겁다	약하다 / 강하다

② 순서

이해를 위한 공동 학습 단계에서의 설문 조사에서는, 데이터의 재현성이나 신뢰성도 높일 필요가 있다. 모수와의 관계나 속성의 밸런스도 생각하지 않으면 안 된다. 주된 취지를 명확하게 전하고, 주민에게서 나온 설문 조사 항목도 잘 활용하면, 주민 대표와 소요 시간이나 내용에 대해 충분히 협의해 둘 필요가 있다.

❸ 경관 모의 실험을 사용하여 경관을 생각한다

1. 경관 모의 실험의 활용

경관 모의 실험은 스캐너나 디지털 카메라로 컴퓨터에 입력해 넣은 경관 사진에, 별도로 찍은 건물이나 도로, 수목 등의 여러 가지 부속적인 화상을 확대·축소해 붙이거나, 색채를 바꾸거나 하여, 경관을 다듬은 후의 예측 화상을 작성하는 기술이다. 언어가 아닌, 그림으로 경관을 다듬은 이미지를 파악할 수 있으므로, 합의 형성을 원활하게 수행하기 위한 커뮤니케이션의 도구로 효과적이다. 경관 모의 실험을 활용하는 의의는 다음의 네 가지로 요약할 수 있다.

① 사업의 계획·실시 단계에서, 사업 후의 모습이나 시간이 지남에 따라 변화하는 경관의 예측 화상, 과거 경관의 재현 화상 등, 주민의 경관 만들기 아이디어를 시각화하는 것으로, 정비 전후의 구체적인 경관을 가상 체험할 수 있게 된다. 종래의 평면도나 투시도perspective image보다 사실감 있게 경관을 검토할 수 있으므로, 많은 사람이 객관적·공통적으로 공간을 인식할 수 있게 된다.

② 지역 주민이 요구하는 경관의 장래상을 주민이나 기술자에게 정확히 전달할 수 있음과 동시에, 기술자가 주민의 의견이나 의향을 정확하게 파악할 수 있게 되므로, 상호의 이해를 깊게 할 수 있다.

③ 경관 구성 요소인 색채, 형상, 배치 등을 여러 패턴으로 바꾸어 보는 것에 의해, 복수의 경관 이미지를 모의 실험할 수 있으므로, 구체적인 경관의 보전이나 형성이 실시되기 전에, 지역 주민이 요구하는 경관으로서의 평가나 경관 만들기의 효과를 판정할 수 있게 된다.

④ 농산어촌 만들기에서는, 현재 경관의 성립이나 타지역 경관과의 차이 등에 대해, 생태계나 역사·문화의 관점에서부터 재검토하는 것이 중요한데, 경관 모

의 실험은 이러한 환경 학습의 도구로서의 역할을 완수할 수 있다.

경관 모의 실험을 적정히 활용하기 위해서는, 기술자가 경관 디자인에 대한 감성을 연마하고 수준 높은 모의 실험 기술을 습득하면서, 즐거움ㆍ흥미의 요소를 도입한 창의적인 프레젠테이션을 실시하여, 주민 사이의 원활한 커뮤니케이션을 도모하는 것이 중요할 것이다.

경관 모의 실험으로 상상을 공유화하는 것이 가능

현황 　　　　　　　　　　　　　　　　　　　　경관 모의 실험으로 경관을 다듬음

경관 모의 실험은 지역 주민 모두가 논의하여, 자신들의 지역에 어울리는 경관을 보전하고 상상해 나갈 경우에 도움이 된다.

2. 모의 실험 기법

① 처리 방법

종래부터 사용되고 있는 경관 모의 실험에는, 사진을 직접 잘라내고 붙여서 합성하는 사진 처리에 의한 방법, 컴퓨터 상에서 건물이나 지형 등의 형태ㆍ색채와 관련된 수치 데이터를 입력하여 가공의 화상을 작성하는 컴퓨터 그래픽에 의한 방법, 디지털 카메라 등으로 촬영한 화상을 컴퓨터에 입력하여 컴퓨터 상에서 그 화상을 잘라내거나 붙여서 합성하는 디지털 화상 처리에 의한 방법 등이 있다. 각각 장단점이 있지만, 최근에는, 디지털 카메라의 보급으로 처리용 소프트도 여러 종류가 시판되고 있고, 가정용 퍼스널 컴퓨터로도 용이하게 이용할 수 있다는 점에서, 3번째 디지털 화상 처리에 의한 방법이 널리 이용되고 있다.

② 예측 화상 작성의 프로세스

가장 많이 사용되는 디지털 화상 처리에 의한 방법에 관해, 일반적인 경관 예측의 프로세스를 소개한다.

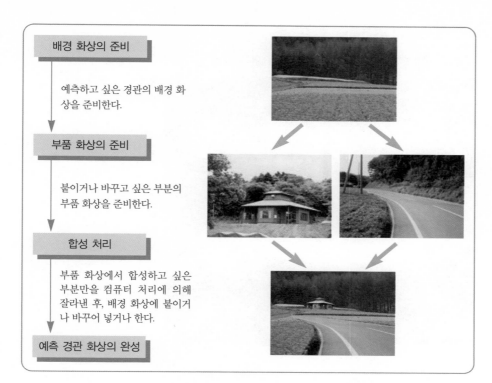

배경 화상의 준비

예측하고 싶은 경관의 배경 화상을 준비한다.

부품 화상의 준비

붙이거나 바꾸고 싶은 부분의 부품 화상을 준비한다.

합성 처리

부품 화상에서 합성하고 싶은 부분만을 컴퓨터 처리에 의해 잘라낸 후, 배경 화상에 붙이거나 바꾸어 넣거나 한다.

예측 경관 화상의 완성

③ 사진의 촬영 방법

배경 화상이나 부품 화상의 사진 촬영에 있어서는 화상을 간단하게 처리하기 위해서라도, 어느 정도 기준을 마련해 둘 필요가 있다. 여기에서는 그 중에서, 중요한 포인트를 정리해 둔다.

- 렌즈의 촛점 거리는 28~35mm, 촬영 높이는 기본적으로 눈 높이1.5m, 순광으로 촬영한다.
- 부감, 앙감 사진을 의식하여 촬영할 경우 이외에는, 모든 사진에 있어서, 카메라는 지면에 수평으로 하고, 지평선은 화상의 세로 중심 부근으로 설정하는 것을 원칙으로 한다.
- 구조물은 중앙에 넣고, 사진 전체 면적의 20~30% 정도의 크기로 촬영한다.
- 직선의 도로 · 수로인 경우, 도로 · 수로 중앙 혹은 좌우단으로부터 진행 방향을 향해 촬영하고, 진행이 끝나는 부분을 중심에 놓는다. 만곡부나 분기점은 만곡의 위치, 분기의 위치를 세로 중앙 부근으로 설정하여 촬영한다.

3. 경관을 생각한다

주민 자신이 가까운 곳에서부터 할 수 있는 일을 깨닫는다.

● 중산간 지역의 마을 길
마을 길이 좁아 위험한 교통 상황을 재검토하여, 도로 폭을 넓히고 포장을 해 보았다. 또한, 택지와 도로와의 경계에 지역 특산품인 대나무를 사용하여 대울타리를 설치했다. 택지 주변에서의 가까운 대처 활동은 당장이라도 실천할 수 있을지 모른다.

주민끼리 이해 관계를 넘어서 의논한다.

● 수로변의 산책로 정비
현재 모습도 좋은 경관으로 평가되고 있지만, 지역 간벌재를 이용하여 나무담을 설치하고, 수로 가장자리에 꽃을 심어 보았다. 남의 땅에 불필요한 간섭이라 하지 말고, 이해 관계를 초월하여 생각해 보는 것이 중요하다.

유지 관리의 운영이나 체제 만들기에 대해서도 생각하기 시작한다.

● 저수지 주변을 친수 공원화
저수지 법면은 관리되지 않고 구릉지는 황폐한 상태. 이 한산한 노후된 저수지의 주변을 안락함이 느껴지는 공원으로 정비하고, 뒤쪽 구릉지도 차밭으로 부활시켜 본다. 이렇게 고가의 정비가 이루어진다면, 누가 관리하는 것일까? 의문점도 생긴다.

활동이 즐겁기 때문에 여러 가지로 생각하고 싶어진다.

● 집회소 시설 디자인의 경관 다듬기
'남쪽 지방에 살고 있으니까 따뜻한 분위기를 내는 집회소가 좋지 않을까? 지붕색을 바꾸어 보자'라고 한 사람이 말을 꺼내면, 또 다른 사람이 '소철 나무도 더 늘리자구', '아니아니, 시원한 지붕의 색도 나쁘지 않아'. 자신들이 사용하는 시설이니까, 자신들의 이미지로 디자인해 보자. 경관 모의 실험을 사용하여 경관을 다듬는 활동은 재미있기 때문에, 이거야 저거야라는 의견이 풍부하다.

예상도에서 장래 환경을 생각한다.

●수로 호안의 상태 예측
석교에 자연 법면. 옛부터의 풍경이다. 하지만, 이 법면은 콘크리트 시공이 예정되어 있다. 경관을 예측해 보면, 수변의 생물이나 풀 관리 등, 장래의 환경에서 마음에 걸리는 것들이 표면화된다.

방문객에게 어떻게 보일지를 생각하기 시작한다.

●축산 시설 주변의 수경
축산 시설 주변은 퇴비나 퇴비 처리 시설이 도로로부터 보이므로, 경관적인 측면에서 마이너스 이미지가 되는 경우가 있다. 도로와의 경계에 수목을 정비하거나 목책을 설치하여, 방문객에게 풍성한 공간을 제공하는 방법도 생각하기 시작한다.

정비가 가능한가 불가능한가에 관계없이, 여러 가지를 시도해 본다.

●계단식 논의 경작지 정비
계단식 논의 경관은 이 지역의 문화적인 특징이며, 보전해 가고 싶은 것이다. 하지만, 경작지 정비를 통해, 생산 효율을 올리고 농업도 계속 하고 싶다. 할 수 있을지 어떨지는 모르겠지만, 세 뙈기를 한 뙈기로 하거나 두 뙈기를 한 뙈기로 하는 경작지 정비를 시도해 보았다.

여러 가지 입장에서 경관 디자인을 제안한다.

●마을의 배수 처리 시설의 디자인
좌상의 사진에, 지금부터 마을의 폐수 처리 시설을 세우려고 한다. 과 연 어떤 디자인이 지역에 애착을 가져다 줄 수 있겠는가? 지자체 사무소, 주민, 외부 사람이, 각각의 생각을 디자인으로 표현해 보았다. 지역 특유의 건축 형태를 모티브로 한 것, 가까운 곳에 있는 창고의 형태를 모티브로 한 것, 지역 소재를 충분하게 사용한 조금 근대적인 시설. 어떤 것이 좋은가보다는 여러 가지 속성이 서로 의견을 달리하고 있다는 점을 깨닫는 것이 중요하다.

❹ 지역 비전의 작성

1. 지역 비전이란

주민 참가의 워크숍 등을 활용한 지역 만들기 활동을 통해, 지역 장래의 경관상이 명백해지면, 최종적으로, 장래 구상을 주민 모두가 확인하고 합의함과 동시에, 실천 활동으로 연결해 나가기 위한 표명으로서, 지역의 환경과 경관의 장래상을 기입한 지역 비전을 작성하는 것이 바람직하다.

2. 지역 비전의 기본 이념

지역 비전은 사업 요망서나 시설 정비 계획서가 아니다. 기본적으로는, 지방 자치 행정이 세우는 토지 이용이나 지역 계획 등의 기초가 되는 것이므로, 구체적인 사업화는, 이 비전에 근거하지만, 이 비전에 쓰여진 계획이 모두 실현된다는 것이 아니다. 이후, 지역 비전에 의해 조정되어, 실시 설계가 합의되면, 실현되어 가는 것이라는 위치 매김을 하자. 따라서, 지역 비전에 게재하는 항목은, 장래 구상도 이상으로, 여기까지 도달하게 된 농산어촌 만들기 일련의 활동 과정에 대한 기록을 중시하지 않으면 안 될 것이다.

3. 지역 비전의 내용

지역 비전의 내용을 기입하는 양식으로 정해진 것은 없지만, 대체로 다음과 같은 항목이 스토리를 이루면서 배치되는 것이 바람직할 것이다.

- 비전이 갖는 성격
- 비전 책정의 목적
- 구상을 세우는 것에 있어서의 기본 방침
- 지역의 정세와 경관 · 환경의 상황과 평가
- 장래 구상과 행동 계획
- 비전을 실현하기 위한 기본 방침
- 활동의 기록
- 마을에 관한 자료 등, 마을 주민 전원의 이름이나 어린이들의 사진

4. 유의 사항

- 중요한 것은 큰 글자로 쓰자.
- 항목은 상세하게 분해하지 않는 편이 좋을 것이다.
- 지면이 할애된다면, 사진이나 그림을 많이 사용하자.
- 지역다운 디자인이나 특징을 표현한다. 앞표지, 뒷표지의 궁리도 필요하다.
- 어린이들초등학교 고학년으로부터 중학생 정도도 쉽게 알 수 있는 내용으로 한다.
- 설문 조사 결과의 그래프나 아이들의 그림, 작문 등을 이용한다.

- 삽화나 미래도 등에 아이들의 아이디어를 넣으면 좋을 것이다.
- 읽기 쉽게, 1페이지에 1항목 혹은 2항목을 넣고, 문장이 다음 페이지에 계속되지 않게 한다.
- 경우에 따라서는, 경관 모의 실험 등을 활용하여 미래 구상의 예상도를 작성한다.
- 주민 전원이 만든 계획서임을 표시하도록 한다.
- 경관·자연·전통 문화에 대한 자료와 지역 만들기의 활동 기록을 게재한다.

5. 장래 비전의 사례

책자로 하여 전가옥에 배포하자

지역의 장래 비전은 주민 참가 활동의 기록이고, 계획서이며, 선언서이기도 하다. 합의에 도달한 내용을 빠짐없이 적어 두자. 또한, 한번 책정되면 끝나는 것이 아니므로, 항상 점검하여, 차기 계획의 책정으로 연결해 가자.

달력이나 향토사 만들기도

기념으로 남는 활동도 중요하다. 경관
달력이나 향토사의 작성 등, 어린이부
터 노인까지 즐길 수 있는 것을 만들
자.

❺ 생활의 규칙 만들기

1. 경관을 보전ㆍ형성하기 위한 생활 규칙

경관의 보전ㆍ형성은 지역 비전이나 마스터플랜을 만들거나, 경관 정비를 실시
하는 것만으로 실현되는 것이 아니고, 주민 한 사람 한 사람이 일상 생활 속에서, 경
관에 대한 의식을 높게 가지고, 그 유지, 개량을 위해 끊임없는 노력을 거듭하는 것
에 의해 실현된다. 아무리 수로의 경관을 훌륭하게 정비했다고 하더라도, 쓰레기가
버려져 있거나, 생활 배수로 물이 탁해져 있으면, 아름다운 경관이라 할 수 없다. 그
러나, 평소 생활을 다소 검토해 보는 것만으로, 경관은 크게 바뀐다. 자신들이 살고
있는 환경을 좋게 꾸미려고 하는 것은 당연한 일이지만, 이 단계까지 다다른 것을
계기로, 주민 전원이 신변을 재확인하고, 경우에 따라서는, 행동 요령을 명문화한
협정 만들기를 행하여, 생활의 규칙이나 경관 미화의 규칙을 만들어두는 것이 효과
적이다.

2. 협정 만들기

지금까지의 활동 과정을 통하여, 경관을 보전ㆍ형성하기 위한 제안이나 그것을
실현하기 위해 실행해야만 하는 일들이 충분히 논의되어 왔다고 생각하지만, 여기
서, 다시 한번, 주민 전원이 지켜야 할 사항을 문장으로 남겨 주민 전원의 합의를 이
끌어내자. 합의된 규칙은 주민이 철저하게 지켜나갈 수 있도록, 구민 소식, 자치회보
등을 통해 홍보함과 동시에, 매월이나 매년, 캠페인이나 설문 조사 등을 실시하여 규
칙이 지켜지고 있는지 아닌지, 주민 스스로가 평가하자. 실행하기 힘든 것도 있을지
모르지만, 자신들을 위한 규칙이기 때문에, 재검토도 포함하여, 유연하게 혹은 계속
해서 실행하면 효과적이다.

생활 규칙의 사례

> **'요호로'의 강을 아름답게 하기 위한**
> **5가지 약속**
> ●강에 쓰레기나 안쓰는용품을 버리지 않는다.
> ●매월 11일을 쓰레기의 날로 정하여, 쓰레기를 점
> 검한다.
> ●음식 쓰레기는 물기를 빼고 내놓는다.
> ●세제는 표시 사용량만 쓴다.
> ●쌀을 씻은 물은 꽃이나 밭에 뿌린다.

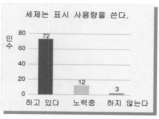

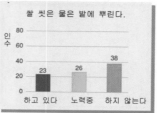

위의 마을에서는 이 규칙을 책정한 후, 어느 정도 지켜졌는지
에 대해 설문 조사를 실시하여, 달성도가 낮은 항목을 재확인
하고 있다.

모두의 손으로 마을을 아름답게

○○○마을

모두가 다음 사항을 실행합시다

◇모두가 사용하는 마을의 공민관이나 스포츠 공원, 신사, 쓰레기 수집장, 산책로, 안내판 등을 소중하게
　　① 정기 청소일(○째주의 일요일 9시~10시 30분)
　　② 청소할 지점은 이웃이 돌아가면서 한다
　　③ 년 ○회, 정기 청소일 다음에, 환경 개선에 대해 논의합시다

◇ 수세식 화장실·마을 배수 시설의 유지 관리에 대해
　　① 위생관리조합에서 결정한 사용 규칙에 근거하여 올바르게 사용합시다
　　② 세제는 부인회에서 공동 구입한 '비누'를 사용합시다
　　③ 기름은 절대로 흘려 보내지 맙시다 (사용 후의 기름은 마을에서 일괄 회수)

◇ 주택 주위의 환경 미화에 대해
　　① 마을의 꽃을 '여름은 샐비어', '겨울은 모란채'로 하고, 함께 모종을 길러 배포한다
　　② 각자의 주택 주변을 아름답게 정돈합시다
　　③ 불필요하게 된 농기구나 자전거 등의 대형 쓰레기를 주변에 방치해 두지 않을 것

◇ 마을이 주최하는 행사에 모두 참가합시다
　　○꽃구경　　　○죽순 채취　　○사노보리[1]　　　○칠석　　　　○달구경회
　　○가을 축제　　○이노코[2] 추수제　○오곡의 신에 대한 제사 등

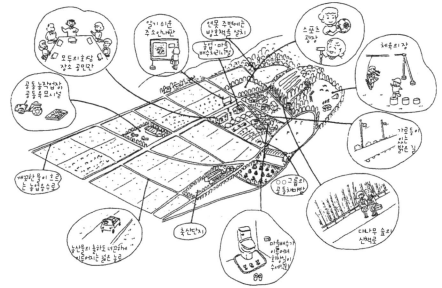

1: 모내기가 끝난 후의 축하 행사　　　2: 음력 10월의 첫 해일(亥子). 80쪽 '주42' 참조

이와 같이, 마을 전체의 미화 활동을 명기한 것도 있다. 이 협정에서는 마을의 꽃이 '여름에는 샐비어', '겨울에는 모란채'라는 것까지 규정하고 있다.